"十三五"职业教育国家规划教材

HTML5+CSS3 网站设计基础

新世纪高职高专教材编审委员会 组编
主　编 朱翠苗 郑广成
副主编 周玲余 庾　佳
　　　 沈蕴梅 孔小兵

大连理工大学出版社

图书在版编目(CIP)数据

HTML5＋CSS3 网站设计基础 / 朱翠苗，郑广成主编. -- 大连：大连理工大学出版社，2019.9(2022.1 重印)
新世纪高职高专软件专业系列规划教材
ISBN 978-7-5685-2333-2

Ⅰ. ①H… Ⅱ. ①朱… ②郑… Ⅲ. ①超文本标记语言一程序设计一高等职业教育一教材②网页制作工具一高等职业教育一教材 Ⅳ. ①TP312.8②TP393.092.2

中国版本图书馆 CIP 数据核字(2019)第 240521 号

大连理工大学出版社出版
地址:大连市软件园路 80 号　邮政编码:116023
发行:0411-84708842　邮购:0411-84708943　传真:0411-84701466
E-mail:dutp@dutp.cn　URL:http://dutp.dlut.edu.cn
大连图腾彩色印刷有限公司印刷　大连理工大学出版社发行

幅面尺寸:185mm×260mm　印张:18.75　字数:478 千字
2019 年 9 月第 1 版　2022 年 1 月第 6 次印刷

责任编辑:高智银　责任校对:李　红
封面设计:张　莹

ISBN 978-7-5685-2333-2　定　价:55.00 元

前言

《HTML5+CSS3网站设计基础》是"十三五"职业教育国家规划教材，也是新世纪高职高专教材编审委员会组编的软件专业系列规划教材之一。

为贯彻落实《国家职业教育改革实施方案》，积极推动学历证书+若干职业技能等级证书制度，教育部进一步完善计算机软件行业培养Web前端开发专业技术技能人才的需要，建立了"1+X"中针对Web前端开发职业技能等级证书，本教材的编写就是在教育部《Web前端开发职业技能等级标准》的指导下，对照课证融通，对应该证书HTML5、CSS3、JavaScript等技能点进行编写的。

网页技术层出不穷，日新月异，但不管是采用什么技术设计的网站，用户在客户端通过浏览器看到的网页都是静态网页，都是由HTML和CSS技术构成的。因此HTML5、CSS3是目前网页制作技术的基础和核心。本教材力图帮助读者在学习中快速进入实战状态，给专业教师一手参考资料，帮助读者提高页面设计技能。

本教材得到苏州吉耐特信息科技有限公司、创钛中科智能科技（苏州）有限公司大力支持，是一本校企合作教材。本教材得到江苏省高校"青蓝工程"项目资助（软件技术优秀教学团队）。

本教材根据典型项目设计内容载体，依据项目开发流程组织教材内容，教材具有实战性、可操作性、新颖性、通俗性和项目过程化等特点，激发学生的学习兴趣和主动性。从实际案例入手，重点讲解HTML5、CSS3的典型技术，让读者在学习应用技术的同时掌握其精髓。各案例与实例按照由浅入深、由易到难的顺序编排，即使是初学者也可以轻松掌握，制作出精美实用的网页作品。

全书共分14个项目，项目1主要介绍了HTML5文档声明和语法规范、HTML5废弃的标签和属性、HTML5新标签。项目2主要介绍了网页的基本标签，重点介绍了HTML5行级标签和块级标签的使用。项目3主要介绍了表单的基本语法，HTML5新的表单元素、表单属性以及各种表单元素的使用。项目4主要介绍了表格的基本用法，其中包括跨行和跨列的表格、使用表格实现图文布局，同时还介绍了框架的使用。项目5主要介绍了HTML5中的音频和视频。项目6介绍了CSS基

本语法,CSS的应用方式,选择器的分类,CSS继承性、层叠性、特殊性,CSS3选择器的使用。项目7介绍了用CSS设置文字、背景、列表等样式,用CSS设置超链接伪类的样式。项目8重点介绍了盒子模型,以及CSS3的2D、3D等样式。项目9介绍了浮动和定位机制。项目10介绍了典型页面局部布局,重点讲解div-ul-li实现横向导航菜单、div-dl-dt-dd实现图文混排,并详细介绍了典型布局。项目11、项目12、项目13介绍了网页制作的综合实战,分别详细讲解了个人博客、购物街、网上商城网站的布局,样式的书写,通过综合实战训练学生技能,进一步提高学生应用实践能力,体现了"做中学、学中产"的实训教学思想。为了体现静态页面知识体系的完整性,项目14介绍了JavaScript的基础知识。

本教材提供了大量实例,需要用到IE、Chrome等主流浏览器的测试和预览。因此,为了测试示例或代码,读者需要安装上述浏览器的最新版本,各种浏览器在CSS3的表现上可能会稍有差异。

本教材每个项目都配备了习题,给读者提供了更多的练习资源,并且提供了完整习题答案和习题代码,可以边学边练,起到巩固和提高的目的。

本教材由苏州健雄职业技术学院朱翠苗、郑广成任主编,苏州健雄职业技术学院周玲余、庾佳、沈蕴梅及苏州吉耐特信息科技有限公司孔小兵任副主编。具体编写分工如下:朱翠苗编写项目6、项目7、项目8、项目9、项目10、项目13,郑广成编写项目4、项目5、项目14,周玲余编写项目1,庾佳编写项目2,沈蕴梅编写项目3,孔小兵编写项目11、项目12。

在编写本教材的过程中,编者参考、引用和改编了国内外出版物中的相关资料以及网络资源,在此表示深深的谢意!相关著作权人看到本教材后,请与出版社联系,出版社将按照相关法律的规定支付稿酬。

由于时间仓促,再加上编者水平有限,书中难免有错误和疏漏之处,敬请广大读者批评指正。

编 者

2019年9月

所有意见和建议请发往:dutpgz@163.com

欢迎访问职教数字化服务平台:http://sve.dutpbook.com

联系电话:0411-84707492 84706671

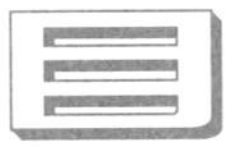 录

项目1　认识HTML5 …… 1

任务1.1　新的文档声明和语法规范 …… 1

任务1.2　HTML5废弃的标签和属性 …… 2

1.2.1　HTML5废弃的标签 …… 3

1.2.2　HTML5废弃的属性 …… 3

任务1.3　HTML5新标签 …… 4

项目小结 …… 7

习　题 …… 7

项目2　使用HTML5的基本标签 …… 8

任务2.1　初识HTML …… 8

2.1.1　HTML文件的基本结构 …… 8

2.1.2　编辑工具 …… 10

任务2.2　“李清照宋词赏析”页面制作 …… 13

2.2.1　标题标签＜h1＞～＜h6＞ …… 15

2.2.2　段落标签＜p＞ …… 16

2.2.3　水平线标签＜hr/＞ …… 17

任务2.3　“商品信息”页面制作 …… 19

2.3.1　有序列表标签＜ol＞ …… 20

2.3.2　无序列表标签＜ul＞ …… 22

2.3.3　定义列表标签＜dl＞ …… 23

2.3.4　表格标签＜table＞ …… 25

2.3.5　表单标签＜form＞ …… 25

2.3.6　分区标签＜div＞ …… 25

任务2.4　“相宜本草促销信息”页面制作 …… 28

2.4.1　图像标签＜img/＞ …… 28

2.4.2　范围标签＜span＞ …… 30

2.4.3　换行标签＜br/＞ …… 30

2.4.4　超链接标签＜a＞ …… 31

任务2.5　注释和特殊符号 …… 35

2.5.1　HTML注释 …… 35

2.5.2　特殊符号 …… 35

任务2.6 W3C标准 …… 36
2.6.1 什么是W3C标准 …… 36
2.6.2 W3C提倡的Web页结构 …… 37
2.6.3 HTML5代码规范 …… 38
项目小结 …… 40
习 题 …… 40

项目3 表单应用 …… 42
任务3.1 “会员注册”页面制作 …… 42
3.1.1 表单的基本语法 …… 43
3.1.2 表单基本元素的介绍 …… 44
任务3.2 HTML5新的input类型 …… 50
任务3.3 HTML5新的表单元素 …… 53
项目小结 …… 55
习 题 …… 55

项目4 表格应用和布局 …… 57
任务4.1 表格基础知识 …… 57
4.1.1 表格的基本结构 …… 58
4.1.2 表格的基本语法 …… 58
任务4.2 跨行和跨列实现“商品分类” …… 60
4.2.1 跨 列 …… 60
4.2.2 跨 行 …… 61
4.2.3 跨行和跨列 …… 62
任务4.3 表格布局化妆品页面 …… 64
任务4.4 表格布局注册页面 …… 67
任务4.5 “华人女歌手歌曲周排行榜”页面制作 …… 74
任务4.6 iframe框架 …… 76
项目小结 …… 77
习 题 …… 78

项目5 HTML5中音频和视频的应用 …… 80
任务5.1 video视频元素 …… 80
任务5.2 audio音频元素 …… 82
项目小结 …… 83
习 题 …… 83

项目6 CSS3基础应用 …… 84
任务6.1 CSS基础知识 …… 84
6.1.1 为什么使用CSS …… 84
6.1.2 CSS的基本语法 …… 85

任务 6.2 CSS 的应用方式 …… 87
任务 6.3 选择器的分类 …… 89
6.3.1 标签选择器 …… 89
6.3.2 类选择器 …… 90
6.3.3 id 选择器 …… 92
任务 6.4 CSS 继承性、层叠性、特殊性 …… 95
6.4.1 继承性 …… 95
6.4.2 层叠性 …… 96
6.4.3 特殊性 …… 98
任务 6.5 CSS3 新增选择器 …… 99
6.5.1 属性选择器 …… 99
6.5.2 结构(位置)伪类选择器 …… 100
6.5.3 伪元素选择器 …… 103
项目小结 …… 104
习 题 …… 104
项目 7 CSS3 美化网页 …… 106
任务 7.1 用 CSS 设置字体样式以及文本样式 …… 106
7.1.1 用 CSS 设置字体样式 …… 106
7.1.2 用 CSS 设置页面的文本样式 …… 108
任务 7.2 用 CSS 设置网页背景图片 …… 112
任务 7.3 CSS3 新增背景样式 …… 118
任务 7.4 CSS3 新增渐变背景 …… 121
7.4.1 线性渐变 …… 122
7.4.2 径向渐变 …… 123
7.4.3 重复渐变 …… 124
任务 7.5 用 CSS 设置列表样式 …… 124
任务 7.6 用 CSS 设置超链接伪类样式 …… 128
任务 7.7 导航菜单制作 …… 131
项目小结 …… 132
习 题 …… 133
项目 8 CSS 盒子模型应用与 CSS3 动画 …… 134
任务 8.1 盒子模型基础知识 …… 134
任务 8.2 盒子模型属性 …… 136
8.2.1 边界(margin) …… 136
8.2.2 填充(padding) …… 138
8.2.3 边框(border) …… 139
8.2.4 CSS3 新增圆角边框 …… 146

任务 8.3 CSS3 动画效果 …… 148
8.3.1 过 渡 …… 148
8.3.2 2D 转换 …… 152
8.3.3 3D 转换 …… 158
8.3.4 动 画 …… 160
任务 8.4 网页版面分栏 …… 167
项目小结 …… 172
习 题 …… 173
项目 9 浮动与定位 …… 174
任务 9.1 浮 动 …… 174
9.1.1 为什么需要浮动 …… 174
9.1.2 浮动的含义及其在布局中的应用 …… 176
任务 9.2 定位机制 …… 179
9.2.1 CSS 的 position 属性 …… 180
9.2.2 CSS 静态定位 …… 180
9.2.3 CSS 相对定位 …… 181
9.2.4 CSS 绝对定位 …… 184
9.2.5 CSS 固定定位 …… 187
9.2.6 CSS 的 z-index 属性 …… 187
任务 9.3 制作垂直导航菜单和实现顶部布局 …… 188
9.3.1 制作垂直导航菜单 …… 188
9.3.2 实现顶部布局 …… 191
项目小结 …… 194
习 题 …… 194
项目 10 典型页面局部布局 …… 195
任务 10.1 div-ul-li 实现横向导航菜单 …… 195
任务 10.2 div-dl-dt-dd 实现图文混排 …… 201
项目小结 …… 210
习 题 …… 210
项目 11 个人博客制作 …… 211
任务 11.1 利用 Dreamweaver 搭建站点 …… 211
任务 11.2 制作博客首页 …… 213
任务 11.3 制作博客分支页 …… 221
项目小结 …… 224
习 题 …… 224
项目 12 购物街网站制作 …… 225
任务 12.1 设置通用样式 …… 225

任务 12.2 设计网页结构 …… 228
任务 12.3 设计页面内容和样式 …… 230
项目小结 …… 237
习 题 …… 237

项目 13 芙蓉商城制作 …… 238
任务 13.1 分块制作商城网站首页 …… 238
13.1.1 利用 Dreamweaver 搭建站点 …… 238
13.1.2 制作商城网站首页的总体布局 …… 242
13.1.3 实现顶部布局 …… 248
13.1.4 实现左部商品分类 …… 251
13.1.5 实现中部主题布局 …… 253
13.1.6 实现右部布局 …… 256
13.1.7 实现底部信息 …… 258
任务 13.2 制作商城分支页——注册页面 …… 259
任务 13.3 制作商城分支页——登录页面 …… 264
任务 13.4 制作商城分支页——商品具体介绍页面 …… 266
任务 13.5 建立页面之间的链接和相关测试 …… 268
13.5.1 建立页面间的链接 …… 269
13.5.2 网页的兼容性测试 …… 269
项目小结 …… 270
习 题 …… 270

项目 14 JavaScript 脚本编程 …… 271
任务 14.1 初识 JavaScript …… 271
任务 14.2 JavaScript 数据类型和数据基本操作 …… 272
14.2.1 数据类型 …… 272
14.2.2 数据基本操作 …… 274
任务 14.3 JavaScript 流程控制 …… 274
14.3.1 条件语句 …… 275
14.3.2 循环语句 …… 276
任务 14.4 JavaScript 函数 …… 279
任务 14.5 JavaScript 对象 …… 281
任务 14.6 JavaScript 事件 …… 282
任务 14.7 JavaScript 完成图片轮番播放 …… 284
项目小结 …… 286
习 题 …… 287

参考文献 …… 288

微课列表

序号	名称	页码
1	“李清照宋词赏析”页面制作	18
2	“商品信息”页面制作	27
3	“相宜本草促销”页面制作	34
4	实现跨行和跨列的“商品分类”页面制作	63
5	表格用于图文布局页面制作	65
6	利用表格实现注册页面	72
7	“华人女歌手歌曲周排行榜”页面制作	75
8	CSS 基础知识	84
9	CSS 应用方式	87
10	CSS 选择器	94
11	CSS 继承性 1	95
12	CSS 继承性 2	95
13	CSS 层叠性 1	97
14	CSS 层叠性 2	97
15	背景偏移属性的应用	117
16	设置超链接的样式属性	129
17	导航菜单的制作	131
18	盒子模型基础知识	134
19	盒子模型属性设置	141
20	首页总体布局	242
21	首页顶部菜单制作	248
22	首页顶部搜索和导航的布局	250
23	首页中部布局	253
24	首页中间主体部分页面制作	255
25	分离局部网页	260
26	网页内引用其他网页	261
27	制作注册页面样式	263
28	制作注册页面内容	263

项目 1

认识 HTML5

项目要点

- HTML5 文档声明。
- HTML5 废弃以及新增的标签和属性。

技能目标

- 掌握 HTML5 的文档声明和语法规范。
- 了解 HTML5 的新标签。

任务 1.1　新的文档声明和语法规范

任务需求

HTML5 是万维网的核心语言、标准通用标记语言下的一个应用超文本标记(或标签)语言(Hyper Text Markup Language,HTML)的第五次重大修改。支持 HTML5 的浏览器包括 Firefox(火狐浏览器)、IE9 及其更高版本、Chrome(谷歌浏览器)、Safari、Opera 等,国产浏览器同样具备支持 HTML5 的能力。下面介绍新的文档声明和语法规范。

知识储备

在当今社会中,Web 成为网络信息共享和发布的主要形式,而 HTML 是用来描述网页的一种语言,是创建 Web 页的基础。HTML 不是一种编程语言,而是一种标记语言,标记语言是一套标记标签,HTML 使用标记标签来描述网页。

HTML5 是万维网的核心语言、标准通用标记语言下的一个应用超文本标记语言(HTML)的第五次重大修改。2014 年 10 月 29 日,万维网联盟宣布,经过接近 8 年的艰苦努力,该标准规范终于制定完成。支持 HTML5 的浏览器包括 Firefox、IE9 及其更高版本、Chrome、Safari、Opera 等;傲游浏览器(Maxthon)以及基于 IE 或 Chromium(Chrome 的工程版或称实验版)所推出的 360 浏览器、搜狗浏览器、QQ 浏览器、猎豹浏览器等国产浏览器同样具备支持 HTML5 的能力。

HTML5 的设计目的是在移动设备上支持多媒体,如 video、audio 和 canvas 标记。

HTML5 提供了一些新的元素和属性，例如<nav>（网站导航块）和<footer>。这种标签有利于搜索引擎的索引整理，同时更好地帮助小屏幕设备使用者和视力有障碍的人士使用。

<!doctype html>声明必须位于 HTML5 文档中的第一行，也就是位于<html>标签之前。该标签告诉浏览器文档所使用的 HTML 规范。

doctype 声明不属于 HTML 标签；它是一条指令，告诉浏览器编写页面所用的标记的版本。在所有 HTML 文档中，规定 doctype 是非常重要的，这样浏览器就能了解预期的文档类型。新建一个类型为 HTML5 的网页，代码如下：

```
<!doctype html>
<html>
<head>
<meta charset="utf-8"/>
<title>无标题文档</title>
</head>
<body>
</body>
</html>
```

<!doctype html>对大小写不敏感，而且它没有结束标签。

meta 的属性，是 head 区的一个辅助性标签，是一个空标签，没有相应的结束标签，该标签不包含任何内容，也就是指<meta/>标签描述的内容并不显示，其目的是方便浏览器解析或有利于搜索引擎搜索，使用该标签描述网页的具体摘要信息，包括文档内容类型、字符编码信息、搜索关键字、网站提供的功能和服务的详细描述等。<meta/>标签的属性定义了与文档相关联的“名称/值”。

如果创建的网页文档选择的是 XHTML 1.0 Transitional 类型，而不是 HTML5，那么其中属性“http-equiv”提供“名称/值”中的名称，“content”提供“名称/值”中的值，其含义如下：名称 Content-Type（文档内容类型），值 text/htm;charest=gb2312（文本类型的 HTML 类型，字符编码为简体中文）中 charest 表示字符编码，常用字符编码有如下四种：

- gb2312：简体中文，一般用于包含中文和英文的页面。
- ISO-885901：纯英文，一般用于只包含英文的页面。
- big5：繁体，一般用于带有繁体字的页面。
- utf-8：国际通用字符编码，同样适用于中文和英文的页面。与 gb2312 编码相比，utf-8（8-bit Unicode Transformation Format）的国际通用性更好，它是一种针对 Unicode 的可变长度字符编码，又称万国码。

任务 1.2 HTML5 废弃的标签和属性

任务需求

HTML5 取消了一些过时的 HTML4 标记，其中包括纯粹显示效果的标记，如<font>和<center>，它们已经被 CSS 取代，同时 HTML5 还废弃了一些属性。

1.2.1　HTML5 废弃的标签

以下的 HTML 4.01 元素在 HTML5 中已经被删除，虽然浏览器为了兼容性考虑都还支持这些标签，但建议使用新的替代标签。

1. 能用 CSS 代替的元素

这些元素包含 basefont、big、center、font、s、strike、tt、u。这些元素纯粹是为了展示页面，表现的内容应该由 CSS 完成。

2. frame 框架

这些元素包含 frameset、frame、noframes。HTML5 中不支持 frame 框架，只支持 iframe 框架，删除这三个标签。

3. 只有部分浏览器支持的元素

这些元素包含 applet、bgsound、blink、marquee 等标签。

4. 其他被废除的元素

废除 rb，使用 ruby 替代；废除 acronym，使用 abbr 替代；废除 dir，使用 ul 替代；废除 isindex，使用 form 与 input 相结合的方式替代；废除 listing，使用 pre 替代；废除 xmp，使用 code 替代；废除 nextid，使用 guids 替代；废除 plaintex，使用“text/plain”(无格式正文)MIME 类型替代。

1.2.2　HTML5 废弃的属性

HTML5 废弃的属性见表 1-1。

表 1-1　HTML5 废弃的属性

对应元素	属性名称
link, a	rev, charset
a	shape, coords
img, iframe	longdesc
link	target
area	nohref
head	profile
html	version
img	name
meta	scheme
object	archive, classid, codebase, codetype, declare, standby
param	valuetype, type
td, th	axis, abbr
td	scope
table	summary

（续表）

对应元素	属性名称
caption，iframe，img，input，object，legend，table，hr，div，h1，h2，h3，h4，h5，h6，p，col，colgroup，tbody，td，tfoot，th，thead，tr	align
body	alink，link，text，vlink
body	background
table，tr，td，th，body	bgcolor
object	border
table	cellpadding，cellspacing
col，colgroup，tbody，td，tfoot，th，thead，tr	char，charoff
br	clear
dl，menu，ol，ul	compact
table	frame
iframe	frameborder
td，th	height
img，object	hspace，vspace
iframe	marginheight，marginwidth
hr	noshade
td，th	nowrap
table	rules
iframe	scrolling
hr	size
li，ol，ul	type
col，colgroup，tbody，td，tfoot，th，thead，tr	valign
hr，table，td，th，col，colgroup，pre	width

任务 1.3 HTML5 新标签

任务需求

HTML5 应用了一些新的 HTML 标签，如 header、footer、dialog、aside、figure 等，这使内容创作者更加基于语义地创建文档，之前的开发者在实现这些功能时一般都使用 div。HTML5 还增加了一些全新的表单输入对象，包括日期、URL、E-mail、地址，其他的对象则增加了对非拉丁字符的支持。下面具体介绍。

知识储备

1. canvas 标签

canvas 标签定义图形见表 1-2，比如图表和其他图像。闭合标签；行内元素；默认情况下，canvas 创建的画布宽：300px；高：150px。

表1-2 用于绘图的canvas

标签	描述
<canvas>	标签定义图形，比如图表和其他图像。该标签基于JavaScript的绘图API

2. 新多媒体标签

HTML5的新多媒体标签见表1-3。

表1-3 HTML5的新多媒体标签

标签	描述
<audio>	定义音频
<video>	定义视频(video或者movie)
<source>	定义多媒体资源 <video>和<audio>
<embed>	定义嵌入的内容，比如插件
<track>	为诸如 <video>和<audio>元素的媒介规定外部文本轨道

audio：播放声音文件，比如音乐或其他音频流。可以在开始标签和结束标签之间放置文本内容，这样老版浏览器就可以显示出不支持该标签的信息。它是闭合标签，行内元素，默认的宽度是300px，高度是32px。autoplay：如果出现该属性，则音频在就绪后马上播放。controls：如果出现该属性，则向用户显示控件，比如播放按钮。preload：如果出现该属性，则音频在页面加载时进行加载，并预备播放。如果使用"autoplay"，则忽略该属性。src：要播放的音频的URL。

video：播放视频文件，比如电影或其他视频流。可以在开始标签和结束标签之间放置文本内容，这样老版本的浏览器就可以显示出不支持该标签的信息。它是闭合标签，行内元素，默认的宽度是300px，高度是150px。autoplay：如果出现该属性，则视频在就绪后马上播放。controls：如果出现该属性，则向用户显示控件，比如播放按钮。height设置视频播放器的高度，width设置视频播放器的宽度。loop：如果出现该属性，则当媒介文件完成播放后再次开始播放。preload：如果出现该属性，则视频在页面加载时进行加载，并预备播放。如果使用"autoplay"，则忽略该属性。src：要播放的视频的URL。

source为媒介元素(比如video和audio)指定多个播放格式与编码，浏览器会自动选择第一个可以识别的格式。它是非闭合标签，只有开始标签，没有结束标签。source为行内元素，默认无宽度和高度。media定义媒介资源的类型，供浏览器决定是否下载。src：媒介的URL。type定义播放器在音频流中的什么位置开始播放，默认音频从开头播放。

3. 新增的表单标签和表单元素

HTML5新增常用的表单标签见表1-4。HTML5还新增了一些表单元素，如calendar、date、email、url、search等，具体内容在项目3进行详细介绍。

表1-4 HTML5新增常用的表单标签

标签	描述
<datalist>	定义选项列表。请与input元素配合使用该元素来定义input可能的值
<keygen>	规定用于表单的密钥对生成器字段
<output>	定义不同类型的输出，比如脚本的输出

4. 新的语义和结构元素

新的语义和结构元素见表 1-5。

表 1-5 新的语义和结构元素

标签	描述
<article>	定义页面独立的内容区域。表示页面中一块与上下文不相关的独立内容。比如一篇文章
<aside>	定义页面的侧边栏内容。表示 article 元素内容之外的、与 article 元素内容相关的辅助信息
<bdi>	允许您设置一段文本,使其脱离其父元素的文本方向设置
<command>	定义命令按钮,比如单选按钮、复选框或按钮
<details>	用于描述文档或文档某个部分的细节
<dialog>	定义对话框,比如提示框
<summary>	标签包含 details 元素的标题
<figure>	规定独立的流内容(图像、表格、照片、代码等)。使用 figcaption 元素为 figure 元素组添加标题
<figcaption>	定义<figure>元素的标题
<footer>	定义 section 或 document 的页脚。表示整个页面或页面中一个内容区块的脚注。一般会包含创作者的姓名、创作日期以及创作者的联系信息
<header>	定义了文档的头部区域。表示页面中一个内容区块或整个页面的标题
<mark>	定义带有记号的文本
<meter>	定义度量衡。仅用于已知最大和最小值的度量
<nav>	定义导航链接的部分
<progress>	定义任何类型的任务的进度
<ruby>	定义 ruby 注释(中文注音或字符)
<rt>	定义字符(中文注音或字符)的解释或发音
<rp>	在 ruby 注释中使用,定义不支持 ruby 元素的浏览器所显示的内容
<section>	定义文档中的节(section、区段)
<time>	定义日期或时间
<wbr>	规定在文本中的何处适合添加换行符

header 页眉(网页的头部、顶部、导航区域等),是闭合标签,块元素,默认的宽是 100%,高指内容的高度。实质上,跟 div 标签具有完全一样的特性。

nav 标签定义导航链接部分,是闭合标签,块元素,默认的宽是 100%,高指内容的高度,跟 div 标签具有完全一样的特性。

section 标签定义网页中的区域部分,比如单元、页眉、页脚或文档中的其他部分,是闭合标签,块元素,默认的宽是 100%,高指内容的高度,跟 div 标签具有完全一样的特性。

footer 标签定义页脚(网页的底部、版权区域等),是闭合标签,块元素,默认的宽是 100%,高指内容的高度,跟 div 标签具有完全一样的特性。

article 标签定义独立于文档且有意义的、来自外部的内容,比如:一些投稿文章,新闻记者的文章,摘自其他博客、论坛的信息等,是闭合标签,块元素,默认的宽是 100%,高指内容的高度,跟 div 标签具有完全一样的特性。

aside跟article一起使用，辅助article区域的内容，也可以理解为整个网页的辅助区域（最常见的如京东商城首页右侧的工具栏）。

hgroup标签是给标题分组的，为标题或者子标题进行分组，通常与h1～h6元素组合使用。如果文章中只有一个标题，则不使用hgroup。闭合标签，块元素，默认的宽是100%，高指内容的高度，跟div标签具有完全一样的特性。

figure标签用于对多个元素进行组合，通常与figcaption联合使用，是闭合标签，块元素，默认的宽是100%，高指内容的高度，跟div标签具有完全一样的特性。

figcaption定义figure元素组的标题，必须写在figure元素中。一个figure元素内最多只允许放置一个figcaption元素。

mark标签定义页面中需要突出显示或高亮显示的内容，通常在引用原文时，使用此元素，目的就是引起当前用户的注意。它是闭合标签，行内元素，默认情况下，宽指内容的宽度，高指内容的高度。

details标签定义元素的细节，用户可进行查看，或通过单击进行隐藏。它是块元素，默认的宽是100%，高指内容的高度，跟div标签具有完全一样的特性，但是有一个动态的效果，单击可以显示（展开）内容，再次单击可以隐藏（收起）内容。

项目小结

本项目主要介绍了HTML5新增的标签和废弃不用的标签，大家先有个认识，具体标签的学习和使用在后面的各个项目中详细展开，请大家做好准备。

习　题

一、简答题

1. 简单介绍HTML5新增的标签和属性。

2. 简单介绍HTML5废弃的标签和属性。

二、编程题

编码写出HTML5的文档声明和语法规范。

项目 2

使用 HTML5 的基本标签

项目要点

- 静态网页的开发环境。
- HTML5 的基本标签的使用。

技能目标

- 能使用 Dreamweaver 编写 HTML 代码。
- 能使用各种基本标签建立简单网页。

任务 2.1 初识 HTML

任务需求

HTML 标记标签通常被称为 HTML 标签。本项目将介绍 HTML 的基本结构、组成 HTML 文档的各类常用标签以及相关标准。本项目的重点是各类标签的基本语法。学习 HTML 最好的方式就是边学边做实验,多练习是记住这些标签及其语法的最好方法。下面我们就开始认识 HTML 文件的基本结构和网页的编辑工具。

知识储备

2.1.1 HTML 文件的基本结构

要深入学习 HTML,首先我们来了解一下什么是 HTML 以及 HTML 和浏览器的关系。

1. HTML 及其特点

HTML 被称为超文本标签语言,它包括很多标签,例如<p>段落标签、<h1>一级标题标签,它能告诉浏览器如何显示页面,是网页制作的“核心语言”,是目前网络上应用最为广泛的语言,也是构成网页文档的主要语言。HTML 文档由 HTML 标签和纯文本组成,其中 HTML 标签可以说明段落、图形、表格、链接等。HTML 文档也被称为网页,它具备以下特点:

(1)简易性:HTML 版本升级采用超集方式,从而更加灵活方便,并且各类 HTML 标签简单易学,方便网站制作者学习开发。

(2)可扩展性:HTML 语言的广泛应用带来了加强功能、增加标识符等要求,HTML 采取子类元素的方式,为系统扩展提供保证。

(3)平台无关性:这是 HTML 语言的最大优点,也是当今 Internet 盛行的原因之一。虽然 PC 大行其道,但使用 MAC 等其他机器的仍大有人在。HTML 可以使用在广泛的平台上,它包括硬件平台无关性和软件平台无关性。不管使用的计算机是普通的个人电脑,还是用于专业的苹果机,不管使用的操作系统是常见的 Windows 还是高端的 UNIX 或 Linux(一般用于服务器),HTML 文档都可以得到广泛的应用和传输。

2. HTML 和浏览器的关系

除了 HTML 源代码,还需要一个"解释和执行"的工具,而浏览器就是用来解释并执行显示 HTML 源代码的工具。目前市场上的浏览器有很多,主要有谷歌浏览器 Chrome 和微软公司的 IE(Internet Explorer)。Chrome 是由 Google 公司开发的网页浏览器,浏览速度在众多浏览器中排在前列,属于高端浏览器。百度在 2018 年 10 月至 12 月统计的各浏览器所占的市场份额如图 2-1 所示。

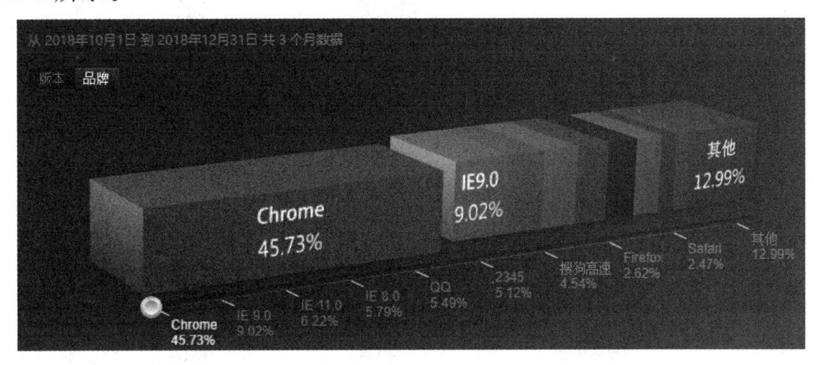

图 2-1　各浏览器所占市场份额

浏览器兼容性问题又被称为网页兼容性问题或网站兼容性问题,指因网页在各种浏览器上的显示效果可能不一致而产生浏览器和网页间的兼容问题。在网站的设计和制作中,做好浏览器兼容,才能够让网站在不同的浏览器下都能正常显示。而对于浏览器软件的开发和设计,浏览器对标准的更好兼容能够给用户更好的使用体验。规范化书写 HTML 可以解决浏览器兼容的问题,也可以避免给后台制作带来麻烦。

如果希望查看某个页面的源代码,我们可以通过单击浏览器的菜单"查看"→"源文件"选项;或右击,在弹出的快捷菜单中选择"查看源文件"命令,这时我们会看到很多的标签代码,下面我们就从 HTML 文档的基本结构开始进行介绍。

3. HTML 文档的基本结构

HTML 文档的结构包括头部(head)、主体(body)两大部分,其中头部描述浏览器所需的信息,而主体则包含所要说明的具体内容,如图 2-2 所示。头部包括网页标题(title)等基本信息,主体包括网页的内容信息(如所要呈现的图片、文字等)。注意大部分标签都以"<>"开始,以"</>"结束,要求成对出现,并且标签之间要有缩进,体现层次感,以便阅读和修改。

HTML 的标签有很多,其中下述标签是用来标识文档基本结构的,它们的作用如下:

- <html>……</html>标签:用来标识 HTML 文档的开始和结束。
- <head>……</head>标签:用来标识 HTML 文档的头部区域。
- <body>……</body>标签:用来标识 HTML 文档的主体区域。

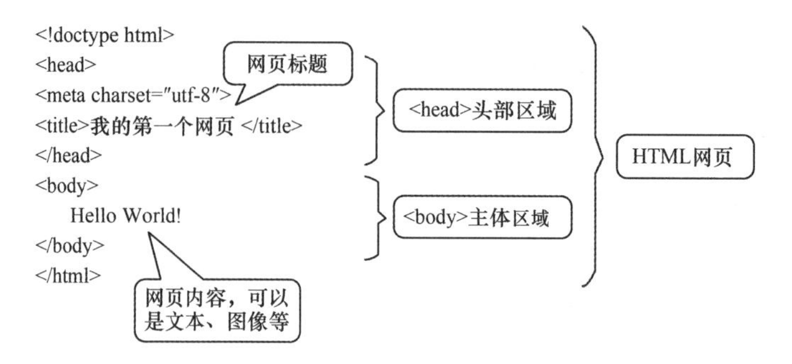

图 2-2 HTML 文档的基本结构

2.1.2 编辑工具

了解了 HTML 文档的基本结构以后，下面介绍常用的 HTML 代码编辑工具。

1. 记事本

记事本是 Windows 自带安装的编辑附件，使用简单方便，在实际项目开发中常用于代码较少的编辑或维护。使用记事本编辑 HTML 文档的步骤如下：

(1)在 Windows 中打开记事本程序："开始"→"所有程序"→"附件"→"记事本"。

(2)在记事本中输入 HTML 代码，如图 2-3 所示。

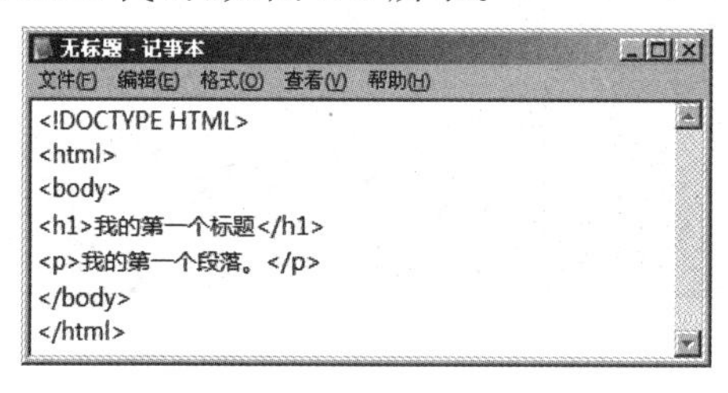

图 2-3 在记事本中输入 HTML 代码

(3)单击菜单"文件"→"保存"命令，弹出"另存为"对话框，如图 2-4 所示，将上述文档保存为 *.html 的 HTML 文档，如 my-firstpage.html。需要注意，因记事本默认保存文档后缀名为"*.txt"，所以需要用英文的双引号("")将文件名括起来。这里既可以使用.htm 扩展名，也可以使用.html 扩展名，两者没有区别，完全可以根据自己的喜好选择使用。

图 2-4 "另存为"对话框

(4)双击保存的 HTML 文档，Windows 将自动调动浏览器软件打开 HTML 文档，如图 2-5 所示，也可以先启动浏览器，然后选择“文件”→“打开文件”命令。

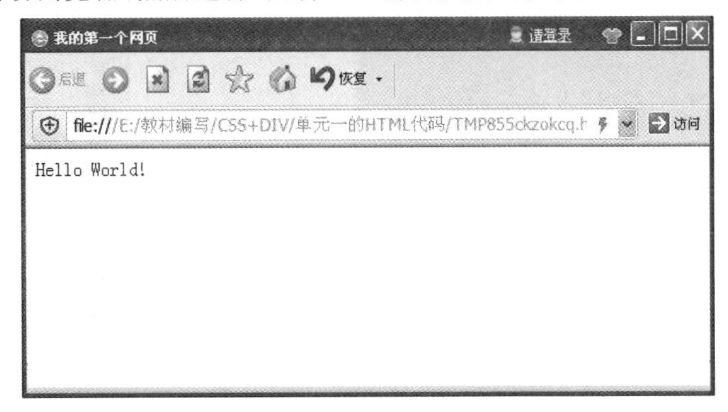

图 2-5　我的第一个网页

2. Dreamweaver

可以使用专业的 HTML 编辑器来编辑，如 Dreamweaver、Microsoft Expression Web、CoffeeCup HTML Editor。Dreamweaver 是一款所见即所得的网页编辑器。它有“所见即所得”的网页编辑器的优点，即直观、使用方便、容易上手。本书所有项目都将采用 Dreamweaver 作为 HTML 文档的编辑工具。

对于上述“我的第一个网页”在 Dreamweaver 中的编辑步骤如下：选择“文件”→“新建”命令，新建一个空白页，页面类型选择“HTML”，布局选择“无”，文档类型选择“HTML5”，如图 2-6 所示，然后单击“创建”按钮，可以显示如图 2-7 所示的未编辑、未保存的页面，编辑好且保存之后如图 2-8 所示，然后选择一种浏览器进行浏览。

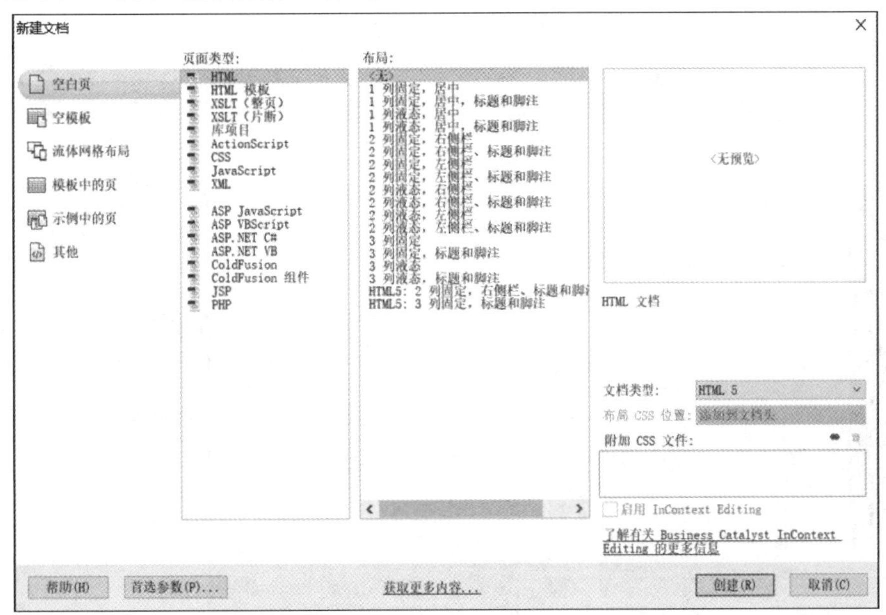

图 2-6　“常规”选项卡

提示：Dreamweaver 支持智能化提示，当用户在代码中输入“<”符号时，系统会自动弹出一个下拉列表，显示 HTML 的所有标签元素，这时可以在下拉列表中选择所需要的元素标签。可以利用方向键进行选择，选中后按 Enter 键即可将该标签插入当前光标位置。也可以

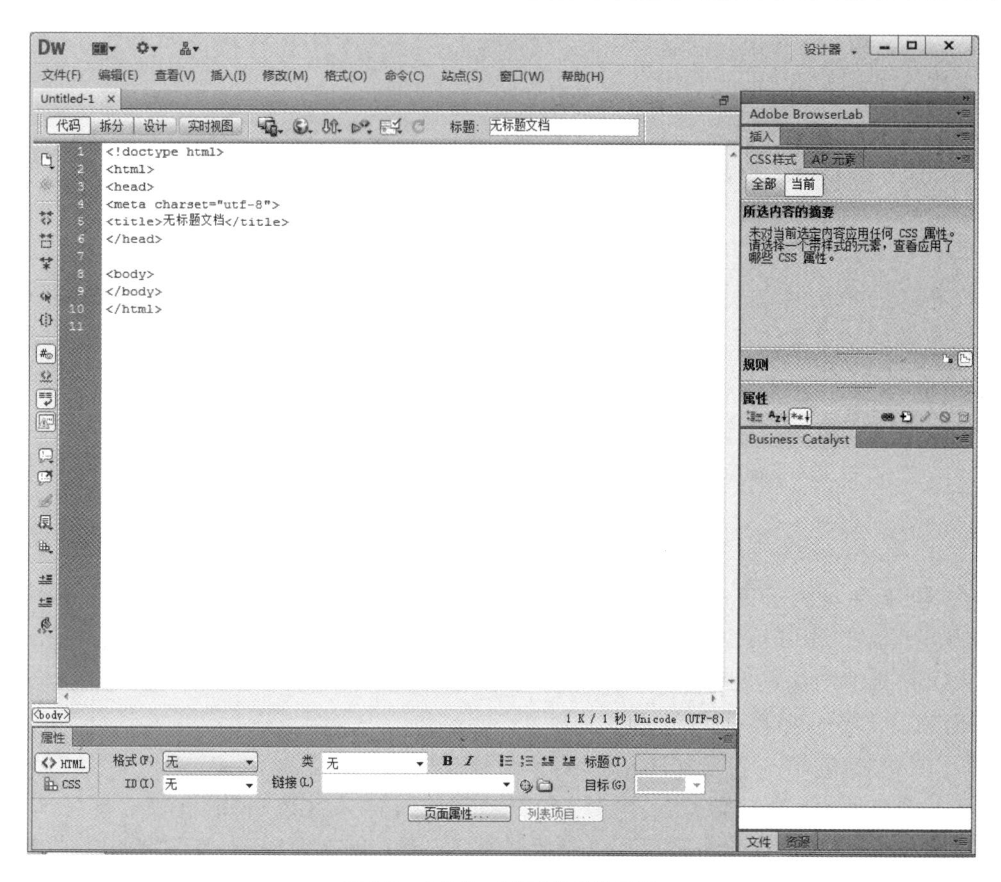

图 2-7 未编辑、未保存的默认网页

图 2-8 已编辑、已保存的网页

双击某个需要的标签，该标签也会插入当前光标的位置。如果下拉列表中项目很多，可以通过书写部分字符的形式快速定位到所需元素，然后进行相应选择。

3. 其他编辑器

除了记事本，Notepad(PC)或 TextEdit(Mac)也是文本编辑器。Notepad 是在微软视窗下的一个纯文本编辑器，TextEdit(Mac)是苹果电脑 Mac OS X 操作系统自带的文本编辑器。

网页一般包含大量文字及图片等信息内容，和报纸一样，它需要一个简短的摘要信息，方便用户浏览和查找。如果希望自己的网页能被百度、Google 等搜索引擎搜索，或提高在搜索结果中的排名，那么在制作网页时更需要注意编写网页的摘要信息。网页的摘要信息一般放在 HTML 文档的头部(head)区域，主要通过如下两个标签进行描述：一个是<title>标签，另一个是<meta/>标签。

使用<title>标签描述网页的标题，类似一篇文章的标题，一般为一个简洁的主题，并能吸引读者有兴趣读下去。例如，搜狐网站的主页，对应的网页标题为：<title>搜狐-中国最大的门户网站</title>，打开网页后，将在浏览器窗口的标题栏显示网页标题。<meta/>标签在前面做过介绍，这里不再赘述。

在团队开发中，需要注意养成良好的习惯。书写顺序应该成对书写，从外层写到内层，结构清晰，利于阅读和调试排错。例如编写：

```
<! doctype html>
  <head>
    <title>标题</title>
  </head>
</html>
```

推荐书写顺序如下：

(1)<! doctype html></html>。

(2)写入 head 再排版缩进(默认缩进为 2 个空格或 4 个空格，各个团队的具体规定不一样)。

```
<! doctype html>
  <head></head>
</html>
```

(3)title 先写标签，再写里面的内容。

```
<! doctype html>
  <head>
    <title></title>
  </head>
</html>
```

(4)同理再编写<body>中的其他标签。

任务 2.2 “李清照宋词赏析”页面制作

任务需求

在前面介绍了文档结构标签和头部(head)的常用标签以后，下面再介绍主体(body)内常用的各类标签，这些标签较多，如文本格式标签、字符格式标签、列表标签、超链接标签、多媒体标签、表格标签、表单标签等。怎样利用这些标签制作如图 2-9 所示的“李清照宋词赏析”页面呢？

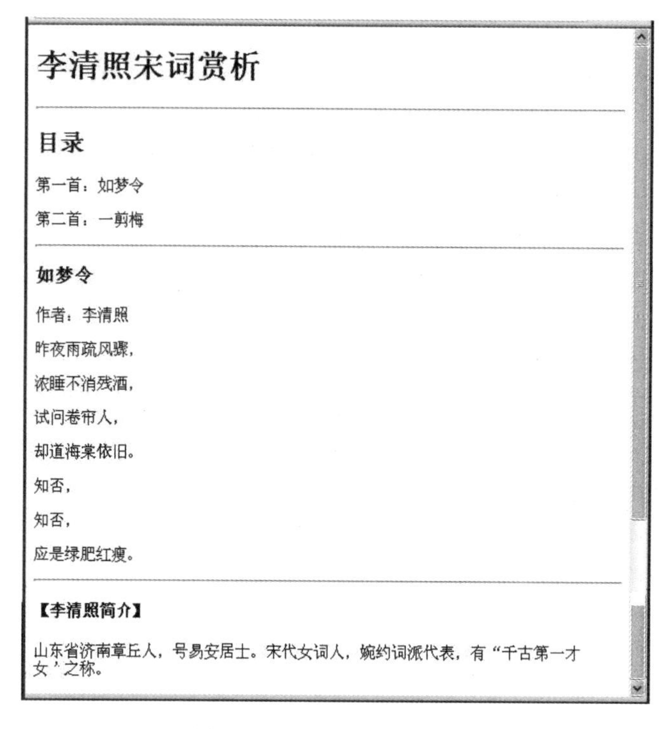

图 2-9 “李清照宋词赏析”页面

知识储备

大家查看如图 2-10 所示的页面效果，这个页面就用到了很多标签，从页面布局和显示外观的角度来看，我们可以将上述各种标签进行分类讲解。

一个页面的布局就类似一篇报纸的排版，需要分为多个区块，大的区块再细分为小区块。块内为多行逐一排列的文字、图片、超链接等内容，这些区块一般称为块级元素，而区块内的文字、图片或超链接等一般称为行级元素，页面这种布局结构，其本质上是由各种 HTML 标签组织完成的，因此本文将 HTML 标签分为相应的块级标签和行级标签(有的教材也称为块级元素和行级元素)来进行讲解，以方便理解后续项目讲解的页面布局。

顾名思义，块级标签显示的外观按“块”显示，具有一定的高度和宽度，例如<div>块标签、<p>段标签等，行级元素显示的外观按“行”显示，类似文本的显示，例如<img/>图片标签、<a>超链接标签等。和行级标签相比，块级标签具有如下特点：

(1)前、后断行显示，如图 2-10 所示。块级标签比较“霸道”，默认状态占据一整行。

(2)具有一定的宽度和高度，可以通过设置块级标签的 width、height 等属性来控制其块的大小。

块级标签常用于做容器，即可再容纳其他块级标签和行级标签，而行级标签一般用于组织内容，即只能用于“容纳”文字、图片或其他行级标签。

从页面布局的角度，块级标签又可细分为基本的块级标签和常用于页面布局的块级标签。基本的块级标签包括标题标签、段落标签及水平线标签。

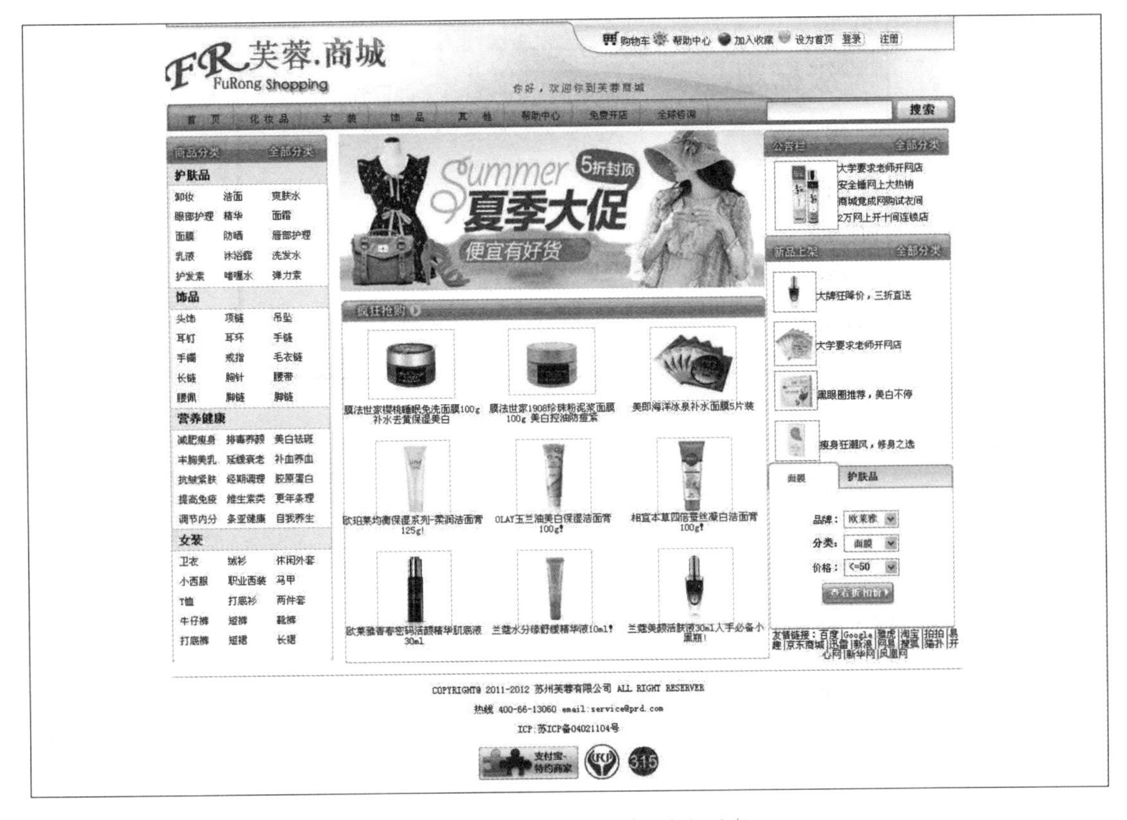

图 2-10　页面中的块级元素和行级元素

2.2.1　标题标签<h1>～<h6>

在 HTML 文档中，标题很重要，是通过<h1>～<h6>等标签进行定义的。h 是 heading（标题，题名）的缩写，后面的数字表示标题的级别，<h1>定义最大的标题，<h6>定义最小的标题，浏览器会自动在标题的前、后添加空行。默认情况下，HTML 会自动在块级元素前、后添加一个额外的空行，比如段落、标题元素前、后。因为用户可以通过标题来快速浏览网页，所以用标题来呈现文档结构是很重要的。应该将 h1 用作主标题（最重要的），其后是 h2（次重要的），再其次是 h3，以此类推。例如，一级标题采用<h1>，如还有二级标题则采用<h2>，HTML 共提供了六级标题，并赋予了标题一定的外观：所有标题字体加粗。<h1>字号最大，<h6>字号最小。这六个标题标签都有对应的结束标签，通过结束标签来关闭。HTML 清楚地标记某个元素在何处开始，并在何处结束，不论对用户还是对浏览器来说，都会使代码更容易理解。例如，如图 2-11 所示，其所对应的 HTML 代码见例 2-1，代码在浏览器中的效果就是图 2-11 所示的效果。

【例 2-1】　不同等级标题的标签对比。

```
<!doctype html>
<head>
<meta charset="utf-8"/>
<title>不同等级标题的标签对比</title>
</head>
```

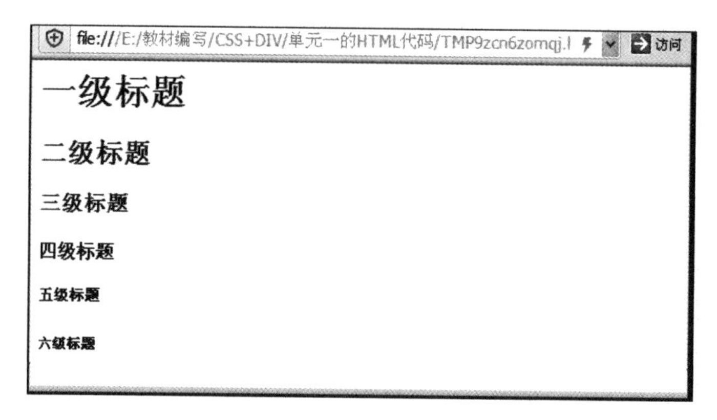

图 2-11 不同级别的标题输出的结果

```
<body>
  <h1>一级标题</h1>
  <h2>二级标题</h2>
  <h3>三级标题</h3>
  <h4>四级标题</h4>
  <h5>五级标题</h5>
  <h6>六级标题</h6>
</body>
</html>
```

2.2.2 段落标签<p>

段落是通过<p>标签定义的。p 是 paragraph(段落的意思)单词的缩写，顾名思义，段落标签表示一段文字的内容，如图 2-12 所示，其所对应的 HTML 代码见例 2-2，应用了标题和段落标签。实际上，一个段落中可以包含多行文字，文字内容将随浏览器窗口的大小自动换行，从图 2-12 可以看出，黑色加粗的字是标题，标题下面是段落，它们都属于块级标签，隔行显示。

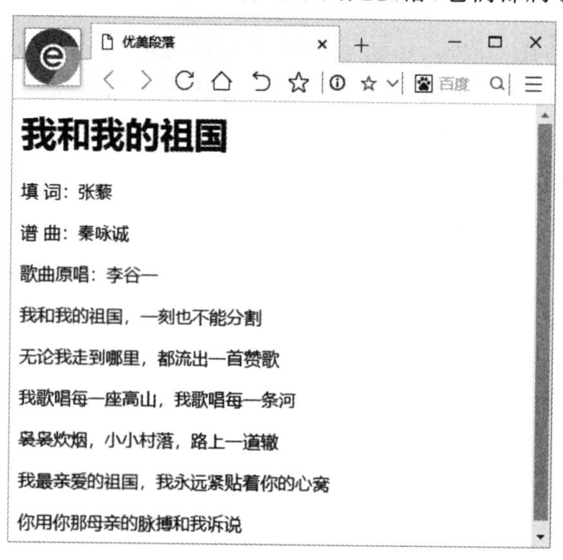

图 2-12 段落标签的应用

【例 2-2】 段落标签的使用。

```
<!doctype html>
<head>
<meta charset="utf-8"/>
<title>优美段落</title>
</head>
<body>
    <h1>我和我的祖国</h1>
    <p>填　　词:张藜</p>
    <p>谱　　曲:秦咏诚</p>
    <p>歌曲原唱:李谷一</p>
    <p>我和我的祖国,一刻也不能分割</p>
    <p>无论我走到哪里,都流出一首赞歌</p>
    <p>我歌唱每一座高山,我歌唱每一条河</p>
    <p>袅袅炊烟,小小村落,路上一道辙</p>
    <p>我最亲爱的祖国,我永远紧贴着你的心窝</p>
    <p>你用你那母亲的脉搏和我诉说</p>
</body>
</html>
```

2.2.3　水平线标签<hr/>

<hr/>标签在 HTML 页面中创建水平线。hr 是 horizontal rule(水平线)的缩写。顾名思义,水平线标签表示一条水平线,注意该标签比较特殊,没有结束标签,直接使用“<hr/>”表示标签的开始和结束。<hr/>可用于分隔内容,即分隔文章中的小节。例如,为了让版面更加清晰直观,可以如图 2-13 所示加一条水平分隔线,对应的 HTML 代码见例 2-3。

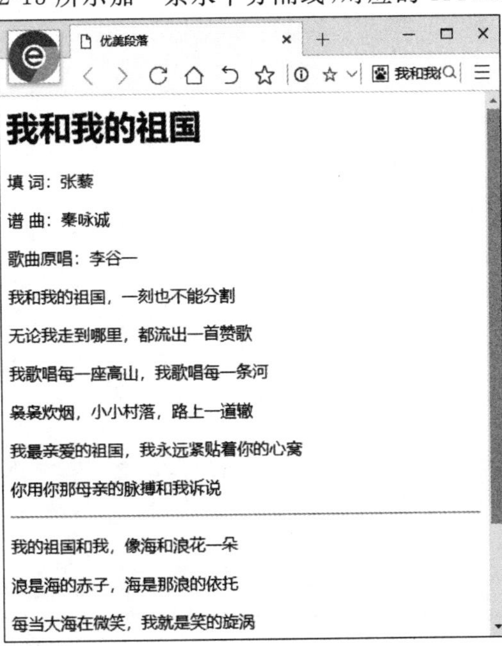

图 2-13　水平线的应用

【例 2-3】 水平线标签的使用。

```
<!doctype html>
<head>
<meta charset="utf-8"/>
<title>优美段落</title>
</head>
<body>
<h1>我和我的祖国</h1>
    <p>填　　词:张藜</p>
    <p>谱　　曲:秦咏诚</p>
    <p>歌曲原唱:李谷一</p>
    <p>我和我的祖国,一刻也不能分割</p>
    <p>无论我走到哪里,都流出一首赞歌</p>
    <p>我歌唱每一座高山,我歌唱每一条河</p>
    <p>袅袅炊烟,小小村落,路上一道辙</p>
    <p>我最亲爱的祖国,我永远紧贴着你的心窝</p>
    <p>你用你那母亲的脉搏和我诉说</p>
    <hr/>
    <p>我的祖国和我,像海和浪花一朵</p>
    <p>浪是海的赤子,海是那浪的依托</p>
    <p>每当大海在微笑,我就是笑的旋涡</p>
    <p>我分担着海的忧愁,分享海的欢乐</p>
    <p>我最亲爱的祖国,你是大海永不干涸</p>
    <p>永远给我,碧浪清波,心中的歌</p></body>
</html>
```

任务实现

有了前面的知识储备,我们就可以实现"李清照宋词赏析"页面的制作。使用 Dreamweaver 编辑工具编写 HTML 代码,实现如图 2-9 所示的页面效果,注意内容间的层次结构。参考代码如下:

"李清照宋词赏析"页面制作

```
<!doctype html>
<head>
<meta charset="utf-8"/>
<title>李清照宋词赏析</title>
</head>
<body>
    <h1>李清照宋词赏析</h1>
    <hr/>
    <h2>目录</h2>
    <p>第一首:如梦令</p>
    <p>第二首:一剪梅</p>
```

```
    <hr/>
    <h3>如梦令</h3>
    <p>作者:李清照</p>
    <p>昨夜雨疏风骤,</p>
    <p>浓睡不消残酒,</p>
    <p>试问卷帘人,</p>
    <p>却道海棠依旧。</p>
    <p>知否,</p>
    <p>知否,</p>
    <p>应是绿肥红瘦。</p>
    <hr/>
    <h4>【李清照简介】</h4>
    <p>山东省济南章丘人,号易安居士。宋代女词人,婉约词派代表,有"千古第一才女"之称。
    </p>
</body>
</html>
```

任务 2.3　"商品信息"页面制作

任务需求

除了任务 2.2 介绍的标签,常用于布局的块级标签还有有序列表、无序列表、定义列表、表格、表单、分区标签(<div>)等,它们常用于布局网页,组织 HTML 的内容结构。下面我们就利用这些标签实现"商品信息"页面制作,效果如图 2-14 所示。

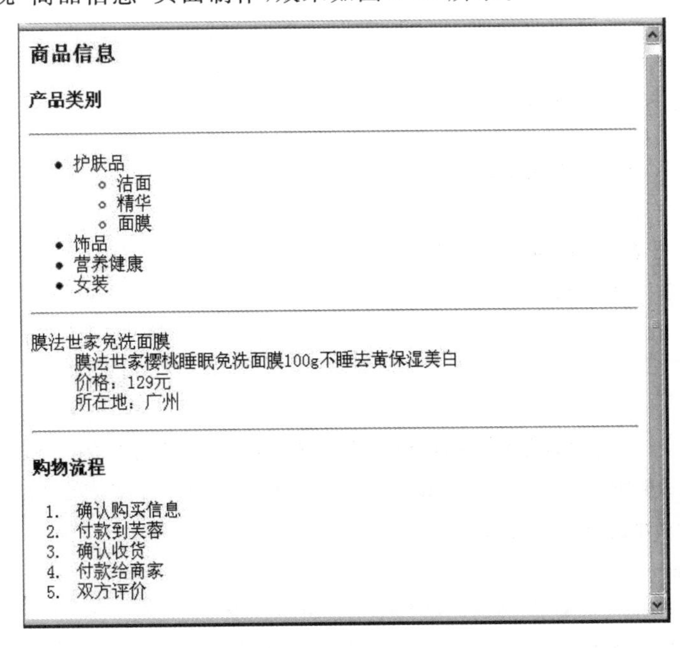

图 2-14　"商品信息"页面

知识储备

2.3.1　有序列表标签<ol>

有序列表标签<ol>是一个项目的列表，列表项目默认情况下使用数字进行标记。ol 是 order list(有序列表)的缩写，表示有顺序或者有步骤先后的列表。有序列表标签表示多个列表项，它们之间有明显的先后顺序，有序列表始于<ol>标签，每个列表项始于<li>标签，也就是使用<ol>、</ol>表示有序列表，<li>、</li>表示各列表项，其中 li 是 list item(列表项目)的缩写。例如呈现我们这本教材的前四个项目的内容，其效果如图 2-15 所示，对应的 HTML 代码见例 2-4。

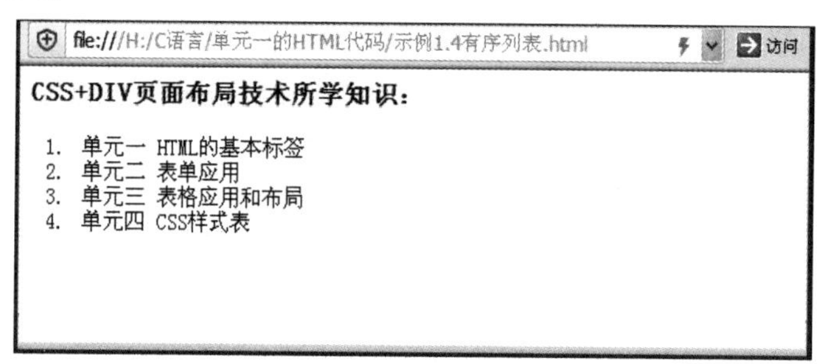

图 2-15　有序列表

【例 2-4】　有序列表标签的使用。

```
<!doctype html>
<head>
<meta charset="utf-8"/>
<title>有序列表</title>
</head>
<body>
<h3> CSS+DIV 页面布局技术所学知识:</h3>
<ol>
    <li>单元一 HTML 的基本标签</li>
    <li>单元二 表单应用</li>
    <li>单元三 表格应用和布局</li>
    <li>单元四 CSS 样式表</li>
</ol>
</body>
</html>
```

有序列表可以进行嵌套，默认的项目标号为阿拉伯数字，可以使用 type 属性进行修改，见例 2-5，效果如图 2-16 所示。

【例 2-5】　有序列表标签的嵌套。

```
<!doctype html>
<head>
<meta charset="utf-8"/>
<title>有序列表的嵌套</title>
```

```
</head>
<body>
<h4>CSS+DIV 页面布局技术所学知识：</h4>
<ol>
    <li>
    单元一 HTML 的基本标签
    <ol type="a">
        <li>
        块级标签
        <ol type="i">
            <li>段落 p 标签</li>
            <li>标题 h 标签</li>
            <li>水平线 hr 标签</li>
        </ol>
        </li>
        <li>行级标签</li>
    </ol>
    </li>
    <li>
    单元二 表单应用
    <ol>
        <li>表单基本语法</li>
        <li>表单元素</li>
        <li>表单适用场合</li>
    </ol>
    </li>
    <li>单元三 表格应用和布局</li>
</ol>
</body>
</html>
```

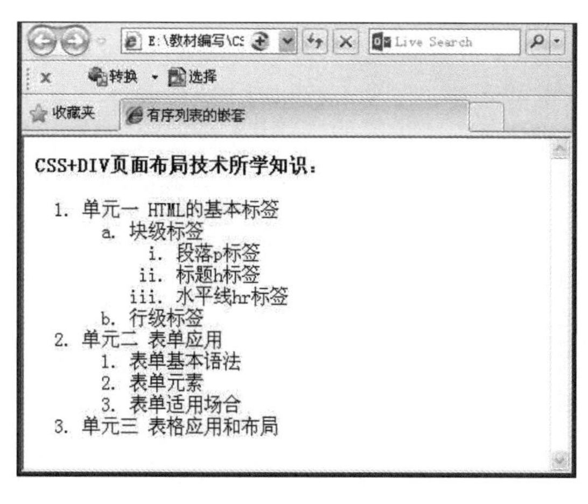

图 2-16 有序列表的嵌套

2.3.2 无序列表标签<ul>

使用<ul>、</ul>表示无序列表，<li>、</li>表示各列表项，其中 ul 是 unordered lists(无序列表)的缩写，li 是 list item(列表项目)的缩写。无序列表和有序列表类似，但多个并列的列表项之间没有先后顺序，项目默认使用粗体圆点(典型的小黑圆圈)进行标记。例如描述我们喝的各种饮料，如图 2-17 所示，对应的 HTML 代码见例 2-6。

图 2-17 无序列表

【例 2-6】 无序列表标签的使用。

```
<! doctype html>
<head>
<meta charset="utf-8"/>
<title>无序列表</title>
</head>
<body>
<h4>一个无序列表：</h4>
<ul>
    <li>咖啡</li>
    <li>茶</li>
    <li>牛奶</li>
</ul>
</body>
</html>
```

有序列表和无序列表也可以互相嵌套，通过如图 2-18 所示的演示效果，可以发现，无序列表随着其所包含的列表级数的增加而逐渐缩进，并且随着列表级数的增加而改变不同的修饰符。注意：无序列表的符号选择可以使用 type 属性进行修改。

【例 2-7】 无序列表标签的嵌套。

```
<! doctype html>
<head>
<meta charset="utf-8"/>
<title>无序列表的嵌套</title>
</head>
<body>
<h4>一个无序列表：</h4>
<ul>
```

```
        <li>
        咖啡
        <ul>
            <li>卡布其诺</li>
            <li>浓缩咖啡</li>
            <li>拿铁</li>
            <li>蓝山</li>
            <li>摩卡</li>
        </ul>
        </li>
        <li>
        茶
        <ul type="square">
            <li>绿茶</li>
            <li>红茶</li>
            <li>乌龙茶</li>
        </ul>
        </li>
        <li>牛奶</li>
        </ul>
    </body>
    </html>
```

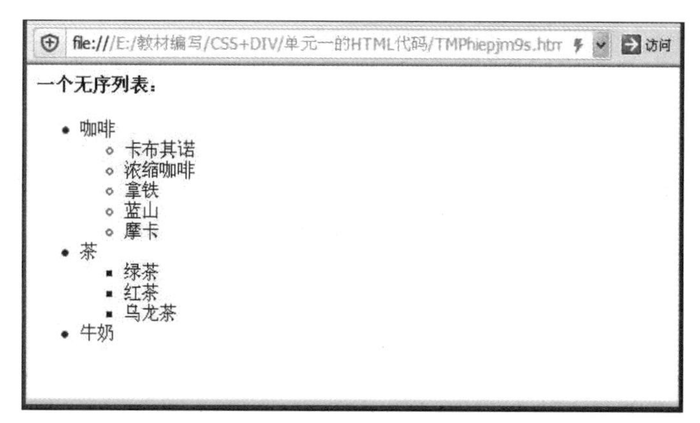

图 2-18　无序列表的嵌套

2.3.3　定义列表标签<dl>

顾名思义，自定义列表不仅仅是一列项目，而是项目及其注释的组合，用于描述某个术语、词语或产品的定义或解释，例如计算机、Java 语言、MP4 电子产品的定义等。它使用<dl>、</dl>表示定义列表，<dt>、</dt>表示术语，<dd>、</dd>表示术语的具体描述，其中 dl 是 definition lists(定义列表)的缩写，<dt>是 definition term(定义项目)的缩写，<dd>是 definition description(定义描述)的缩写。例如，对海阔天空成语的解释如图 2-19 所示，对应的 HTML 代码见例 2-8。

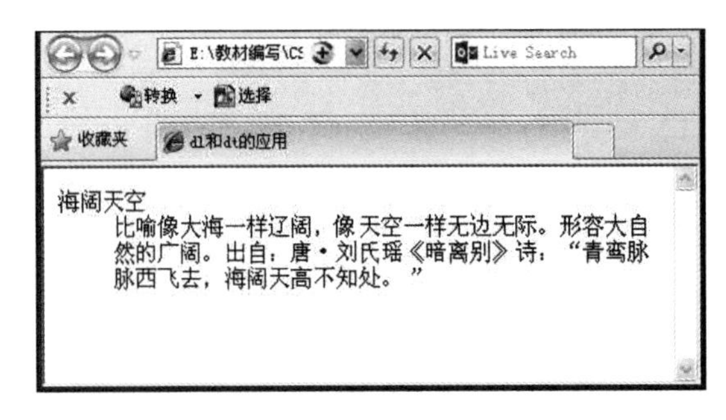

图 2-19　dl-dt-dd 的应用 1

【例 2-8】　自定义列表标签的使用。

```
<!doctype html>
<head>
<meta charset="utf-8"/>
<title>dl 和 dt 的应用</title>
</head>
<body>
    <dl>
        <dt>海阔天空</dt>
        <dd>比喻像大海一样辽阔,像天空一样无边无际。形容大自然的广阔。出自:唐·刘氏瑶
    《暗离别》诗:"青鸾脉脉西飞去,海阔天高不知处。"</dd>
  </dl>
</body>
</html>
```

使用<dl></dl>、<dt></dt>、<dd></dd>描述春节，如图 2-20 所示，对应的 HTML 代码见例 2-9。

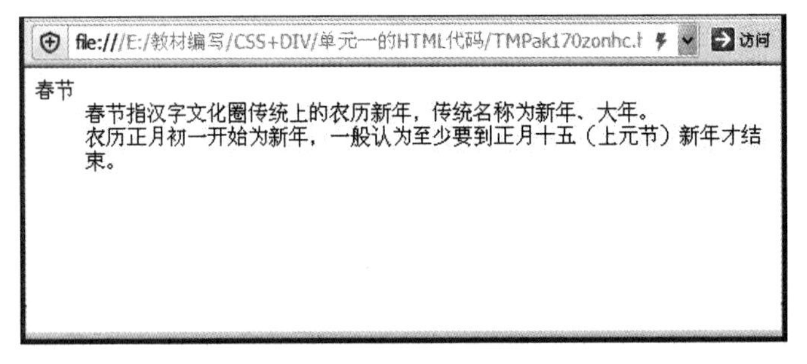

图 2-20　dl-dt-dd 的应用 2

【例 2-9】　使用自定义列表标签描述春节。

```
<!doctype html>
<head>
<meta charset="utf-8"/>
<title>dl 和 dt 的应用</title>
</head>
<body>
    <dl>
        <dt>春节</dt>
```

```
        <dd>春节指汉字文化圈传统上的农历新年,传统名称为新年、大年。</dd>
        <dd>农历正月初一开始为新年,一般认为至少要到正月十五(上元节)新年才结束。</dd>
    </dl>
</body>
</html>
```

在实际应用中,定义列表还被扩展应用到图文混编的场合,如图 2-21 所示。将图片作为术语标题<dt>,文字内容作为术语描述<dd>。这种局部布局结构将在后续项目中进行详细讲解。

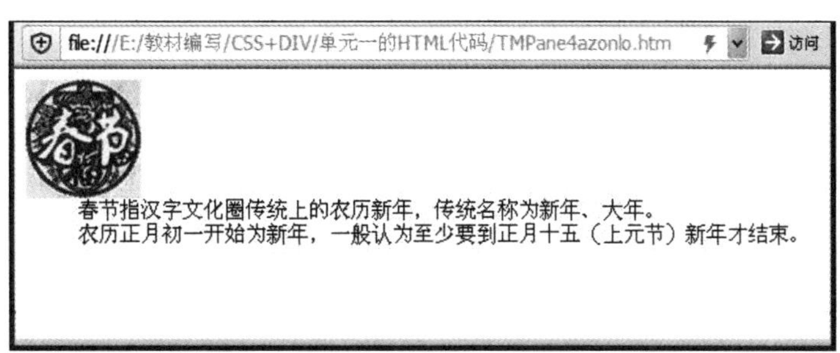

图 2-21　定义列表标签用于图文混编的场合

2.3.4　表格标签<table>

顾名思义,表格标签用于描述一个表格,它使用规整的数据显示,如图 2-22 所示。它使用<table>、</table>表示表格,<tr>、</tr>表示行,<td>、</td>表示列,tr 是 table row(表格中的一行)的缩写,td 是 table data cell(表格中的一个单元格)的缩写。表格的用法将在项目 4 中进行详细介绍。

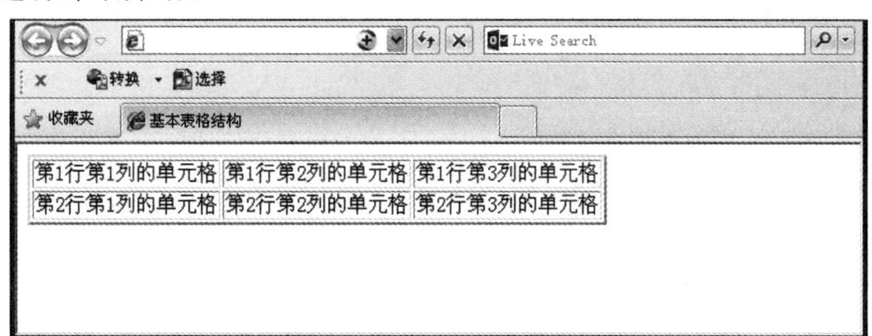

图 2-22　表格标签的应用

2.3.5　表单标签<form>

表单标签用于描述需要用户输入的页面内容,如图 2-23 所示注册页面使用<form>、</form>表示表单,<input/>表示输入内容项。表单的具体用法将在项目 3 中进行详细介绍。

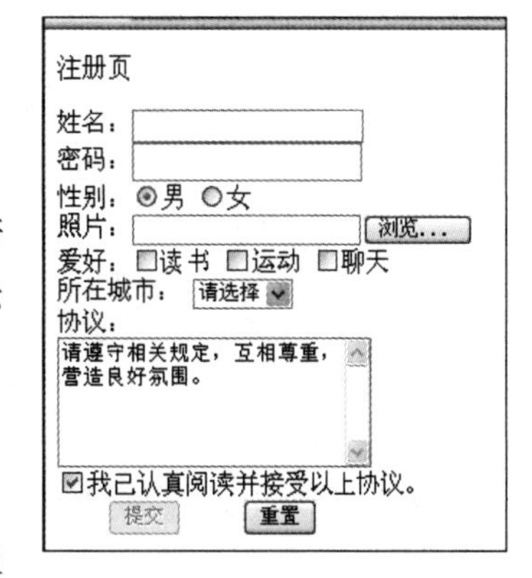

图 2-23　表单标签的应用

2.3.6　分区标签<div>

div 的英文全称是 division,是分隔的意思。前面几类块级标签一般用于组织小区块的内容,为了方便管理,数目众多的小区块还需要放到一个大区块中进行布局。分区标签<div>常用于页面布局时对区块的划分，它相当于一个大的容器，可以容纳无序列表、有序列表、表格等块级标签，同时也可容纳普通的段落、标题、文字、图片等内容，如图2-24所示，对应的HTML代码见例2-10。由于<div>标签不像<h1>等标签，没有明显的外观效果，所以特意添加"style"样式属性，设置<div>标签的宽、高尺寸以及背景颜色。样式方面的用法将在后续项目中详细介绍。

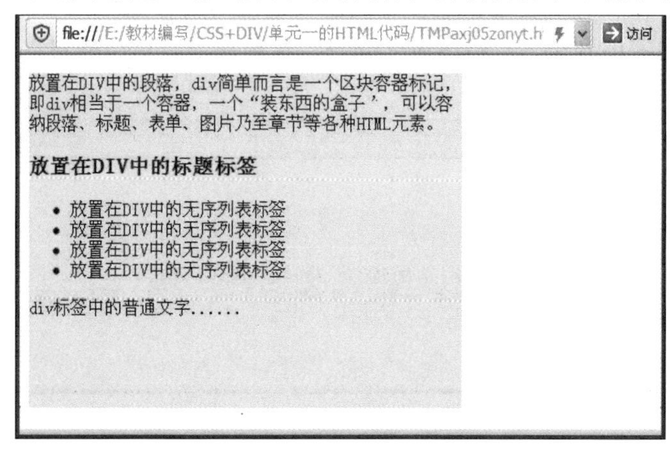

图2-24 div标签的应用

【例2-10】 分区标签的使用。

```
<! doctype html>
<head>
<meta charset="utf-8"/>
<title>div 标签的使用</title>
</head>
<body>
<div style="width:400px; height:300px; background:#9FF">
    <p>放置在 DIV 中的段落,div 简单而言是一个区块容器标记,即 div 相当于一个容器,一个"装东西的盒子",可以容纳段落、标题、表单、图片乃至单元等各种 HTML 元素。
    </p>
    <h3>放置在 DIV 中的标题标签</h3>
    <ul>
        <li>放置在 DIV 中的无序列表标签</li>
        <li>放置在 DIV 中的无序列表标签</li>
        <li>放置在 DIV 中的无序列表标签</li>
        <li>放置在 DIV 中的无序列表标签</li>
    </ul>
    div 标签中的普通文字……
</div>
</body>
</html>
```

到目前为止，我们学习了常用的各种块级标签。在实际开发中，常使用<div>进行分区，ul-li或ol-li实现无序或有序的项目列表，dl-dt-dd实现图文混编，table-tr-td实现规整数据的显示。由此，在页面局部布局中，形成了如下四种常用的块状结构：

- div-ul(ol)-li：常用于分类导航或菜单等场合。
- div-dl-dt-dd：常用于图文混编等场合。
- table-tr-td：常用于规整数据的显示场合。
- form-table-tr-td：常用于表单布局的场合。

这四种块状结构非常实用，它们的具体应用还将在后续项目进行深入讲解和训练。

任务实现

使用<div>分区标签作为整个页面内容的容器，然后放置标题、无序列表、有序列表等。块级标签都支持嵌套。例如，无序列表可以再嵌套无序列表。有了前面的知识准备，我们来实现“商品信息”的网页效果，参考代码如下：

微课

“商品信息”页面制作

```
<!doctype html>
<head>
<meta charset="utf-8"/>
<title>部分块级标签使用</title>
</head>
<body>
<div>
    <h3>商品信息</h3>
    <h4>产品类别</h4>
    <hr/>
    <ul>
        <li>护肤品
            <ul>
                <li>洁面</li>
                <li>精华</li>
                <li>面膜</li>
            </ul>
        </li>
        <li>饰品</li>
        <li>营养健康</li>
        <li>女装</li>
    </ul>
    <hr/>
<dl>
<dt>膜法世家免洗面膜</dt>
<dd>膜法世家樱桃睡眠免洗面膜 100g 不睡去黄保湿美白</dd>
<dd>价格：129 元</dd>
<dd>所在地：广州</dd>
</dl>
<hr/>
<h4>购物流程</h4>
<ol>
    <li>确认购买信息</li>
```

```
        <li>付款到芙蓉</li>
        <li>确认收货</li>
        <li>付款给商家</li>
        <li>双方评价</li>
    </ol>
    </div>
    </body>
    </html>
```

任务 2.4 “相宜本草促销信息”页面制作

任务需求

接下来介绍行级标签，行级标签也称行内标签。使用块级标签为页面“搭建完成组织结构”后，往每个小区块添加内容时，就需要用到行级标签。行级标签类似文本的显示，按“行”逐一显示。常用的行级标签包括图像标签<img/>，超链接标签<a>、范围标签<span>、换行标签
以及和表单相关的输入框标签<input/>、文本域标签<textarea>等，表单涉及的行级标签将在下面项目中详细介绍。通过行级标签的学习，实现“相宜本草促销信息”页面的制作效果，如图 2-25 所示。

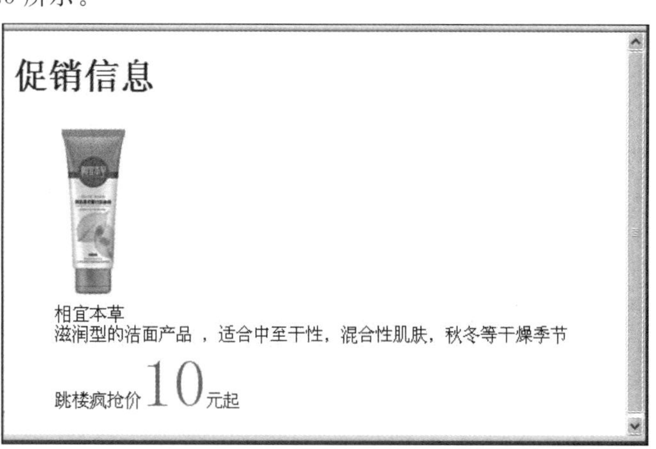
促销信息
相宜本草
滋润型的洁面产品 ，适合中至干性，混合性肌肤，秋冬等干燥季节
跳楼疯抢价10元起

图 2-25 相宜本草促销信息

知识储备

2.4.1 图像标签<img/>

在日常生活中，使用比较多的图像格式有四种，即 JPG、GIF、BMP、PNG。在网页中使用比较多的是 JPG、GIF 和 PNG，大多数浏览器都可以显示这些格式的图像。

图像标签是<img/>，要在页面上显示图像，需要使用源属性(src)，src 指“source”。源属性的值是图像的 URL 地址。

定义图像的语法格式如下：

```
<img src="图片地址" alt="图像的替代文字" title="鼠标悬停提示文字"/>
```

其中图片地址指存储图像的位置，如果名为“boat. gif”的图像位于 www. w3school. com. cn 的 images 目录中，那么地址为 http://www. w3school. com. cn/images/boat. gif。

alt 属性指定替代文本，alt 是单词“alter”的缩写，汉语意思为“改变”，表示图像无法显示(例如，图片路径错误或网速太慢等)时的替代显示文本。这样，即使图像无法显示，用户还是可以看到网页丢失的信息内容，如图 2-26 所示，所以在制作网页时一般推荐和“src”配合使用。如图片文件名为春节. jpg，如果写成春节 1. jpg，<img src="images/春节 1. jpg" alt="一张春节的图片"/>就找不到图片，浏览时就会看到如图 2-26 所示的情景。

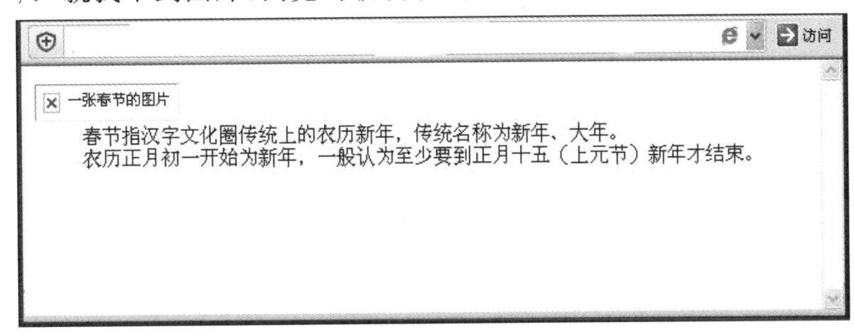

图 2-26　alt 属性的应用

其次，使用“title”属性，鼠标滑过时显示的文字提示，还可以提供额外的提示或帮助信息，方便用户使用，如图 2-27 所示。设计和制作网页时，需从方便客户的角度考虑问题，用户体验已越来越成为 Web 设计和开发需要考虑的重要因素。用户体验的原则之一就是以用户为中心，并体现在细微之处。例如，使用<img/>标签时，强烈推荐同时使用“alt”和“title”属性，避免因网速太慢或路径错误带来的“一片空白”或“错误”。

提示：同时，增加的鼠标提示信息也可以方便用户使用。

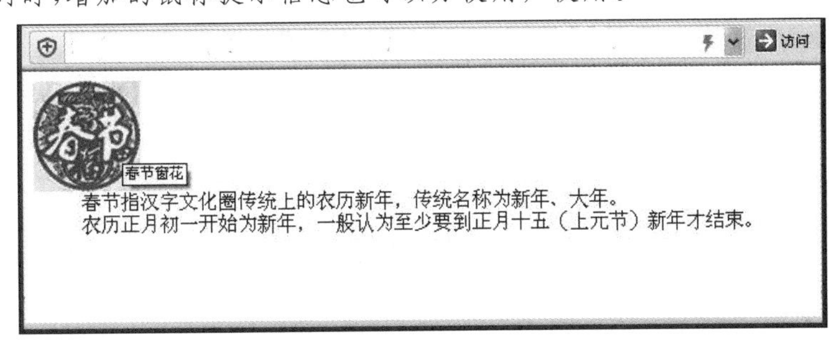

图 2-27　title 属性的应用

【例 2-11】　图像标签<img/>以及属性 alt 和 title 的应用。

```
<!doctype html>
<head>
<meta charset="utf-8"/>
<title>img 属性 alt 和 title 的应用</title>
<body>
    <dl>
        <dt><img src="images/春节.jpg" alt="一张春节的图片" title="春节窗花"/></dt>
        <dd>春节指汉字文化圈传统上的农历新年，传统名称为新年、大年。</dd>
        <dd>农历正月初一开始为新年，一般认为至少要到正月十五(上元节)新年才结束。</dd>
    </dl>
</body>
</html>
```

2.4.2 范围标签<span>

范围标签<span>用于标识行内的某个范围，是被用来修饰文档中的行内元素。span 没有固定的格式表现。当对它应用样式时，它才会产生视觉上的变化。例 2-12 实现行内某个部分的特殊设置以区分其他内容，如图 2-28 所示。对“新年、大年”这几个文字，设置成红色，字体大小为 30px 时，用 span 标签设置如下。span 标签加入 HTML 中的主要目的是用于样式表，所以当样式表失效时它就没有任何作用了。

【例 2-12】 span 标签的应用。

```
<! doctype html>
<head>
<meta charset="utf-8"/>
<title>span 标签的应用</title>
<body>
    <dl>
        <dt><img src="images/春节.jpg" alt="一张春节的图片" title="春节窗花" /></dt>
        <dd>春节指汉字文化圈传统上的农历新年，传统名称为<span style="color:#FF0000;
        font-size:30px;">新年、大年</span>。</dd>
        <dd>农历正月初一开始为新年，一般认为至少要到正月十五(上元节)新年才结束。</dd>
    </dl>
</body>
</html>
```

春节指汉字文化圈传统上的农历新年，传统名称为新年、大年。
农历正月初一开始为新年，一般认为至少要到正月十五（上元节）新年才结束。

图 2-28 span 标签应用

2.4.3 换行标签

使用
换行，但是不间隔行，
标签只是简单地开始新的一行。当使用
标签时，其后面的所有内容都将在下一行出现。br 是 line break 的意思，如图 2-29 所示，对应的代码见例 2-13。

阳光，不只来自太阳，也来自我们的心

阳光，不只来自太阳，也来自我们的心。
心里有阳光，能看到到世界美好的一面；
心里有阳光，能与有缘的人心心相映；
心里有阳光，即使在有遗憾的日子，也会保留温暖与热情；
心里有阳光，才能提升生命品质。
自信、宽容、给予、爱、感恩吧，让心里的阳光，照亮生活中的点点滴滴，阳光的心，造就阳光的命运。

图 2-29 br 换行标签应用

【例 2-13】 换行标签 br 的应用。

```
<! doctype html>
<head>
<meta charset="utf-8"/>
<title>换行标签 br 的应用</title>
</head>
<body>
    <h1>阳光,不只来自太阳,也来自我们的心</h1>
    <p>阳光,不只来自太阳,也来自我们的心。<br/>心里有阳光,能看到世界美好的一面;<br/>
    心里有阳光,能与有缘的人心心相印;<br/>心里有阳光,即使在有遗憾的日子,也会保留温暖与
    热情;<br/>心里有阳光,才能提升生命品质。<br/>自信、宽容、给予、爱、感恩吧,让心里的阳
    光,照亮生活中的点点滴滴,阳光的心,造就阳光的命运。
    </p>
</body>
</html>
```

2.4.4 超链接标签<a>

HTML 使用超级链接与网络上的另一个文档相连。几乎可以在所有的网页中找到链接。单击链接可以从一个页面跳转到另一个页面。超链接可以是一个字、一个词或一组词,也可以是一幅图像,可以单击这些内容来跳转到新的文档或者当前文档中的某个部分。当把鼠标指针移动到网页中的某个链接上时,箭头会变为一只小手。通过使用<a>标签在 HTML 中创建链接,a 是 anchor(锚)的第一个字母,有两种使用<a>标签的方式:

(1)通过使用 href 属性创建指向另一个文档的链接。

(2)通过使用 name 属性创建文档内的书签。

超链接的基本语法格式如下:

```
<a href="链接地址">链接文本或图像</a>
```

属性说明如下:

href:表示链接地址的路径,是 hypertext reference 这两个单词的缩写。它指定链接的目标,可以是某个网址或文件的路径,也可以是某个锚点名称。

链接文本或图像:单击该文本或图像,将跳转到 href 属性指定的链接地址,对应为<a>标签中的文字或图片。如<a href="https://www.baidu.com/">百度首页</a>,上面代码显示为:百度首页,单击这个超链接会把用户带到搜索引擎百度的首页。

对于链接路径,当单击某个链接时,将指向万维网上的文档,万维网使用称为 URL(Uniform Resource Location,统一资源定位器)的方式来定义一个链接地址。例如,一个完整的链接地址的常见形式为 https://www.baidu.com。

URL 地址的统一格式为 scheme://host.domain:post//path/filename。对上面的格式解释如下:

scheme:表示各类通信协议,例如,常用的是 http(超文本传输协议)、ftp(文件传输协议)。

domain:定义因特网域名,以方便访问,例如 baidu.com 等。

host:定义域中的主机名,如果被省略,http 协议默认的主机是 WWW。

post:定义主机的端口,一般默认为 80 端口,可以省略。

path:定义服务器上的路径,例如 reg 目录。

filename:定义文档的名称,例如 register. html。

HTML 初学者经常会遇到这样一个问题,如何正确引用一个文件。比如,怎样在一个 HTML 网页中引用另外一个 HTML 网页作为超链接(hyperlink)? 我们有相对路径和绝对路径两种书写方式。

绝对路径:是以硬盘根目录或者站点根目录为参考点建立的路径,指向目标地址的完整描述,一般指向本站点外的文件,如<a href="https://www. baidu. com">百度</a>,这种写法就是指链接指向站点外。

相对路径:是以当前文件所在位置为参考点而建立的路径,相对于当前页面的路径,一般指向本站点内的文件,所以一般不需要一个完整的 URL 地址的形式,如<a href="login/login. html">登录<a>链接,表示当前页面所在路径的"login"目录下的"login. html"页面,假定当前页面所在的目录为"C:\site",则链接地址对应的页面为"C:/site/login/login. html"。相对路径经常用到下面两个特殊符号:"../"和"../../"。"../"表示当前目录的上级目录,"../../"表示当前目录的上上级目录。

理解就是,绝对路径是从盘符开始的路径,例如 C:\WINDOWS\system32\cmd. exe,相对路径是从当前路径开始的路径,假如当前路径为 C:\WINDOWS,要描述上述路径,只需输入 system32\cmd. exe。实际上,严格的相对路径写法应为. \system32\cmd. exe。其中,"."表示当前路径,在通常情况下可以省略。假如当前路径为 C:\Program Files,要调用上述命令,则需要输入..\WINDOWS\system32\cmd. exe。其中,".."为父目录。当前路径如果为 C:\Program Files\Common Files 则需要输入..\..\WINDOWS\system32\cmd. exe。实验证明:绝对路径不利于搜索引擎表现,相对路径在搜索引擎中表现良好。

超链接经常使用的语法格式如下:

<a href="链接地址" target="目标窗口位置">链接文本或图像</a>

属性 target 指定链接在哪个窗口打开,常用的取值有_self(自身窗口)、_blank(新建窗口)等,见表 2-1,自己可以尝试不同取值的效果,这个属性在框架知识中有详细的解释和使用说明。

表 2-1　target 属性的有效值

target 属性的值	属性含义描述
_blank	在新窗口中打开被链接文档
_self	默认。在原浏览器窗口或者相同的框架中打开被链接文档
_parent	在父框架集中打开被链接文档
_top	在顶级窗口中打开被链接文档
framename	在指定的框架中打开被链接文档

超链接的三种应用场合:页面间链接、锚链接和功能性链接。

1. 页面间链接:A 页到 B 页

【例 2-14】 页面间链接的应用。

```
<html>
<head>
<meta charset="utf-8"/>
```

```
<title>链接到其他页面</title>
</head>
<body>
    <a href="register/register.htm">[免费注册]</a>
    <a href="login/login.htm">[登录]</a>
</body>
</html>
```

例 2-14 的效果如图 2-30 所示。

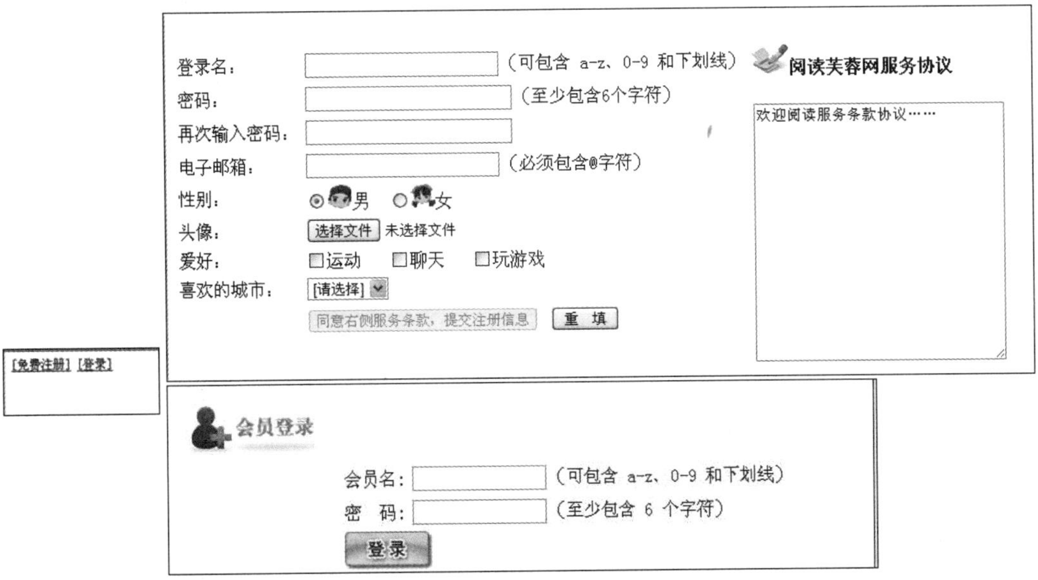

图 2-30　页面间超链接

2. 锚链接

A 页的甲位置到 A 页的乙位置，或者 A 页的甲位置到 B 页的乙位置。如果一个页面内容过多，页面过长，用户需要滚动滚动条来阅读相应内容时，可以使用锚点链接。想要实现 A 页的甲位置到 A 页（本页）的乙位置，首先要在页面的乙位置标记（锚点），<a name="锚点名">目标位置乙</a>。它的功能类似古代固定船的锚，所以叫锚点。这就像使用 name 属性在页面中创建一个书签，书签不会以任何特殊方式显示，它对读者是不可见的，当使用命名锚时，我们可以创建直接跳至该命名锚（比如页面中某个小节）的链接，这样使用者就无须不停地滚动页面来寻找他们需要的信息了，在 A 页面的甲位置使用<a href="#锚名">提示文字</a>来实现跳转到 A 页的乙位置。如果想要实现 A 页的甲位置到 B 页的乙位置，还是要先在 B 页利用<a name="锚点名">目标位置乙</a>标记锚点，然后使用<a href="B 页的 URL #锚名">提示文字</a>，单击"提示文字"到 B 页相应位置。

3. 功能性链接

链接到电子邮箱、QQ、MSN 等。以最常用的电子邮件链接为例，当单击"联系我们"时，打开用户的电子邮件程序，并自动填写"收件人"文本框中的电子邮件地址，如图 2-31 所示。完整的 HTML 代码见例 2-15。

【例 2-15】　功能性链接的应用。

```
<html>
<head>
```

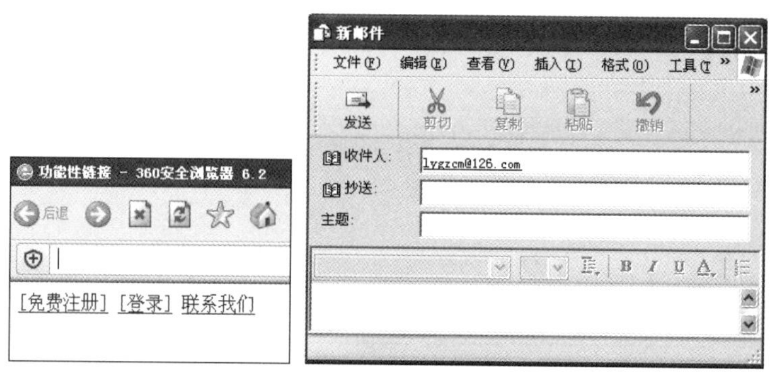

图 2-31　功能性链接

```
<meta charset="utf-8"/>
<title>功能性链接</title>
</head>
<body>
    <a href="register/register.htm">[免费注册]</a>
    <a href="login/login.htm">[登录]</a>
    <a href="mailto:lygzcm@126.com">联系我们</a>
</body>
</html>
```

在所有浏览器中,链接的默认外观是:

- 未被访问的链接带有下划线,而且是蓝色的。
- 已被访问的链接带有下划线,而且是紫色的。
- 活动链接带有下划线,而且是红色的。在项目 7 任务 7.6 中具体介绍。

任务实现

有了前面的技术和知识准备,下面去完成项目的任务。我们通过分析,应该整体使用自定义列表,将图片作为术语标题<dt>,文字内容作为术语描述<dd>,范围标签<span>用于标识行内的 10 这个数字,“促销信息”用标题标签修饰。参考代码如下:

“相宜本草促销”页面制作

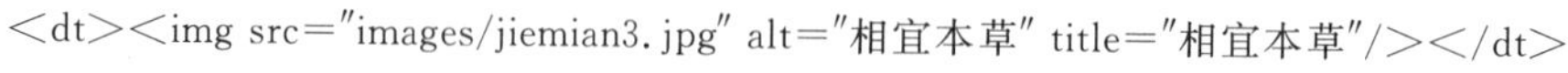

```
<html>
<head>
<meta charset="utf-8"/>
<title>相宜本草促销</title>
</head>
<body>
<h1>促销信息</h1>
<dl>
    <dt><img src="images/jiemian3.jpg" alt="相宜本草" title="相宜本草"/></dt>
    <dd>相宜本草</dd>
    <dd>滋润型的洁面产品,适合中至干性,混合性肌肤,秋冬等干燥季节</dd>
    <dd>跳楼疯抢价<span style="color:red;font-size:60px;">10</span>元起 </dd>
</dl>
</body>
</html>
```

任务 2.5　注释和特殊符号

任务需求

在网页中学会注释，方便项目的可维护性。在网页中版权信息等经常用到一些特殊符号，我们要有所了解。

2.5.1　HTML 注释

我们经常要在一些代码旁做一些 HTML 注释，这样做的好处很多，比如方便查找，方便比对，方便项目组里的其他程序员了解你的代码，而且可以方便以后你对自己代码的理解与修改等，当服务器遇到注释时会自动忽略注释内容。HTML 注释开始使用“<!--”，结束使用“-->”。

```
<!--到搜狗搜索引擎了解它的搜索功能-->
<a href="http://www.sogou.com">
搜狗首页
</a>
<!--链接结束-->
```

浏览页面的效果如图 2-32 所示，其中<!--链接结束-->和<!--到搜狗搜索引擎了解它的搜索功能-->注释不会在浏览器中显示。

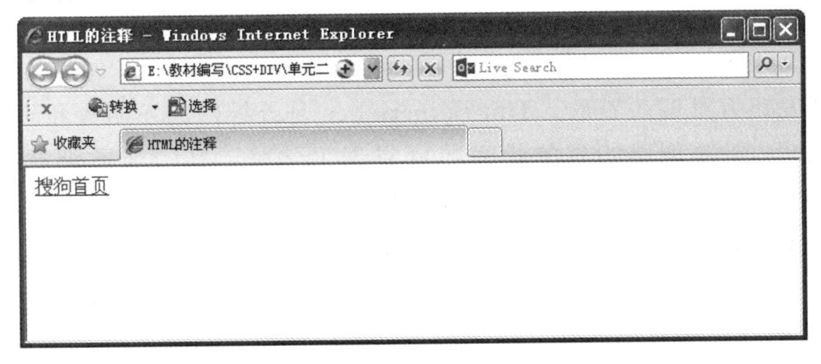

图 2-32　HTML 注释

2.5.2　特殊符号

在 HTML 中不能使用小于号(<)和大于号(>)，这是因为浏览器会误认为它们是标签。如需显示小于号，我们必须这样写：<。如果在文本中写 10 个空格，在显示该页面之前，浏览器会删除它们中的 9 个，如需在页面中增加空格的数量，需要使用 。所以，如果要在页面中显示这些特殊符号，就必须使用相应的 HTML 代码表示，这些特殊符号对应 HTML 代码被称为字符实体。一些常用的特殊符号及对应的字符实体见表 2-2，这些实体字符都以“&”开始，以“;”结束。

表 2-2 常用的特殊符号及对应的字符实体

特殊符号	字符实体	显示结果
空格		
大于号	>	>
小于号	<	<
引号	"	″
版权符号	©	©
注册商标	®	®
商标	™	™

任务 2.6 W3C 标准

任务需求

发明 HTML 的初衷是为了信息资料的网络传播和共享，希望 HTML 文档具有平台无关性，即同一 HTML 文档在不同平台上(包括使用不同的浏览器)将看到同样的页面内容和效果。但遗憾的是，随着浏览器市场竞争的日益激烈，各大浏览器厂商为了吸引用户，都在早期 HTML 版本的基础上进行各类标签的扩展。但因浏览器之间互不兼容，导致 HTML 编码规则混乱，这违背了 HTML 发明的初衷，因此需要一个组织来制定和维护统一的 Web 开发标准，W3C 正是这样一个组织。下面介绍什么是 W3C 标准以及 Web 开发方面的基础规范。

知识储备

万维网(World Wide Web)是作为欧洲核子研究组织的一个项目发展起来的，在那里 Tim Berners-Lee 开发出万维网的雏形。Tim Berners-Lee 是万维网的发明人和万维网联盟的主任。W3C 在 1994 年被创建的目的是完成麻省理工学院(MIT)与欧洲粒子物理研究所(CERN)之间的协同工作，并得到了美国国防部高级研究计划局(DARPA)和欧洲委员会(European Commission)的支持。

万维网联盟(World Wide Web Consortium，W3C)，又称 W3C 理事会。1994 年 10 月在麻省理工学院计算机科学实验室成立。万维网联盟是国际最著名的标准化组织，1994 年成立后，至今已发布近百项相关万维网的标准，对万维网发展做出了杰出的贡献。万维网联盟拥有来自全世界 40 个国家的 400 多个会员组织，已在全世界 16 个地区设立了办事处。2006 年 4 月 28 日，万维网联盟在中国内地设立首个办事处。

2.6.1 什么是 W3C 标准

W3C 标准不是某一个标准，而是一系列标准的集合。网页主要由三部分组成：结构(Structure)、表现(Presentation)和行为(Behavior)。结构化标准语言主要包括 XHTML 和 XML，表现标准语言主要包括 CSS，行为标准主要包括对象模型(如 W3C DOM)、ECMAScript 等。W3C 万维网联盟主要职责是负责 Web 标准的制定和维护。Web 开发方面经常涉及的 W3C 标准如下：

（1）HTML 内容方面——XHTML。

（2）样式美化方面——CSS。

（3）行为标准方面——DOM。

（4）页面交互方面——ECMAScript。

其中 DOM 和 ECMAScript 将在以后学习。本课程主要涉及 XHTML 和 CSS 两类标准。HTML 方面目前比较常用的版本是 XHTML，表示可扩展超文本标签语言（Extensible Hyper Text Language）。它是更严格、更纯净的 HTML 版本，且是一个 W3C 标准，规定了 HTML 编写的具体规范，所有主流浏览器都支持。

2.6.2　W3C 提倡的 Web 页结构

1. 内容和样式分离

内容 XHTML 只负责页面的内容结构，CSS（Cascading Style Sheet，通常又称为“样式表”）负责表现样式（例如字体颜色、大小、背景图、显示位置等），方便网站的修改和维护。HTML 结构是页面的骨架，一个页面就好像一幢房子，HTML 结构就是钢筋混凝土的墙，一幢房子如果没有钢筋混凝土的墙那就是一堆废砖头，不能住人，不能办公。CSS 是装饰材料，是原木地板，是大理石，是油漆，是用来装饰房子的，如需要重新装饰，则只需要更换装饰材料即可。

2. HTML 内容结构要语义化

HTML 是一种对文本内容结构和意义（或者说“语义”）进行补充的方法。它会告诉我们说：“这行是一个标题，这几行组成了一个段落。这些文字是项目列表，这些文字是链接到互联网上另一个文件的超链接。”值得注意的是，不应该让 HTML 来告诉我们：“这些文字是蓝色的，这些文字又是红色的，这部分内容是最靠右的一栏，这行内容是斜体字。”这些和表现相关的信息是 CSS 的工作。在做前端开发的时候要记住：HTML 告诉我们一块内容是什么（或其意义），而不是它长什么样子。当我们提到“语义标记”的时候，我们所说的 HTML 应该是完全脱离表现信息的，其中的标签应该都是语义化地定义了文档的结构。写语义化的 HTML 结构其实很简单，首先掌握 HTML 中各个标签的语义，<div>是一个容器，<strong>是表示强调，<ul><li>是一个无序列表等。看到内容的时候想想用什么标签能更好地描述它，是什么就用什么标签。即要求根据 HTML 代码就能够看出这部分内容是什么，代表什么含义，例如，是标题、段落还是项目列表等。这样的好处：一是方便搜索引擎搜索，二是方便在各种平台上传递。除了普通的计算机，还有手机、PDA、MP4 等这些轻量级的显示器显示终端可能不具有普通计算机上的能力，它将按照 HTML 结构的语义，使用自身设备的渲染能力显示页面内容，因此，HTML 结构语义化越来越成为一种主流趋势。不妨看一个糟糕的 HTML 文档，见例 2-16。

【例 2-16】　不规范的示例。

```
<head>
<meta charset="utf-8"/>
<meta charset="utf-8"/>
<title>不规范的示例</title>
</head>
<body>
```

```
    <font size="7">一级主题</FONT><br/>
    一级主题阐述文字 <br/><br/>
    <font size="5">二级主题</FONT><br/>
    二级主题阐述文字
    <p>项目列表 1
    <p>项目列表 2
    <p>项目列表 3
</body>
</html>
```

这是使用了 HTML 早期标签<font>表示字体大小，标签大小写不统一，段落<p>标签没有配对，但在浏览器中还能正常显示(这是浏览器为了“讨好”而“纵容”用户的原因)。

这样编写有什么问题？仔细查看 HTML 结构和表述的页面内容后，不难发现存在如下弊端：

(1)内容和表现没分离，后期很难维护和修改。编写的 HTML 代码既表示字体大小等样式，又包含内容。如网站升级改版时需要改变字体大小等样式，则需要逐行修改 HTML 代码，非常烦琐。

(2)HTML 代码不能表示页面的内容语意，不利于搜索引擎搜索。即从 HTML 代码不能看出页面内容的关系，很难判断哪些内容是主体，哪些内容是相关的阐述文字，很难看出各列表的内容之间的关系。而搜索引擎的爬虫在搜索页面时只识别含有语义化的标签(例如<h1>标题、<p>段落等)，而不识别表示样式的标签(例如<font>字体、<b>加粗等)，因此上述例 2-16 规范化的写法是例 2-17。

【例 2-17】 规范的示例。

```
<!doctype html>
<head>
<meta charset="utf-8"/>
<title>规范的示例</title>
</head>
<body>
    <h1>一级主题</h1>
    <p>一级主题阐述文字</p>
    <h2>二级主题</h2>
    <p>二级主题阐述文字</p>
    <ul>
        <li>项目列表 1</li>
        <li>项目列表 2</li>
        <li>项目列表 3</li>
    </ul>
</body>
</html>
```

2.6.3 HTML5 代码规范

了解了 W3C 提倡的 Web 结构后，下面介绍 HTML5 的基本规范。很多 Web 开发人员对 HTML 的代码规范知之甚少。在 2000 年至 2010 年，许多 Web 开发人员从 HTML 转换到 XHTML，使用 XHTML 的开发人员逐渐养成了比较好的 HTML 编写规范。而针对 HTML5，我们应该形成比较好的代码规范，以下提供了几种规范的建议。

1. 使用正确的文档类型

文档类型声明位于 HTML 文档的第一行：

```
<!DOCTYPE html>
```

如果想跟其他标签一样使用小写，可以使用以下代码：

```
<!doctype html>
```

2. 使用小写元素名

HTML5 元素名可以使用大写和小写字母，推荐使用小写字母，因为混合了大小写的风格是非常糟糕的。开发人员通常使用小写(类似 XHTML)，小写风格看起来更加清爽，小写字母容易编写。

```
<section>
    <p>这是一个段落。</p>
</section>
```

3. 关闭所有 HTML 元素

在 HTML5 中，不一定要关闭所有元素（例如<p>元素），但建议每个元素都要添加关闭标签。推荐使用：

```
<section>
    <p>这是一个段落。</p>
    <p>这是一个段落。</p>
</section>
```

4. 关闭空的 HTML 元素

在 HTML5 中，空的 HTML 元素也不一定要关闭，我们可以这么写：

```
<meta charset="utf-8">
```

也可以这么写：

```
<meta charset="utf-8" />
```

在 XHTML 和 XML 中斜线（/）是必需的。

如果你期望 XML 软件使用你的页面，使用这种风格是非常好的。

5. 使用小写属性名

HTML5 属性名允许使用大写和小写字母，推荐使用小写字母属性名。例如：<div class="menu">。

6. 属性值

HTML5 属性值可以不用引号。属性值推荐使用引号。如果属性值含有空格需要使用引号，混合风格是不推荐的，建议统一风格。属性值使用引号易于阅读。

7. 空行和缩进

不要无缘无故添加空行。为每个逻辑功能块添加空行更易于阅读。缩进使用两个空格，不建议使用 Tab。比较短的代码间不要使用不必要的空行和缩进。

8. 不推荐省略 <html>、<body>和<head>标签

在标准 HTML5 中，<html>、<body>和<head>标签是可以省略的。默认情况下，浏览器会将 <body> 之前的内容添加到一个默认的<head>元素上。<html>元素是文档的

根元素，用于描述页面的语言，声明语言是为了方便屏幕阅读器及搜索引擎。省略<html>或<body>在DOM和XML软件中会崩溃。省略<body>在旧版浏览器（IE9）会发生错误。不建议省略<head>标签。

项目小结

HTML标签分为块级和行级标签，块级标签按“块”显示，行级标签按“行”逐一显示。基本块级标签包括段落标签<p>、标题标签<h1>～<h6>、水平线标签<hr/>等。常用于布局的块级标签包括无序列表标签<ul>、有序列表标签<ol>、定义列表标签<dl>、分区标签<div>等。行级标签包括图片标签<img/>、范围标签<span>、换行标签
、超链接标签<a>等。插入图片时，要求“src”和“alt”属性必选，“title”和“alt”属性推荐同时使用。编写HTML文档注意遵循W3C相关标准，W3C提倡内容和结构分离，HTML结构具有语义化。

习　题

一、判断题

1. HTML标记符的属性一般不区分大小写。（　　）
2. 网站就是一个链接的页面集合。（　　）
3. 所有的HTML标记符都包括开始标记符和结束标记符。（　　）
4. 用h1标记符修饰的文字通常比用h6标记符修饰的要小。（　　）
5. GIF格式的图像最多可以显示256种颜色。（　　）

二、选择题

1. HTML的基本结构是（　　）。

A. <html><body></body><head></head></html>

B. <html><head></head><body></body></html>

C. <html><head></head><foot></foot></html>

D. <html><head><title></title></head></html>

2. HTML中，图片显示和其悬停提示文字显示分别是（　　）。

A. img标签和alt属性　　B. img标签和title属性

C. img属性和alt标签　　D. img属性和title标签

3. 以下（　　）是HTML常用的块状结构。

A. div-dl-dt-dd　　B. div-ul-li

C. div-ol-li　　D. table-tr-td

4. 在HTML中，有效、规范的注释声明是（　　）。

A. //这是注释　　B. <!--这是--注释-->

C. /*这是--注释*/　　D. <!--这是注释-->

三、简答题

1. HTML内容的组织顺序是什么？
2. 请写出HTML常用的四种块结构。

3. 以下这几种文件路径分别用在什么地方，代表什么意思？

(1) css/a. css

(2). /css/a. css

(3) b. css

(4).. /imgs/a. png

(5) /Users/hunger/project/css/a. css

(6) /static/css/a. css

(7) http://cdn. jirengu. com/kejian1/8-1. png

4. 分别用 div-dl-dt-dd 块状结构、div-ul-li 结构（黑点不用管）、<img/>和
标签实现如图 2-33 所示的图文混排效果。

滋润型的洁面产品，适合中至干性、混合性肌肤，秋冬等干燥季节

有效抑制黑色素，自然调理，让肌肤水嫩
超值价：8元开抢！

图 2-33　图文混排

项目 3

表单应用

项目要点

- 表单的基本语法。
- 各种表单元素的使用和语法。

技能目标

- 能使用各种基本表单元素标签建立含有表单的网页。
- 能使用 HTML5 新增的元素。

任务 3.1 “会员注册”页面制作

任务需求

在浏览网站时经常会遇到表单，它是网站实现互动功能的重要组成部分。例如在网上要申请一个电子信箱，就必须按要求填写完成网站提供的表单页面，其主要内容是姓名、年龄、联系方式等个人信息。又例如要在某论坛上发言，发言之前要申请资格，也就是要填写完成一个表单网页。表单是实现动态网页的一种主要的外在形式。HTML 表单是 HTML 页面与浏览器端实现交互的重要手段。利用表单可以收集客户端提交的有关信息。比如实现某网站的会员注册页面的制作，网页效果如图 3-1 所示。

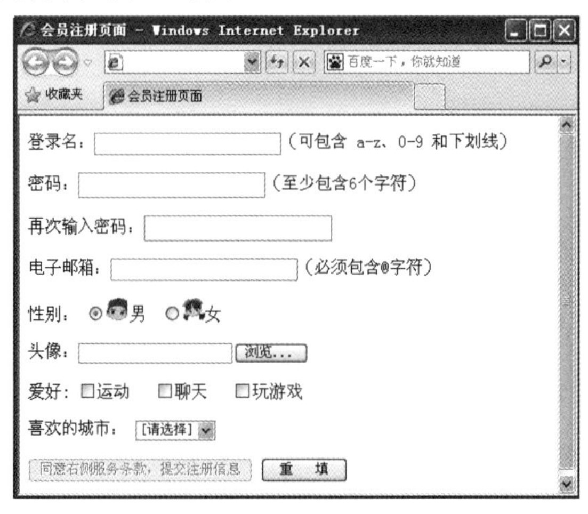

图 3-1 会员注册

知识储备

3.1.1 表单的基本语法

随着网站交互性的加强，表单在网页设计中的地位越来越重要。在网页中注册需要表单，登录需要表单，搜索需要表单，订单需要表单，付款需要表单，表单是网站交互功能的重要组成部分。表单是一个集合概念，它是一个能够包含表单元素的区域。表单元素是能够让用户在表单中输入信息的元素（比如文本框、密码框、下拉菜单、单选框、复选框等）。表单是用<form>定义的。基本语法格式如下：

```
<form name="表单名" method="提交方法" action="表单提交的地址">
<!--文本框、按钮等表单元素-->
</form>
```

表单是网页上的一个特定区域，这个区域是由一对<form>标记定义的，这一步有几方面的作用。第一方面，限定表单的范围，其他的表单对象都要插入表单之中。单击“提交”按钮时，提交的也是表单范围之内的内容。第二方面，携带表单的相关信息，例如处理表单的脚本程序的位置、提交表单的方法等。这些信息对于浏览者是不可见的，但对于处理表单却有着决定性的作用。也就是说所有的表单元素，比如文本框、密码框、各种按钮的元素对象，都要放在以<form>开始、</form>结束的标签中。

在上面的语法中，name 描述的是表单的名称。method 定义表单结果从浏览器传送到服务器的方法，一般有两种方法：get 和 post。get 方式传输的数据量少，当提交表单数据时，浏览器的地址栏可以看到传递的具体数据，这种方式一般适用于安全性要求不高的场合，而 post 方式传输的数据量大，当提交表单数据时，浏览器的地址栏不会看到传递的具体数据，这种方式一般适用于安全性要求较高的场合。两者的具体应用将在第二学期的相关课程中进行深入讲解。action 用来定义表单数据提交的目标地址，目标页面的地址可以是相对地址或绝对地址，如不填或者 action="#"时，默认为提交给当前页面处理。

学习了表单的基本语法之后，下面介绍表单元素的具体用法。除了下拉列表框、多行文本域等少数表单元素外，大部分表单元素都使用<input/>标签，只是它们的属性设置不同，统一用法如下：

```
<input name= "表单元素名称" type="类型" value="值" size="显示宽度" maxlength
="能输入的最大字符数" checked="是否选中"/>
```

name 属性指定表单元素的名称。例如，如果表单上有几个文本框，可以按照名称来标识它们，如 text1、text2 或用户选择的任何名称。

type 属性指定表单元素的类型。可用的选项有 text、password、checkbox、radio、submit、reset、file、hidden 和 button。默认值为 text。

value 属性是可选属性，它指定表单元素的初始值。当载入表单时，<input/>标签显示 value 属性值，及提示文本输入的文字。

size 属性指定表单元素的显示长度。

maxlength 属性用于指定在 text 或 password 表单元素中可以输入的最大字符数。默认值为无限制的。如果设置了 maxlength="5"，最多可以输入 5 个字符，当输入第 6 个字符时，光标就无法移动了。

checked 属性指定按钮是否被选中，只有一个值，为 checked。当输入类型为 radio 或 checkbox 时，使用此属性。

下面介绍两个常见的表单组成元素。

3.1.2　表单基本元素的介绍

1. 文本框

在表单中，文本框用来让用户输入字母、数字等单行文本信息。文本框的宽度默认是 20 个字符。size="8"，value="输入你的名字"，在设计状态看到如图 3-2 所示效果，长度为 8，可以显示 4 个汉字，浏览时不同浏览器略有不同，如图 3-3 所示。一般不建议使用 size 设置长度，而是通过 css 的 width 属性进行相应设置。

图 3-2　文本框编辑状态的显示

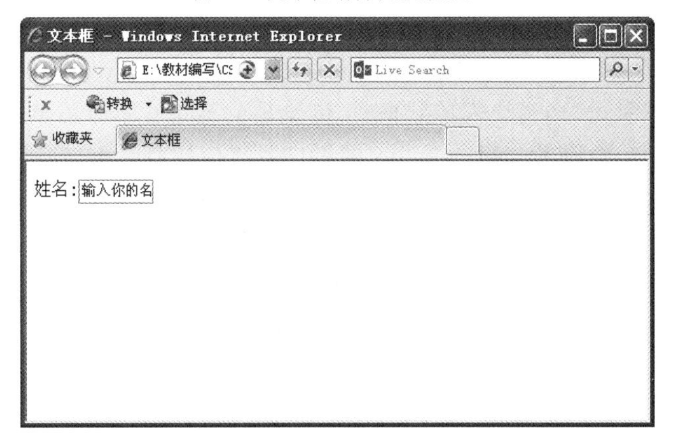

图 3-3　文本框浏览器显示

```
<form name="form1" method="post" action="xxx.asp">
    <p>姓名:<input type="text" name="username" value="输入你的名字" size="8" maxlength="12"/>
    </p>
</form>
```

2. 密码框

将 type 属性设置成 password，就可以创建一个密码框，输入的字符以"·"显示，以达到加密的作用，防止别人偷看。

```
<form name="form1" method="post" action="xxx.asp">
    <p>密码:<input type="password" name="userpassword"/></p>
</form>
```

文本框和密码框效果如图 3-4 所示。

可以看到，这两个表单元素都用到了<input/>标签，根据 type 的类型不同而分文本框、密码框，但是密码框里填写的内容却是不可见的，决定它们类型不同的是<input/>标签的 type 的属性值。type 的属性值是 text，即文本框；type 的属性值是 password，即密码框。同样，如果 type 的属性值是 checkbox，代表表单元素为多选框；如果 type 的属性值是 radio，代表表单元素为单选框(按钮)；如果 type 的属性值是 submit，表示元素是“提交”按钮；如果 type 的属性值是 reset，就代表元素是重置按钮。

注意：<input/>标签也是一个单标签，它没有终止标签。一定要记得在后面加上一个“/”以符合 XHTML 的要求。

3.“提交”和“重置”按钮

type="submit"和 type="reset"分别是“提交”按钮和“重置”按钮。“提交”按钮用于提交表单数据，将 form 中所有内容进行提交 action 页处理，“重置”按钮用于清空现有表单数据。

```
<form name="form1" method="post" action="xxx. asp">
    <p>姓名：<input type="text" name="username"/></p>
    <p>密码：<input type="password" name="userpassword"/></p>
    <p><input type="submit" value="提交"/><input type="reset" value="重置"/></p>
</form>
```

“提交”和“重置”按钮效果如图 3-5 所示。

4.普通按钮

type="button"是标准 Windows 风格的按钮，也就是普通按钮，要让按钮跳转到某个页面上还需要加入 JavaScript 代码。

```
<form name="form1" method="post" action="xxx. asp">
<p>
    <input type="button" name="my button" value="Go!" onclick="window. open('
    https://www. sogou. com')"/>
</p>
</form>
```

5.图片按钮

type="image"是比较另类的一个，代表图片按钮，虽然 type 没有设置为“submit”，但它有提交功能。

```
<form name="form1" method="post" action="xxx. asp">
<input type="image" src="images/agree1. png"/>
</form>
```

四种按钮效果如图 3-6 所示。

图 3-4　文本框和密码框的效果

图 3-5　“提交”和“重置”按钮效果

图 3-6　四种按钮效果

6. 多选框

type="checkbox"表示多选框，常见于注册时选择爱好、性格等信息。参数有 name、value 及特别参数 checked(表示默认选择)，其实最重要的还是 value 值，提交到处理页的也就是 value(附：name 值可以不一样，但不推荐，建议 name 值相同)。

```
<form name="form1" method="post" action="xxx.asp">
<p>爱好：
    <input type="checkbox" name="hobby" value="sport" checked="checked"/>运动    
    <input type="checkbox" name="hobby" value="talk"/>聊天    
    <input type="checkbox" name="hobby" value="play"/>玩游戏
</p>
</form>
```

多选框效果如图 3-7 所示。

图 3-7 多选框效果

7. 单选框

type="radio"即单选框，出现在多选一的页面中，如性别选择。参数同样有 name、value 及特别参数 checked。不同于 checkbox 的是，name 值一定要相同，否则就不能多选一。当然提交到处理页的也是 value 值。

```
<form name="form1" method="post" action="xxx.asp">
<p>性别：
    <input type="radio" name="sex" value="man"/>男
    <input type="radio" name="sex" value="woman" checked="checked"/>女
</p>
</form>
```

多选框和单选框效果如图 3-8 所示。

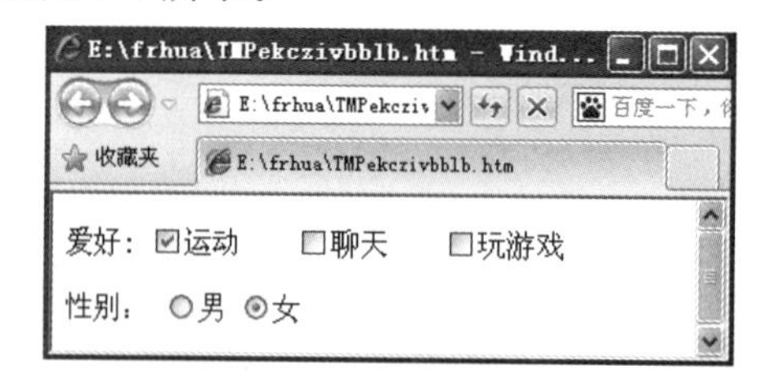

图 3-8 多选框和单选框效果

下面是 name 值不同的一个例子，不能实现多选一的效果。

```
<form name="form1" method="post" action="xxx.asp">
    性别：
    <input type="radio" name="sex1" value="man"/>男
    <input type="radio" name="sex2" value="woman" checked="checked"/>女
    </br>
</form>
```

8. 文件域表单

type="file"可以将本地网络上的某个文件以二进制数据流的形式传递到服务器上，是当你在 BBS 上传图片，或者在 email 中上传附件时一定少不了的东西，它提供了一个文件目录输入的平台，会创建一个不能输入内容的地址文本框和一个"浏览"按钮，单击"浏览..."按钮，将会弹出"选择要加载的文件"窗口，选择文件后，路径将显示在地址文本框中。参数有 name、size。使用这个元素时，form 元素的 method 属性必须设置为 post。

```
<form action="" method="post" enctype="multipart/form-data">
<p><input type="file" name="yourfile"/></p>
</form>
```

文件域表单效果如图 3-9 所示。

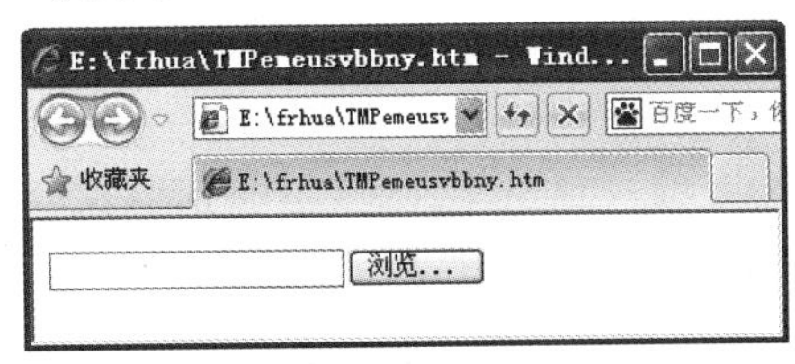

图 3-9　文件域表单效果

包含文件域的表单，因为提交的数据包括普通的表单数据、文件数据等多部分内容，所以必须设置 form 标签的 enctype 属性值为 multipart/form-data，表示将表单数据分为多部分提交。

下面将要介绍的这两个表单元素，它们不使用<input/>标签。

9. 下拉列表框

基本语法格式如下：

```
<select>
<option value="选择此项提交给处理页面的值" selected="selected"></option>
</select>
```

一般使用表单下拉列表选择数据，如省、市、县、年、月等数据，我们即可使用下拉菜单表单进行设置，select 是下拉列表菜单标签，option 为下拉列表数据标签，value 为 option 的数据值(用于数据的传值)，selected 默认被选中的项。

```
<!doctype html>
<body>
<form name="form1" method="post" action="xxx.asp">
    <select name="fruit">
        <option value="apple">苹果</option>
        <option value="orange" selected="selected">桔子</option>
        <option value="mango">芒果</option>
    </select>
</form>
</body>
</html>
```

下拉列表框效果如图 3-10 所示。

10. 文本域

文本域，也就是多行输入框(textarea)，主要用于输入两行或两行以上的较长文本信息，主要应用于用户留言或者聊天窗口以及协议。

基本语法格式如下：

<textarea name="yoursuggest" cols ="50" rows = "3">初始文本</textarea>

name为传值命名。cols为文本域的可见字符宽度，也就是字符列数，表示每行可以输入多少列文字，后面跟具体数字，如cols="1"表示一行最多可以输入一个汉字，两个字符。rows为文本域的可见字符行数，默认输入框区域显示高度，后面跟具体数字。一般通过CSS的width和height属性控制文本域的宽度和高度。当输入的内容超过可视区域后，多行文本框将出现滚动条。

例句如下：

<textarea name="yoursuggest" cols ="50" rows = "3"></textarea>

其中cols表示textarea的宽度，rows表示textarea的高度。

演示示例在文本域中，字符个数不受限制。

```
<! doctype html>
<body>
    <form name="form1" method="post" action="xxx. asp">
        <p>请阅读服务协议</p>
        <textarea rows="10" cols="30">
        服务协议的具体内容……
        </textarea>
    </form>
</body>
</html>
```

文本域效果如图3-11所示。

图3-10 下拉列表框效果

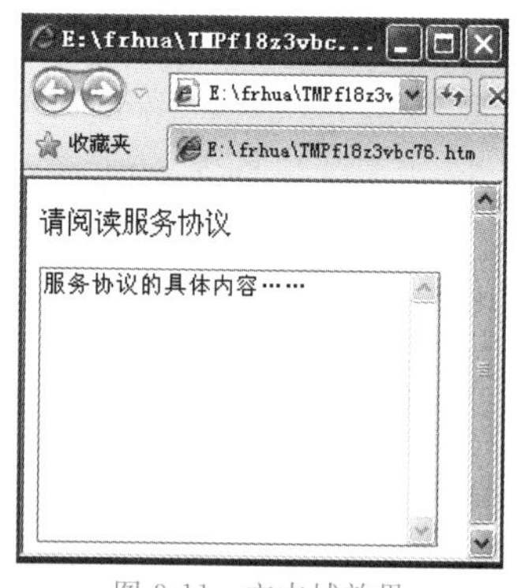

图3-11 文本域效果

下面再来看看表单的高级用法。

11. 隐藏域

基本语法格式如下：

<input type="hidden" name="field_name" value="value"/>

作用：隐藏域在页面中对于用户是不可见的，在表单中插入隐藏域的目的在于收集或发送信息，以利于被处理表单的程序所使用。浏览者单击“发送”按钮发送表单的时候，隐藏域的信

息也被一起发送到服务器。有些时候一个 form 里有多个“提交”按钮，怎样使程序能够分清楚到底用户是按哪一个按钮提交上来的呢？我们就可以写一个隐藏域，然后在每一个按钮处加上 onclick="document.form.command.value="xx""，然后接收到数据后先检查 command 的值就会知道用户是按哪个按钮提交上来的。有时候一个网页中有多个 form，我们知道多个 form 是不能同时提交的，但有时这些 form 确实相互作用，我们就可以在 form 中添加隐藏域来使它们联系起来。

12. 只读和禁用属性

在某些情况下，需要对表单进行限制，设置表单元素为只读或禁用，它们常见的应用场景如下：

(1)只读场景：服务器方不希望用户修改数据，只是要求这些数据在表单元素中显示。例如注册或交易协议、商品价格等。

(2)禁用场景：只有满足某个条件后，才能使用某项功能。例如，只有用户同意注册协议后才允许单击“注册”按钮。播放器控件在播放状态时，不能再单击“播放”按钮等。

只读和禁用效果分别通过更改 readonly 和 disabled 属性实现，例如要实现协议只读和注册按钮禁用的效果，对应的部分 HTML 代码如下：

```
<!--省略部分 html 代码-->
<textarea rows="10" cols="30" readonly="readonly">
服务协议的具体内容……
</textarea>
<input name="btn" type="submit" value="注册" disabled="disabled"/>
<!--省略部分 html 代码-->
```

disabled 禁用属性效果如图 3-12 所示。

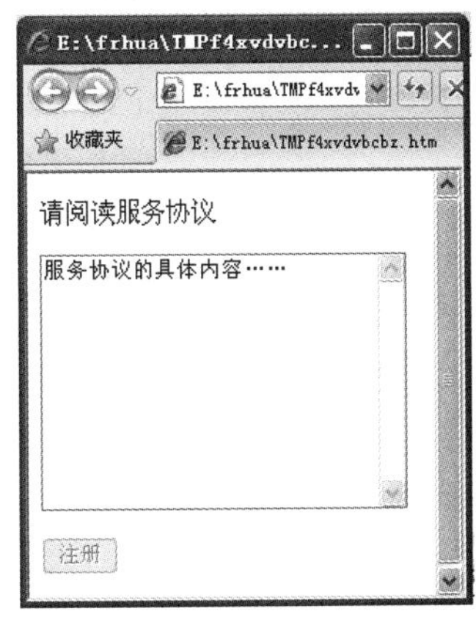

图 3-12 disabled 禁用属性效果

常用的表单元素有很多，不过目前的技术和知识还无法处理表单，也就无法深入理解表单的含义，大家以后如果继续学习后台技术，自然就会理解 form 在建站中所起到的作用了。

任务实现

有了前面的技术和知识准备，我们去完成场景中的任务。在这个场景中，整个页面是一个会员注册页面，涉及的表单元素有文本框、密码框、单选按钮、文件域、多选框、下拉列表框、提交和重置按钮，利用前面的知识准备完成任务，任务参考代码如下：

```
<!doctype html>
<head>
<meta charset="utf-8"/>
<title>会员注册页面</title>
</head>
<body>
<form method="post" action="register_success.htm">
    <p>登录名:<input name="sname" type="text" size="24" />(可包含 a-z、0-9 和下划线)</p>
    <p>密码:<input name="pass" type="password" size="26" />(至少包含 6 个字符)</p>
    <p>再次输入密码:<input name="rpass" type="password" size="26" /></p>
    <p>电子邮箱:<input name="email" type="text" size="24" />(必须包含@字符)</p>
```

```
<p>性别：
    <input name="gen" type="radio" value="男" checked="checked" />
    <img src="images/Male.gif" alt="alt" />男  
    <input name="gen" type="radio" value="女" />
    <img src="images/Female.gif" alt="alt" />女
</p>
<p>头像：<input type="file" name="upfiles" /></p>
<p>爱好：<input type="checkbox" name="checkbox" value="checkbox" />运动   
    <input type="checkbox" name="checkbox2" value="checkbox" />聊天   
    <input type="checkbox" name="checkbox3" value="checkbox" />玩游戏
</p>
<p>喜欢的城市：
    <select name="nMonth">
        <option value="" selected="selected">[请选择]</option>
        <option value="0">北京</option>
        <option value="1">上海</option>
    </select>
</p>
<p>
    <input type="submit" name="Button" value="同意右侧服务条款,提交注册信息"
    disabled="true" />
    <input type="reset" name="Reset" value="重  填" />
</p>
</form>
</body>
</html>
```

任务 3.2 HTML5 新的 input 类型

任务需求

HTML5 新增了一些 input 类型，下面就进行学习，使读者进一步认识 HTML5 新的 input 类型。

知识储备

HTML5 中的表单结构变得更加的自由，原先所有的表单内容都得在一对 form 标签中，类似于这样：

```
<form action="" method="post">
<input type="text" name="account" value="请输入账号" />
</form>
```

在 HTML5 中，表单控件完全可以放在页面任何位置，然后通过新增的 form 属性指向控件所属表单的 id 值，即可关联起来。这样代码的自由性就会更高了，类似于下面这样：

```
<form id="myform"></form>
```

<input type="text" form="myform" value=""/>

……

新增 type 属性

接下来，我们来认识一些新的控件：

1. email 输入类型

说明：此类型要求键入格式正确的 email 地址，否则浏览器是不允许提交的，并会有一个错误信息提示。此类型必须指定 name 值，否则无效果。

格式：<input type=email name=email/>

email 错误格式效果展示如图 3-13 所示。

email 正确格式效果展示如图 3-14 所示。

图 3-13　email 错误格式效果　　图 3-14　email 正确格式效果

2. URL 输入类型

说明：此类型要求输入格式正确的 url 地址，否则浏览器是不允许提交的，并会有一个错误信息提示。此类型必须指定 name 值，否则无效果。

格式：<input type=url name=url/>

URL 错误格式效果展示(Firefox)如图 3-15 所示。

URL 正确格式效果展示(Firefox)如图 3-16 所示。

图 3-15　URL 错误格式效果　　图 3-16　URL 正确格式效果

3. 时间日期相关输入类型

说明：时间日期相关输入类型这一系列表单控件给我们提供了丰富的用于日期选择的表单样式，包括年、月、周、日等。只需要一行代码就可以实现交互性非常强的效果，然而遗憾的是目前在 Windows 下仅有 Chrome 和 Opera 支持。

格式：<input type=date name=my_date/>

type 为 date 的效果展示(Chrome)如图 3-17 所示。

格式：<input type=time name=my_time/>

type 为 time 的效果展示(Chrome)如图 3-18 所示。

图 3-17　type 为 date 的效果　　图 3-18　type 为 time 的效果

格式:<input type=month name=my_month/>

type 为 month 的效果展示(Chrome)如图 3-19 所示。

格式:<input type=week name=my_week/>

type 为 week 的效果展示(Chrome)如图 3-20 所示。

格式:<input type=datetime name=my_datetime/>

经测试,datetime 类型在任何浏览器中都无效果。

格式:<input type=datetime-local name=my_localtime/>

选取本地时间。

type 为 datetime-local 的效果展示(Chrome)如图 3-21 所示。

图 3-19 type 为 month 的效果

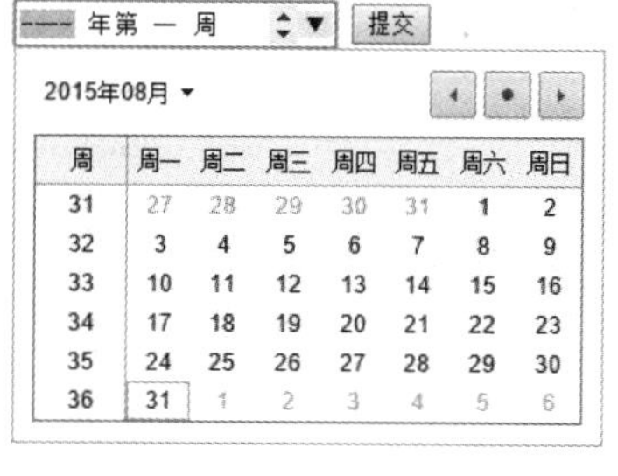

图 3-20 type 为 week 的效果

图 3-21 type 为 datetime-local 的效果

4. number 输入类型

说明:用于输入一个数值,可以通过属性设置最小值、最大值、数字间隔、默认值(IE 不支持)。

格式:<input type="number" max=10 min=0 step=1 value=5 name=number/>

max:规定允许的最大值。

min:规定允许的最小值。

step:规定合法的数字间隔。

value:规定默认值。

number 输入类型效果展示(Firefox)如图 3-22 所示。

5. range 滑块类型

说明:和前面的 number 类似,只不过这里是用滑块展示,如果是在移动端展示的话,给用户的体验会比较好。

格式:<input type="range" max=10 min=0 step=1 value=5 name=val/>

max:规定允许的最大值。

min:规定允许的最小值。

step:规定合法的数字间隔。

value:规定默认值。

range 滑块类型效果展示(Firefox)如图 3-23 所示。

6. search 输入类型

说明:此类型表示输入的将是一个搜索关键字,通过设置 result=s 可显示一个搜索小图标。

格式:<input type=search result=s/>

search 输入类型效果展示(Chrome)如图 3-24 所示。

图 3-22　number 输入类型效果　　图 3-23　range 滑块类型效果　　图 3-24　search 输入类型效果

7. tel 输入类型

说明：此类型要求输入一个电话号码，换行符会从输入值中去掉。

格式：<input type=tel/>

8. color 输入类型

说明：一个非常炫酷的效果，并且在最新的火狐、谷歌、欧朋浏览器中都支持，可让用户通过颜色选择器选择一个颜色值，以十六进制保存，可以通过 value 访问到，并且可以自定义颜色组。

格式：<input type=color/>

color 输入类型效果展示（Chrome）如图 3-25 所示。

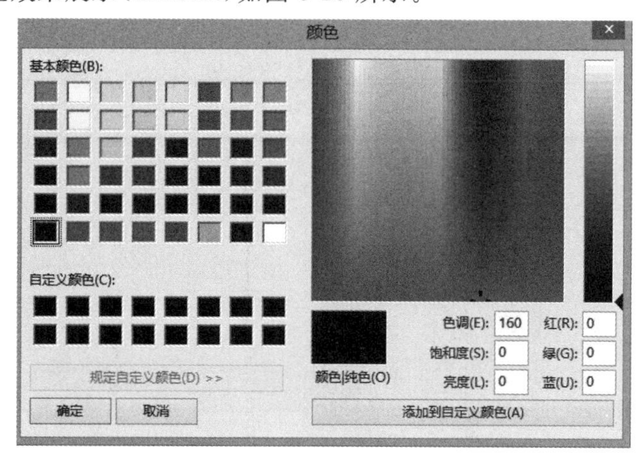

图 3-25　color 输入类型效果

任务 3.3　HTML5 新的表单元素

任务需求

下面学习 HTML5 中新增的表单标签，使读者进一步认识 HTML5 新增的表单元素。

知识储备

1. datelist 标签

说明：datalist 元素规定输入域的选项列表。

列表是通过 datalist 内的 option 元素创建的。

如需把 datalist 绑定到输入域，用输入域的 list 属性引用 datalist 的 id，列表当中的 value 属性是必需的，新版本的 Chrome 和 Opera 支持该属性。

举例：

```
<input type="text" list="my_list" placeholder="热门书籍排行" name="seniority"/>
<datalist id="my_list">
<option label="Top1" value="HTML5 实战宝典">
```

```
<option label="Top2" value="HTML5 实战宝典">
<option label="Top3" value="HTML5 实战宝典">
</datalist>
```

datelist 标签效果展示(Chrome)如图 3-26 所示。

图 3-26 datelist 标签效果

2. keygen 标签

说明:keygen 元素的作用是提供一种验证用户的可靠方法。

keygen 元素是密钥对生成器。当提交表单时,会生成两个键,一个是私钥,一个是公钥。私钥存储于客户端,公钥则被发送到服务器。公钥可用于之后验证用户的客户端证书。

格式:用户名:<input type="text" name="my_name" />

加密:<keygen name="security">

keygen 标签效果展示(Chrome)如图 3-27 所示。

图 3-27 keygen 标签效果

3. output 标签

说明:output 用于计算结果的输出,Firefox、Chrome、Opera 都支持此标签。

举例:

```
<script>
//页面加载完成后执行
window. onload=function(){
    //通过 id 获取表单元素
    var number= document. getElementById('number');
    var total=document. getElementById('total');
    //添加失去焦点事件
    number. onblur=function(){
        //计算总价,利用单价乘以数目
        var totalprice=parseInt(document. getElementById('price'). value) * parseInt(this. value)
        //将结果输出
        total. value=totalprice;
    }
}
</script>
<body>
<form action="">
单价:<input type="text" value="10" id="price" readonly="true"/>
数目:<input type="text" placeholder="请输入数目"id="number"/>
总价:<output id="total"></output>
</form>
</body>
```

output 标签效果展示(Chrome)如图 3-28 所示。

图 3-28 output 标签效果

现在了解一下<form>和<input/>元素的新属性，form 的新属性有 autocomplete 和 novalidate，input 的新属性有 autocomplete、autofocus、form、form overrides（formaction、formenctype、formmethod、formnovalidate、formtarget）、height、width、list、min、max、step、multiple、pattern(regexp)、placeholder、required。

项目小结

本项目介绍了块级标签中的<form>标签，以及各种表单元素，重点是表单元素的语法和使用。由于我们目前只是讲解其基本用法，进一步的理解还需要和 JavaScript 以及.ASP、.JSP 等动态网页相关联，真正实现其交互功能。

表单在网页中主要负责数据采集功能。一个表单有三个基本组成部分：①表单标签 form：这里包含处理表单数据所提交的处理页面和数据提交到服务器的方法；②表单域：包含文本框、密码框、隐藏域、多行文本框、复选框、单选框、下拉选择框和文件上传框以及 HTML5 新增的表单元素等；③表单按钮：包括提交按钮、重置按钮、一般按钮和图片按钮。

习　题

一、选择题

1. 如果要在表单里创建一个普通文本框，以下写法中正确的是（　　）。

A. <input/>

B. <input type="password"/>

C. <input type="checkbox"/>

D. <input type="radio"/>

2. 以下有关表单的说明中，错误的是（　　）。

A. 表单通常用于搜集用户信息

B. 在 form 标记符中使用 action 属性指定表单处理程序的位置

C. 表单中只能包含表单控件，而不能包含其他诸如图片之类的内容

D. 在 form 标记符中使用 method 属性指定提交表单数据的方法

3. 在指定单选框时，只有将以下（　　）属性的值指定为相同，才能使它们成为一组。

A. type　　B. name　　C. value　　D. checked

4. 创建选项菜单应使用以下标记符（　　）。

A. select 和 option　　B. input 和 label

C. input　　D. input 和 option

5. 以下有关按钮的说法中，错误的是（　　）。

A. 可以用图像作为提交按钮

B. 可以用图像作为重置按钮

C. 可以控制提交按钮上的显示文字

D. 可以控制重置按钮上的显示文字

6. 在 HTML 中，使用（　　）标签在网页中创建表单。

A. <input/>　　B. <select>　　C. <body>　　D. <form>

7. 在 HTML 上，将表单中 input 元素的 type 属性值设置为(　　)时，用于创建重置按钮。

A. reset　　B. set　　C. button　　D. image

8. 在 HTML 中，表单中 input 元素的(　　)属性用于指定表单元素的名称。

A. value　　B. name　　C. type　　D. size

9. HTML 中表单是 Web 中最基本的交互元素之一，下面的选项中符合表单语法规范的是(　　)。

A. <form action="post" method="a. html"></form>

B. <form action="a. html" method="get"></form>

C. <form action="get" method="a. html"></form>

D. <form action="a. html" target="get"></form>

二、填空题

1. 要在表单中添加一个默认为选中状态的复选框，应使用语句______。

2. 要创建一个图像提交按钮，应将 input 标记符的 type 属性指定为______。

3. 在表单中添加选项菜单时，应使用______和______标记符，其中，______标记符不能省略结束标记符。

4. 表单对象的名称由______属性设定；提交方法由______属性指定；若要提交大数据量的数据，则应采用______方法；表单提交后的数据处理程序由______属性指定。

5. 表单是 Web ______和 Web ______之间实现信息交流和传递的桥梁。

6. 表单实际上包含两个重要组成部分：一是描述表单信息的______，二是用于处理表单数据的服务器端______。

项目 4

表格应用和布局

项目要点

- 跨行列的表格。
- 表格布局页面。
- 表格实现报表。

技能目标

- 能灵活运用跨行跨列实现表格显示数据。
- 能运用表格结构进行图文布局和表单布局。

任务 4.1　表格基础知识

任务需求

前面项目学习了 HTML 的基本标签和表单的知识，本项目将学习另一个块级标签表格<table>，介绍表格的基本用法，并使用表格实现图文布局和表单的布局，其中重点是表格的基本结构，难点是如何创建跨多行跨多列的表格。

知识储备

大家比较熟悉 Excel 表格，表格的英文单词为"table"，所以 HTML 的表格标签为<table>，是块状元素，其作用是在网页中插入一个表格。<table>最初主要用来显示课程表、个人简历以及企业账单等。表格作为一种非常特殊而且实用的数据表达方式，从没有淡出设计师的视野，因为有很多数据仍需要通过表格这种形式来体现，但现在表格是 XHTML 中处境尴尬的一个标签。在 XHTML 中，table 不被推荐用来定位，W3C 希望 CSS 可以取代<table>在定位方面的地位。不过事实上由于利用 CSS 布局常常需要大量的手写代码工作，<table>仍被许多网站作为首选布局使用，例如一些论坛网站的页面就利用了 table 来定位。不过我们推荐用户使用 CSS 来定位网页，因为这是 Web 发展的方向，所有主流浏览器都支持<table>标签。

一个表格元素有四个可选的组成部分，即标题 caption、表头 thead、表身 tbody、表尾 tfoot。其中标题内可以放文本，表头、表身、表尾内可以放单元行 tr，单元行内包含若干个单元格，单元格可分为普通单元格 td 和标题单元格 th。表格元素的结构如图 4-1 所示。

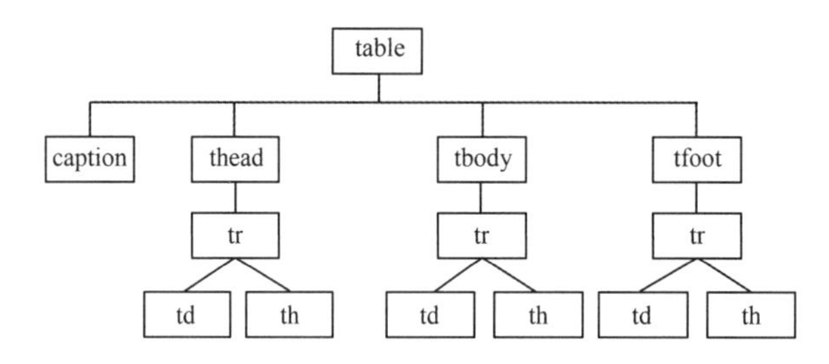

图 4-1 表格元素的结构

4.1.1 表格的基本结构

<table>不单独使用,它通常与 tr 和 td 一起使用。tr 是 table row 的缩写,td 是 table data cell 的缩写。<tr>标签表示开启表格的一行(row),<td>标签表示表格的一个数据单元(data)即单元格。<tr>标签的数量可多可少,但一个表格至少要包含一个<tr>行。每一行的<td>单元格的个数必须相同(后面学了跨行跨列后,情况将会不同)。表格是由指定数目的行和列组成的,如图 4-2 所示。表格标签涉及的几个概念如下:

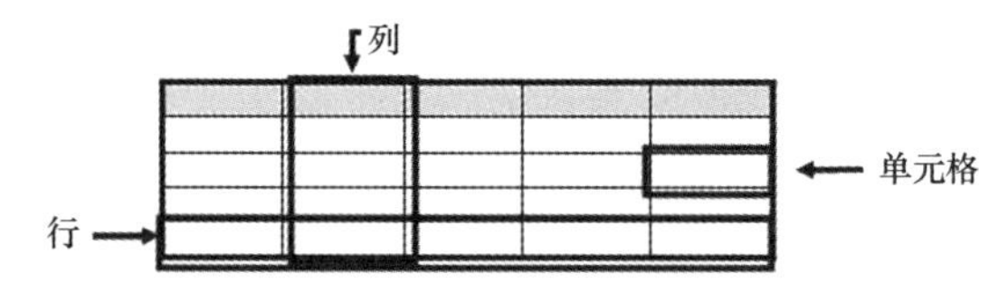

图 4-2 表格的基本结构

(1)数据单元(单元格)

数据单元(单元格)是表格的最小单位,一个或多个单元格纵横排列组成了表格。

(2)行

一个或多个单元格横向堆叠形成了行。

(3)列

由于表格单元格的宽度必须一致,所以单元格纵向划分形成了列。

4.1.2 表格的基本语法

表格的基本语法如下:

```
<table>
    <tr>
        <td>第 1 行第 1 个单元格的内容</td>
        <td>第 1 行第 2 个单元格的内容</td>
        ……
    </tr>
    <tr>
        <td>第 2 行第 1 个单元格的内容</td>
        <td>第 2 行第 2 个单元格的内容</td>
```

```
        ......
    </tr>
</table>
```

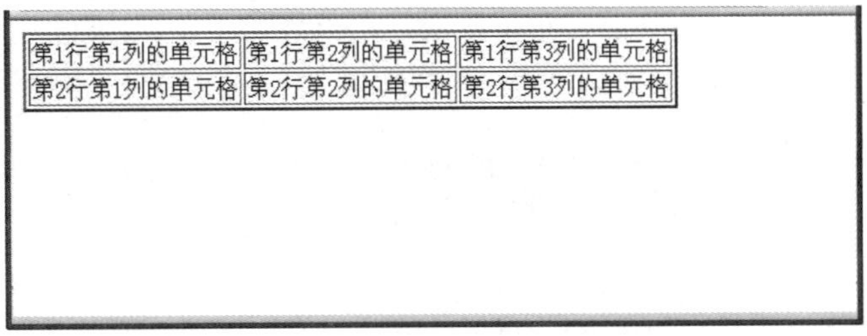

一般我们在创建表格的时候先书写表格标签<table>……</table>，然后在标签<table>……</table>里书写行标签<tr>……</tr>，可以有多行，最后在行标签<tr>……</tr>里创建单元格标签<td>……</td>，可以有多个单元格。为了显示表格轮廓，一般还需要设置<table>标签的 border 边框属性，指定边框的宽度，其取值范围为数字，单位是像素，默认值为 0。如<table border="1">，border="1"表示边框为 1px。如果不定义边框属性，表格将不显示边框。有时这很有用，但是大多数时候，我们希望显示边框。例如，在页面中添加一个 2 行 3 列的表格，对应的 HTML 代码见例 4-1。

【例 4-1】 基本表格结构。

```
<html>
<head>
<meta charset="utf-8"/>
<title>基本表格结构</title>
</head>
<body>
<table border="1">
    <tr>
        <td>第 1 行第 1 列的单元格</td>
        <td>第 1 行第 2 列的单元格</td>
        <td>第 1 行第 3 列的单元格</td>
    </tr>
    <tr>
        <td>第 2 行第 1 列的单元格</td>
        <td>第 2 行第 2 列的单元格</td>
        <td>第 2 行第 3 列的单元格</td>
    </tr>
    </table>
</body>
</html>
```

浏览器预览效果如图 4-3 所示。

第1行第1列的单元格	第1行第2列的单元格	第1行第3列的单元格
第2行第1列的单元格	第2行第2列的单元格	第2行第3列的单元格

图 4-3　浏览器预览效果

任务 4.2 跨行和跨列实现“商品分类”

任务需求

对于标准的表格，每一行的单元格<td>数量是一样的。但在实际使用中，经常会遇到跨行跨列的表格，这个时候，每一行的<td>数量就不一样了。下面实现如图 4-4 所示的商品分类表格。

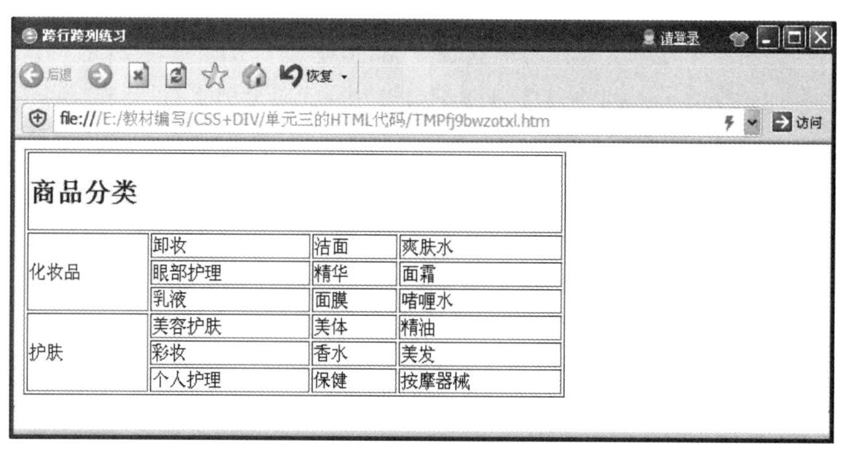

图 4-4 跨行跨列的商品分类表格

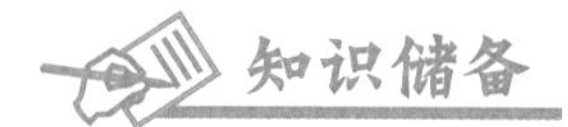

知识储备

4.2.1 跨 列

有的单元格在水平方向上是跨多个单元格的，这就需要使用跨列属性 colspan。

基本语法：<td colspan=value>

语法解释：value 代表单元格跨的列数，col 为列的英文单词 column 的缩写，span 意思是跨度，所以 colspan 就是跨列的意思。下面通过例 4-2 来介绍 colspan 的用法，浏览器看到的效果如图 4-5 所示。

【例 4-2】 跨列的表格。

```
<html>
<head>
<meta charset="utf-8"/>
<title>跨列的表格</title>
</head>
<body>
<table width="200" border="1">
    <tr>
        <td colspan="2">我的成绩</td>
    </tr>
    <tr>
```

```
            <td>SQL Server 数据库技术</td>
            <td>98</td>
        </tr>
        <tr>
            <td>CSS+DIV 页面布局技术</td>
            <td>95</td>
        </tr>
        </table>
    </body>
    </html>
```

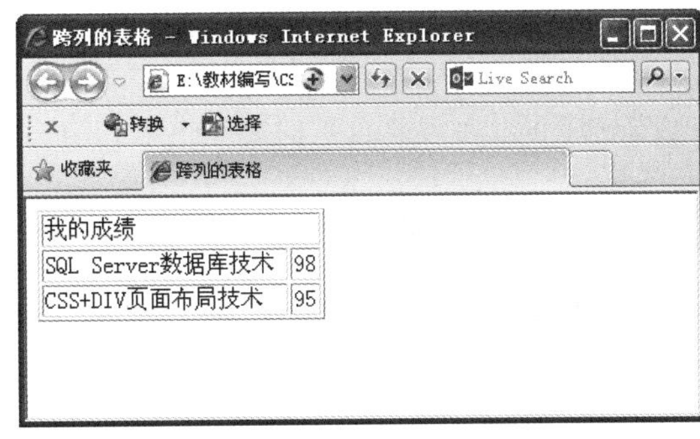

图4-5 跨列的表格

4.2.2 跨 行

有的单元格在垂直方向上是跨多个单元格的，这就需要使用跨行属性 rowspan。

基本语法：<td rowspan =value>

语法解释：value 代表单元格跨的列数，row 为行的英文单词，span 意思是跨度，所以 rowspan 就是跨行的意思。下面通过例4-3来介绍 rowspan 的用法，浏览器看到的效果如图4-6所示。

【例4-3】 跨行的表格。

```
<!doctype html>
<head>
<meta charset="utf-8"/>
<title>跨行的表格</title>
</head>
<body>
<table width="300" border="1">
    <tr>
        <td rowspan="2">张雯雯</td>
        <td> SQL Server 数据库技术</td>
        <td>98</td>
    </tr>
    <tr>
        <td> CSS+DIV 页面布局技术</td>
        <td>95</td>
    </tr>
```

```
    <tr>
        <td rowspan="2">李青青</td>
        <td> SQL Server 数据库技术</td>
        <td>88</td>
    </tr>
    <tr>
        <td> CSS+DIV 页面布局技术</td>
        <td>91</td>
    </tr>
</table>
</body>
</html>
```

一般在需要设置跨行或者跨列时，在需要合并的第一个单元格设置跨行或者跨列属性，删除被合并的其他单元格。

张雯雯	SQL Server数据库技术	98
	CSS+DIV页面布局技术	95
李青青	SQL Server数据库技术	88
	CSS+DIV页面布局技术	91

图 4-6 跨行的表格

4.2.3 跨行和跨列

在有些情况下，表格中既要用到跨行又要用到跨列，如图 4-7 所示。

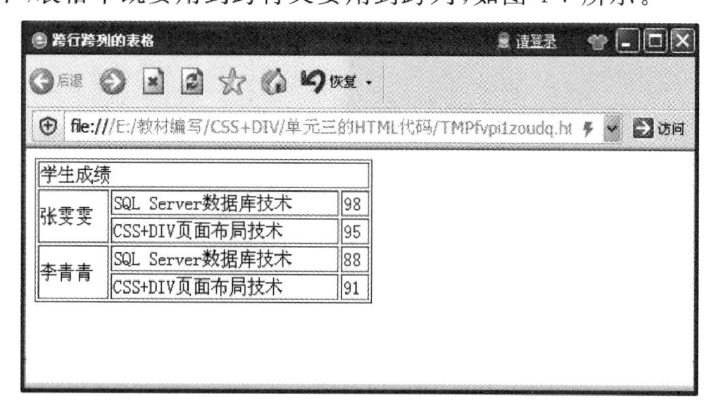

学生成绩		
张雯雯	SQL Server数据库技术	98
	CSS+DIV页面布局技术	95
李青青	SQL Server数据库技术	88
	CSS+DIV页面布局技术	91

图 4-7 跨列跨行的表格

【例 4-4】 跨行跨列的表格。

```
<html>
<head>
<meta charset="utf-8"/>
<title>跨行跨列的表格</title>
</head>
<body>
```

```
<table width="300" border="1">
    <tr>
        <td colspan="3">学生成绩</td>
    </tr>
    <tr>
        <td rowspan="2">张雯雯</td>
        <td>SQL Server 数据库技术</td>
        <td>98</td>
    </tr>
    <tr>
        <td>CSS+DIV 页面布局技术</td>
        <td>95</td>
    </tr>
    <tr>
        <td rowspan="2">李青青</td>
        <td>SQL Server 数据库技术</td>
        <td>88</td>
    </tr>
    <tr>
        <td>CSS+DIV 页面布局技术</td>
        <td>91</td>
    </tr>
</table>
</body>
</html>
```

跨行和跨列以后，并不改变表格的特点，同行的总高度一致，同列的总宽度一致。在这种表格中，各单元格的宽度或高度互相影响，结构相对稳定。

任务实现

有了前面的技术和知识准备，我们实现项目中跨行跨列的商品分类的表格，利用跨行跨列的表格知识，较容易完成该项目。可以设置一个 7 行 4 列的表格，其中第一行第一个单元格用到了跨 4 列，第二行第一个单元格用到了跨 3 行，第五行第一个单元格用到了跨 3 行，代码如下：

实现跨行和跨列的“商品分类”页面制作

```
<!doctype html>
<head>
<meta charset="utf-8"/>
<title>跨行跨列练习</title>
</head>
<body>
<table width="500" border="1">
    <tr>
        <td colspan="4"><h2>商品分类</h2></td>
    </tr>
```

```
    <tr>
        <td rowspan="3">化妆品</td>
        <td>卸妆</td>
        <td>洁面</td>
        <td>爽肤水</td>
    </tr>
    <tr>
        <td>眼部护理</td>
        <td>精华</td>
        <td>面霜</td>
    </tr>
    <tr>
        <td>乳液</td>
        <td>面膜</td>
        <td>啫喱水</td>
    </tr>
    <tr>
        <td rowspan="3">护肤</td>
        <td>美容护肤</td>
        <td>美体</td>
        <td>精油</td>
    </tr>
    <tr>
        <td>彩妆</td>
        <td>香水</td>
        <td>美发</td>
    </tr>
    <tr>
        <td>个人护理</td>
        <td>保健</td>
        <td>按摩器械</td>
    </tr>
</table>
</body>
</html>
```

任务 4.3 表格布局化妆品页面

任务需求

表格的高级用法,表格除用来显示数据外,还用于搭建网页的结构,也就是通常所说的网页布局。在 XHTML 中,table 不被推荐用来定位。W3C 希望 CSS 可以取代<table>在定位方面的地位,但<table>的作用也不容忽视。运用表格结构进行图文布局,实现如图 4-8 所示的效果。

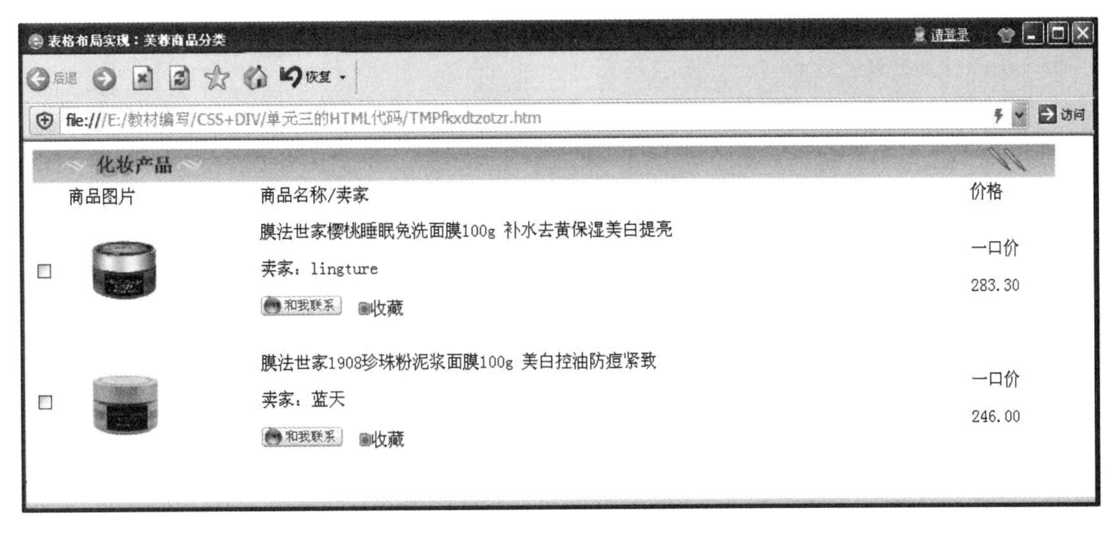

图 4-8　表格布局化妆品页面

知识储备

表格用于图文布局是将图像和文本都看成单元格的组成内容，然后设置它们所占的行数或列数，这种布局方式的效果如图 4-9 所示。

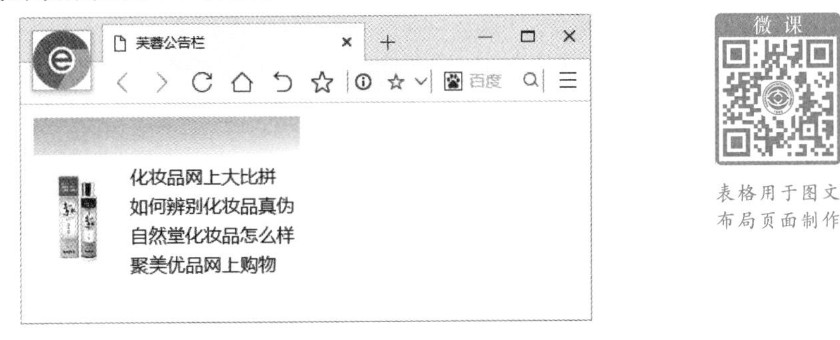

微课

表格用于图文布局页面制作

图 4-9　表格用于图文布局

进行图文布局时，总是以最小单元格数作为表格行列数确定的依据，也就是看那些不存在跨行或跨列的单元格。在图 4-9 中可以看到，右下文字描述为最小单元格，据此，得出该表格为 5 行 2 列的表格，为显示效果，设置 border="1px"，并在无内容的<td></td>里加个空格( )。在一些浏览器中，没有内容的表格单元显示得不太好。如果某个单元格是空的(没有内容)，浏览器可能无法显示出这个单元格的边框。为了避免这种情况的发生，在空单元格中添加一个空格占位符就可以将边框显示出来了，然后分析确定需要合并的单元格位于几行几列并跨了几行几列。标题图片位于第一行第一列并且跨两列，即横向合并两个单元格，在第一行第一列单元格<td>里加入跨列属性 colspan="2"，既然垮了 2 列，那么就没有第一行第二列的单元格了，因此删除右边的一个单元格。左侧图片位于第二行第一列跨了四行，则在第二行第一列单元格里加入跨行属性 rowspan="4"，再删除下方的三个单元格。布局完以后，我们再来考虑诸如边框 border 及总宽度 width 的修饰设置。完整的 HTML 代码见例 4-5。

【例 4-5】　表格布局图片文字。

```
<html>
<head>
```

```
<meta charset="utf-8"/>
<title>芙蓉公告栏</title>
</head>
<body>
<table border="1px">
    <tr>
        <td colspan="2"><img src="images/a_title.jpg" alt="标题" /></td>
    </tr>
    <tr>
        <td rowspan="4"><img src="images/a_left.jpg" alt="左侧图" /></td>
        <td>化妆品网上大比拼</td>
    </tr>
    <tr>
        <td>如何辨别化妆品真伪</td>
    </tr>
    <tr>
        <td>自然堂化妆品怎么样</td>
    </tr>
    <tr>
        <td>聚美优品网上购物</td>
    </tr>
</table>
</body>
</html>
```

任务实现

根据前面图文布局的知识准备，实现任务 4.3 芙蓉商品分类的布局显示。可以设置一个 4 行 4 列的表格来进行布局，其中第一行第一个单元格跨 4 列显示化妆品图片，第二行第一个单元格无内容，从第二行第二个单元格到第四个单元格开始依次显示 3 个标题，第三行第一个单元格显示复选框，第三行第二个单元格显示化妆品图片，第三行第三个单元格显示说明，在说明中利用<p>标签隔行显示信息，第三行第四个单元格显示价格，利用<p>标签隔行显示价格信息，第四行与第三行结构一致。

参考代码如下：

```
<html>
<head>
<meta charset="utf-8"/>
<title>表格布局实现：芙蓉商品分类</title>
<body>
<table width="950" cellspacing="0" cellpadding="0">
    <tr>
        <td colspan="4"><img src="images/catlist_bg_2.jpg" alt="化妆产品" /></td>
    </tr>
    <tr>
```

```
        <td></td>
        <td>商品图片</td>
        <td>商品名称/卖家</td>
        <td>价格</td>
    </tr>
    <tr>
        <td><input type="checkbox" name="chose" value="1" /></td>
        <td><img src="images/mianmo1.jpg" alt="alt" /></td>
        <td>
            <p>膜法世家樱桃睡眠免洗面膜 100g 补水去黄保湿美白提亮</p>
            <p>卖家:lingture </p>
            <p><img src="images/online_pic.gif" alt="alt" />  
                <img src="images/list_tool_fav1.gif" alt="alt" />收藏
            </p>
        </td>
        <td><p>一口价</p><p>283.30</p></td>
    </tr>
    <tr>
        <td><input type="checkbox" name="chose" value="1" /></td>
        <td><img src="images/mianmo2.jpg" alt="alt" /></td>
        <td>
        <p>膜法世家 1908 珍珠粉泥浆面膜 100g 美白控油防痘紧致</p>
        <p>卖家:蓝天 </p>
        <p><img src="images/online_pic.gif" alt="alt" />  
            <img src="images/list_tool_fav1.gif" alt="alt" />收藏
        </p>
        </td>
        <td><p>一口价</p><p>246.00</p></td>
    </tr>
</table>
</body>
</html>
```

任务 4.4　表格布局注册页面

任务需求

我们可以运用表格结构进行表单布局，实现如图 4-10 所示的商城注册页面的效果。

知识储备

为了完成任务 4.4，我们先来完成如图 4-11 所示的页面效果。表单布局是把注册的各项看成一行，每项的标题显示在同一列，而所填信息也显示在同一列的布局方式，整体看起来较规整。

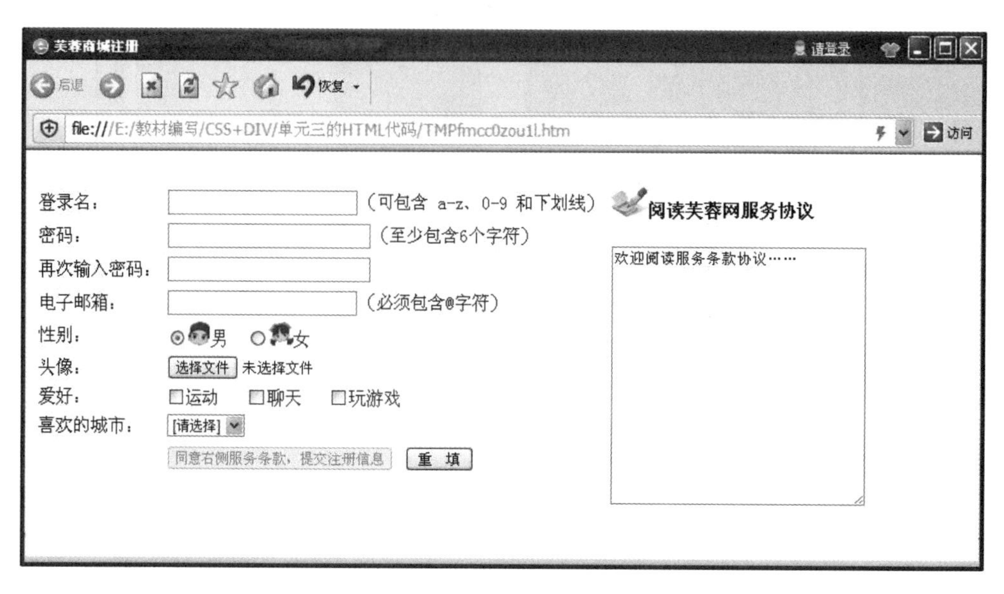

图 4-10 商城注册页面

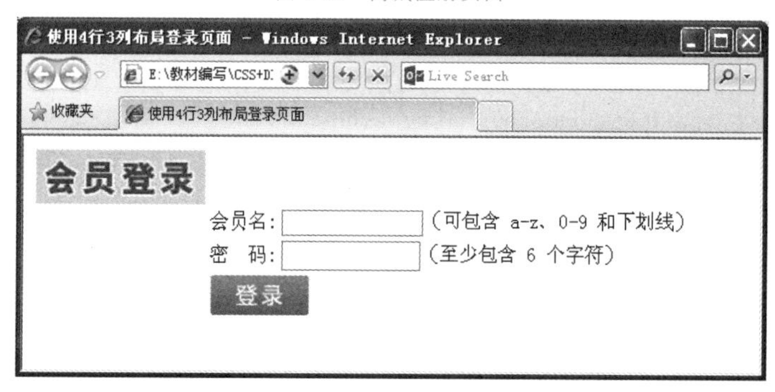

图 4-11 表格用于表单布局

下面逐一介绍它们的具体实现过程。首先我们看一下未使用表格布局表单的效果，如图 4-12 所示。

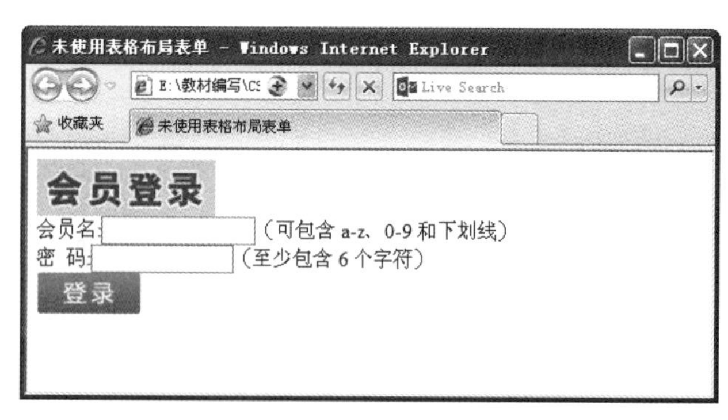

图 4-12 未使用表格布局表单

【例 4-6】 未使用表格布局表单。

```
<html>
<head>
<meta charset="utf-8"/>
<title>未使用表格布局表单</title>
```

```
</head>
<body>
<form method="post" action="login_success.htm">
    <img src="images/title_login_2.png" alt="alt" /></br>
    会员名:<input name="sname" type="text" size="15" />(可包含 a-z、0-9 和下划线)</br>
    密  码:<input name="pass" type="password" size="15" />(至少包含 6 个字符)</br>
    <input type="image" style="border:0px;" name="Button" src="images/login.gif" />
</form>
</body>
</html>
```

未使用表格布局时，表单蜷缩在整个页面的左上角，并且四行的表单元素是左对齐的。表单元素和相应的提示标题一一对应，因此我们可以把标题和表单输入元素各归入相邻的两列中，再根据信息数决定行数，以实现使用表格对表单的基本布局。和图文布局类似，使用表格布局表单要分析需要几行几列的表格。结合上述示例，考虑表单提示文字部分是一列，输入框是另外一列，所以共两列。之后考虑各列的宽度，标题“会员名”“密码”的宽度够容纳四五个汉字即可。对于一些特殊元素需要考虑它的跨行列数，比如这里的“登录”按钮需要跨两列，登录页面的标题图片也跨两列。经过分析代码如下：

【例 4-7】 使用 4 行 2 列布局表单。

```
<html>
<head>
<meta charset="utf-8"/>
<title>使用 4 行 2 列布局登录页面</title>
</head>
<body>
<form method="post" action="login_success.htm">
    <table>
        <tr>
            <td><img src="images/title_login_2.png" alt="alt" /></td>
            <td> </td>
        </tr>
        <tr>
            <td rowspan="3"></td>
            <td>会员名:<input name="sname" type="text" size="15" />(可包含 a-z、0-9 和下划
            线)</td>
        </tr>
        <tr>
            <td>密  码:<input name="pass" type="password" size="15" />(至少
            包含 6 个字符)</td>
        </tr>
        <tr>
            <td><input type="image" style="border:0px;" name="Button" src="images/login.gif" />
            </td>
        </tr>
```

```
        </table>
    </form>
    </body>
    </html>
```

但这个结构所占空间较小，如果放在一个实际的登录页中就会显得不协调。如图4-13所示使用4行2列布局表单的效果，显然因登录框所占空间过小，导致页面中间出现了大片“空白”。

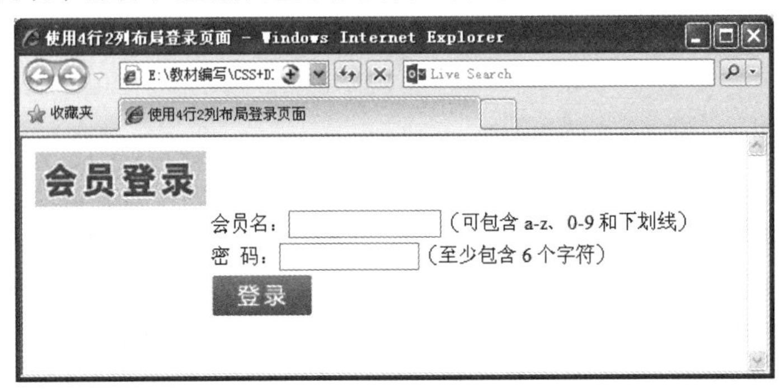

图4-13 使用4行2列布局表单的效果

解决这片空白的思路还是一样。针对登录框所占空间小的问题，我们调整为3列。“会员登录”标题图片下的两个单元格内容为空，即整个登录框采取4行3列的表格进行布局。对于各列宽度：“输入框”所在列的宽度增大，增大输入框的宽度，同时添加输入提示文字。特殊元素的跨行或跨列仍是“标题图片”和“登录按钮”存在跨多列的情况，如图4-11所示。

【例4-8】 使用4行3列布局表单。

```
<html>
<head>
<meta charset="utf-8"/>
<title>使用4行3列布局登录页面</title>
</head>
<body>
<form method="post" action="login_success.htm">
    <table>
        <tr>
            <td><img src="images/title_login_2.png" alt="alt" /></td>
            <td colspan="2"> </td>
        </tr>
        <tr>
            <td></td>
            <td>会员名：</td>
            <td><input name="sname" type="text" size="15" />(可包含 a-z、0-9 和下划线)</td>
        </tr>
        <tr>
            <td></td>
            <td>密   码：</td>
            <td><input name="pass" type="password" size="15" />(至少包含 6 个字符)</td>
        </tr>
```

```
        <tr>
            <td></td>
            <td colspan="2">
            <input type="image" style="border:0px;" name="Button" src="images/login.gif" />
            </td>
        </tr>
    </table>
</form>
</body>
</html>
```

同列单元格的宽度由该列宽度最大的单元格决定，如果没有，则默认与该列第一行单元格宽度一致。在布局时必须注意内容过长撑开单元格的情况，合理设置好各列列宽。

既然表格能用于页面布局，那么我们尝试使用表格来实现如图 4-14 所示的芙蓉商城的首页布局。在这里我们只做分析，不要求大家掌握代码。显然，整个页面可以划分为上、中、下 3 行 1 列的表格。其中，中间部分比较复杂。可以再分为三列，各列很明显又嵌套多个表格。这些表格的完整结构都类似左上角的“护肤品”版块。但是现在 HTML5 不支持表格嵌套，所以我们只做了解。

图 4-14　芙蓉商城的首页

可以看出，如果用嵌套表格布局页面，HTML 层次结构复杂，代码量非常大，并且 HTML 结构的语义性差，但表格布局又具有结构相对稳定、简单通用的优点，所以表格布局仅适用于页面中数据规整的局部布局，而页面的整体布局一般采用主流的 DIV+CSS 布局。DIV+CSS 布局将在后续项目中进行讲解。

任务实现

利用前面表格用于布局表单的知识，较容易完成项目芙蓉商城注册页面的显示。利用一个10行3列的表格来进行布局，第一行第一个单元格跨2列，第二个单元格跨10行，第二行第一个单元格显示登录名，第二个单元格显示文本框和说明性文字，同样道理可以设置第三行到第九行，第十行第一个单元格无内容，第二个单元格放置相应内容，具体要求如下：

- 使用表格布局。
- 包含文本框、密码框、单选框、复选框及列表框。
- 包含隐藏域、文本域用法。
- 包含"提交"及"重置"按钮，"提交"按钮设置为失效状态。
- 包含多行文本域，内容设置只读。

利用表格实现注册页面

参考代码如下：

```
<html>
<head>
<meta charset="utf-8"/>
<title>芙蓉商城注册</title>
</head>
<body>
<form method="post" action="register_success.htm">
    <table>
    <tbody>
        <tr>
            <td colspan="2"> </td>
            <td rowspan="10">
            <h4><img src="images/read.gif" alt="alt" />阅读芙蓉网服务协议</h4>
            <textarea  name="textarea" cols="30" rows="15" readonly="readonly">
            欢迎阅读服务条款协议……
            </textarea>
            </td>
        </tr>
        <tr>
            <td>登录名:</td>
            <td><input name="sname" type="text" size="24" />(可包含 a-z、0-9 和下划线)</td>
        </tr>
        <tr>
            <td>密码:</td>
            <td><input name="pass" type="password" size="26" />(至少包含 6 个字符)</td>
        </tr>
        <tr>
            <td>再次输入密码:</td>
            <td><input name="rpass" type="password" size="26" /></td>
        </tr>
        <tr>
```

```
        <td>电子邮箱:</td>
        <td><input name="email" type="text" size="24" />(必须包含@字符)</td>
    </tr>
    <tr>
        <td>性别:</td>
        <td>
        <input name="gen" type="radio" value="男" checked="checked" />
        <img src="images/Male.gif" alt="alt" />男  
        <input name="gen" type="radio" value="女" />
        <img src="images/Female.gif" alt="alt" />女
        </td>
    </tr>
    <tr>
        <td>头像:</td>
        <td><input type="file" name="upfiles" /></td>
    </tr>
    <tr>
        <td>爱好:</td>
        <td>
        <input type="checkbox" name="checkbox" value="checkbox" />运动   
        <input type="checkbox" name="checkbox2" value="checkbox" />聊天   
        <input type="checkbox" name="checkbox3" value="checkbox" />玩游戏
        </td>
    </tr>
    <tr>
        <td>喜欢的城市:</td>
        <td>
        <select name="nMonth">
            <option value="" selected="selected">[请选择]</option>
            <option value="0">北京</option>
            <option value="1">上海</option>
        </select>
        </td>
    </tr>
    <tr>
        <td> </td>
        <td>
        <input type="hidden" name="from" value="regForm" />
        <input type="submit" name="Button" value="同意右侧服务条款,提交注册信息"
        disabled="true" />
        <input type="reset" name="Reset" value="重　填" />
        </td>
    </tr>
</tbody>
```

```
    </table>
</form>
</body>
</html>
```

任务 4.5 “华人女歌手歌曲周排行榜”页面制作

任务需求

除了设置表格跨行和跨列外，表格内容可以被分组管理，表格还有其他用法，可以为整个表格添加标题(caption)、对表格数据分组等，可以使用<thead>、<tbody>、<tfoot>三个标记对表格进行分组，制作效果如图 4-15 所示。

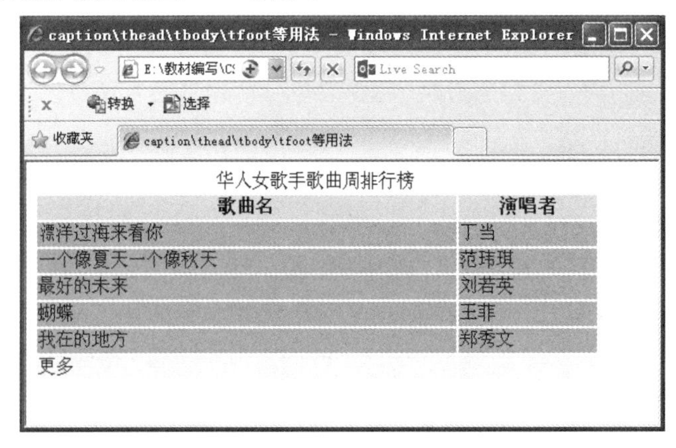

图 4-15 “华人女歌手歌曲周排行榜”页面

知识储备

<thead>表示表头，是对数据列进行的分类。可以用单独的样式定义表头，并且在打印时可以在分页的上部打印表头。<tbody>标签表示表格的主体，<tfoot>标签表示表格的表尾，其中的内容类似 Word 的页脚属性，打印时在页面底部显示。因此<thead>、<tbody>、<tfoot>三个标记分别对应表格的表头、表主体(表身)、表尾，从而实现常见的报表等表格。如图 4-15 所示为一张使用了<thead>、<tbody>、<tfoot>三个标签的表格。

任务实现

如何实现上述报表效果？下面给予分析和实现。

首先这张表格的标题是“华人女歌手歌曲周排行榜”，居中显示。这部分应该放在<table>的<caption>标签中，然后设置居中的样式。整个报表的页眉，即表格的表头部分是“歌曲名”和“演唱者”，放入<thead>标签中，<thead>标记内可以含有<tr>、<td>、<th>，其中<th>是定义表头用的单元格，部分代码如下：

```
<thead style="background: #0FF">
    <tr>
        <th>歌曲名 </th>
```

```
        <th>演唱者</th>
    </tr>
</thead>
```

一个表元素只能有一个<thead>，<thead>内部必须拥有<tr>标签。接下来是报表的主体部分，要书写到<tbody>标签中，即详细的数据描述部分，<tbody>标记内可以含有<tr>、<td>。最后是报表的页脚，也就是对各分组数据进行汇总的部分，要放到<tfoot>标签中，<tfoot>标记内可以含有<tr>、<td>。为了区分各部分的数据，可以利用 style 样式属性分别为<thead>、<tbody>、<tfoot>设置不同的背景颜色。同时，为了使整个表格的宽度充满浏览器窗口的整行，可以利用 width 属性设置表格宽度为 500px。图 4-15 对应的 HTML 代码如下：

"华人女歌手歌曲周排行榜"页面制作

```
<html>
<head>
<meta charset="utf-8"/>
<title>tfoot 等用法</title>
</head>
<body>
<table width="500px">
<caption>华人女歌手歌曲周排行榜</caption>
    <thead style="background: #0FF">
    <tr>
        <th>歌曲名</th>
        <th>演唱者</th>
    </tr>
    </thead>
    <tbody style="background: #9CC">
    <tr>
        <td>漂洋过海来看你</td>
        <td>丁当</td>
    </tr>
    <tr>
        <td>一个像夏天一个像秋天</td>
        <td>范玮琪</td>
    </tr>
    <tr>
        <td>最好的未来</td>
        <td>刘若英</td>
    </tr>
    <tr>
        <td>蝴蝶</td>
        <td>王菲</td>
    </tr>
    <tr>
        <td>我在的地方</td>
```

```
            <td>郑秀文</td>
        </tr>
        </tbody>
        <tfoot style="background: #FF0">
        <tr>
            <td>更多</td>
            <td> </td>
        </tr>
        </tfoot>
</table>
</body>
</html>
```

任务 4.6 iframe 框架

任务需求

有时一个网页需要引用另一个网页的内容，而<iframe>内嵌框架常常用于一个网页中局部显示另外的网页。

知识储备

<iframe>内嵌框架基本语法格式如下：

<iframe src="引用的页面地址" width="" height="" scrolling="是否显示滚动条" frameborder="边框"></iframe>

HTML 不再推荐页面中使用框架集，因此 HTML5 删除了<frameset>、<frame>和<noframes>这三个元素。不过 HTML5 还保留了<iframe>元素，该元素可以在普通的 HTML 页面中使用，生成一个行内框架，可以直接放在 HTML 页面的任意位置。除了指定 id、class 和 style 之外，还可以指定如下属性：

src：指定一个 URL，指定 iframe 将装载哪个页面。

name：设置 iframe 的名字。

scrolling：设置 iframe 中是否显示滚动条：yes、no、auto(大小不够时显示)。

height：设置 iframe 的高度。

width：设置 iframe 的宽度。高度、宽度可以为百分比，可以为具体高宽数值，不需要跟单位。通常需要设置高度、宽度的具体数值。

frameborder：设置是否显示 iframe 的边框。

marginheight：设置 iframe 的顶部和底部的页边距。

marginwidth：设置 iframe 的左侧和右侧的页边距。

将 360 网站的首页嵌入我们自己的网页中，代码如下：

```
<html>
<head>
<meta charset="utf-8"/>
```

```
<title>iframe 的使用</title>
</head>
<body>
<p>在此网页中嵌入 360 网站的首页</p>
<iframe width="80%" height="400px" src="http://www.360.cn/"></iframe>
<p>上面就是利用 iframe 标签将 360 网站的首页嵌入我们的网页中</p>
</body>
</html>
```

iframe 标签的使用效果如图 4-16 所示。

图 4-16　iframe 标签的使用效果

项目小结

本项目主要介绍了 HTML 中表格的知识，涉及表格的跨行跨列显示数据，表格用于图文布局和表单布局，以及表格显示报表的知识。通过任务 4.2 训练了跨行跨列显示数据，通过任务 4.3 训练了表格用于图文布局，通过任务 4.4 训练了表格用于表单布局。

表格的跨行：表格的跨行效果类似于 Excel 中的竖向合并单元格的效果，例如图 4-17 所示的表格效果就需要用到跨行的功能来实现，并且是从最开始的单元格算起，第一行第一个单元格跨 6 行。

值日表	星期一	星期二	星期三	星期四	星期五
	张依依	张浩	李荣光	张涵	罗刚
	陈凯	张丽	杜浩	孙燕	朱宏
	黄健	杨明明	李玉	王新	赵阳
	冯宁	张玉	刘锡	金莎莎	郑浩
	冯刚	高岭	韩愈	林俊君	孙威

图 4-17　跨行

表格的跨列：表格的跨列效果类似于 Excel 中的横向合并单元格的效果，例如图 4-18 所示的表格效果就需要用到跨列的功能来实现，并且是从最开始的单元格算起，第一行第一个单元格跨 6 列。

值日表					
星期一	张依依	陈凯	黄健	冯宁	冯刚
星期二	张浩	张丽	杨明明	张玉	高岭
星期三	李荣光	杜浩	李玉	刘锡	韩愈
星期四	张涵	孙燕	王新	金莎莎	林俊君
星期五	罗刚	朱宏	赵阳	郑浩	孙威

图 4-18 跨列

表格用来做图文布局和表单布局是表格应用的一大亮点，要注意分析使用几行几列的表格完成布局比较美观，布局合理，一般结合要呈现的图文信息和表单数据信息，确定需要的行列数，以及何处跨行何处跨列。

习 题

一、选择题

1. 表格的基本语法结构是(　　)。

A. <table><td><tr></tr></td></table>

B. <table><td></tr><tr></td></table>

C. <tr><table><td></td></table></tr>

D. <table><tr><td></td></tr></table>

2. 在 HTML 代码中，给表格添加行的标记是(　　)。

A. <tr></tr>　B. <td></td>　C. <th></th>　D. 以上都正确

3. 设置围绕表格的边框宽度的 HTML 代码是(　　)。

A. <table size=#>　B. <table border=#>

C. <table bordersize=#>　D. <tableborder=#>

4. 在 HTML 页面中，要创建一个 1 行 2 列的表格，下面代码正确的是(　　)。

A.
```
<table>
    <td>
        <tr>单元格 1</tr>
        <tr>单元格 2</tr>
    </td>
</TABLE>
```

B.
```
<table>
    <tr>
        <td>单元格 1</td>
        <td>单元格 2</td>
    </tr>
</table>
```

C.
```
<table>
    <tr>
        <td>单元格 1</td>
    </tr>
    <tr>
        <td>单元格 2</td>
    </tr>
</table>
```

D.
```
<table>
    <td>
        <tr>单元格 1</tr>
    </td>
    <td>
        <tr>单元格 2</tr>
    </td>
</table>
```

二、填空题

1. 表格的标签是______，单元格的标签是______。

2. <tr></tr>用来定义______，<td></td>用来定义______，<th></th>用来定义______。

3. 单元格垂直合并所用的属性是______，单元格横向合并所用的属性是______。

4. 表格有3个基本组成部分：______、______和______。

三、操作实践题

1. 实现如图4-19所示的用户注册页面效果。要求：(1)在页面居中显示图中内容；(2)用表格进行布局设置；(3)文本框、密码框等表单元素宽度一致。

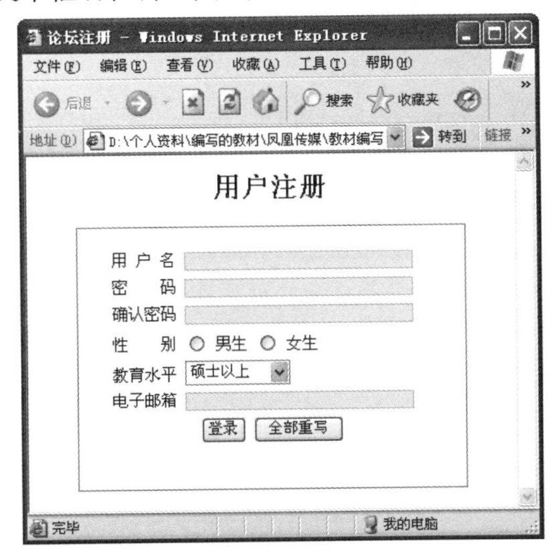

图4-19　用户注册页面效果

2. 实现如图4-20所示的数据报表页面效果。

年终数据报表	
季度	收入（元）
第一季度	3000
第二季度	2400
第三季度	4900
第四季度	4200
平均收入	3825
总计	14500

图4-20　数据报表页面效果

项目5

HTML5中音频和视频的应用

项目要点

- HTML5 中音频的应用。
- HTML5 中视频的应用。

技能目标

- 了解 HTML5 中音频的应用格式。
- 了解 HTML5 中视频的应用格式。

任务 5.1 video 视频元素

任务需求

以往的视频播放，需要借助 Flash 插件才可以实现，但 Flash 插件的不稳定性经常导致浏览器崩溃，因此很多浏览器或系统厂商开始抛弃它，而取代它的正是 HTML5 的 video 元素。

知识储备

许多网站都提供视频，HTML5 提供了展示视频的标准，规定了一种通过 video 元素来包含视频的标准方法。当前 video 元素支持三种视频格式，见表 5-1。<video>标签的属性见表 5-2。

表 5-1 video 元素支持三种视频格式

格式	IE	Firefox	Opera	Chrome	Safari
Ogg	No	3.5+	10.5+	5.0+	No
MPEG 4	9.0+	No	No	5.0+	3.0+
WebM	No	4.0+	10.6+	6.0+	No

表 5-2 <video>标签的属性

属性	值	描述
autoplay	autoplay	如果出现该属性，则视频在就绪后马上播放
controls	controls	如果出现该属性，则向用户显示播放控件，控制条中有播放、暂停等按钮
height	pixels	设置视频播放器的高度

（续表）

属性	值	描述
width	pixels	设置视频播放器的宽度
loop	loop	如果出现该属性，则当媒介文件完成播放后再次开始播放
preload	preload	如果出现该属性，则视频在页面加载时就进行加载，并预备播放。none 表示不进行预加载。metadata 表示只预加载媒体的元数据。auto(默认值)表示预加载全部的视频或者音频。如果使用 autoplay，则忽略该属性
src	url	要播放的视频的 URL
poster 属性（video 独有）		当视频不可以播放的时候，使用 poster 元素向用户展示一张图片代替视频

1. 嵌入一个 WebM 视频

```
<video src="test. webm" width="800" height="600"></video>
```

解释：<video>插入一个视频，主流的视频为. webm，. mp4，. ogg 等。src 表示资源，width 表示宽度，height 表示高度。

2. 附加一些属性

```
<video src="test. webm" width="800" height="600" autoplay controls loop muted></video>
```

解释：autoplay 表示自动开始播放，controls 表示显示播放控件，loop 表示循环播放，muted 表示静音。

3. 预加载设置

```
<video src="http://li. cc/test. webm" width="800" height="600" controls preload="none">
</video>
```

解释：preload 属性有三个值：none 表示播放器什么都不加载；metadata 表示播放之前只能加载元数据（宽高、第一帧画面等信息）；auto 表示请求浏览器尽快下载整个视频。

4. 使用预览图

```
<video src="http://li. cc/test. webm" width="800" height="600" controls poster="img. png">
</video>
```

解释：poster 属性表示在视频的第一帧，做一张预览图。

5. 兼容多个浏览器

```
<video width="320" height="240" controls="controls">
    <source src="play1. mp4" type="video/ mp4">
    <source src="play2. ogg" type="video/ ogg ">
    <source src="play3. webm" type="video/ webm ">
</video>
```

解释：通过<source>元素引入多种格式的视频，让更多的浏览器保持兼容。source 元素可以链接不同的视频文件。浏览器将使用第一个可识别的格式。视频播放的效果如图 5-1 所示。

```
<video>标签的属性
<video src="images/play3. webm" width="320" height="240" controls="controls">
</video>
```

图 5-1 视频播放

任务 5.2 audio 音频元素

任务需求

如何使用 HTML5 播放音频。

知识储备

和 video 元素一样，audio 元素用于嵌入音频内容，而音频元素的属性和视频元素类似。音频的支持度和视频类似，使用<source>元素引入多种格式兼容即可。主流的音频格式有：.mp3，.m4a，.ogg，.wav。audio 音频属性说明见表 5-3。

表 5-3 audio 音频属性

属性	描述
src	视频资源的 URL
autoplay	表示立刻开始播放视频
preload	表示预先载入视频
controls	表示显示播放控件

1. 嵌入一个音频

```
<audio src="images/music.mp3" controls autoplay></audio>
```

解释：和嵌入视频一个道理，如图 5-2 所示。

图 5-2 音频播放

2. 兼容多个浏览器

```
<audio controls>
<source src="test.mp3">
<source src="test.m4a">
```

```
<source src="test.wav">
</audio>
```

更多涉及 API 的 JavaScript 控制，将在课程 JavaScript 中讲解，读者自行查阅。

项目小结

以往的视频播放，需要借助 Flash 插件才可以实现，但 Flash 插件的不稳定性经常导致浏览器崩溃，因此很多浏览器或系统厂商开始抛弃它。本项目主要介绍了取代它的正是 HTML5 的 video 元素和 audio 音频元素。

习　题

1. 简单介绍 HTML5 中 video 视频元素属性。
2. 简单介绍 HTML5 中 audio 音频元素属性。

项目 6

CSS3 基础应用

项目要点

- CSS 的基本语法。
- CSS 的选择器。

技能目标

- 掌握 CSS 基本语法和用法。
- 掌握选择器的权重。

任务 6.1 CSS 基础知识

CSS 基础知识

任务需求

在前面曾提及 W3C 提倡的 Web 页结构是内容和样式分离，其中 XHTML 负责组织内容结构，CSS 负责表现样式。通过前面的学习，我们学会了如何使用 HTML 标签组织内容结构，并要求内容结构具有语义化。从本项目开始我们将学习表现样式的 CSS 部分。

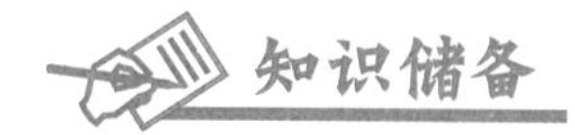

知识储备

6.1.1 为什么使用 CSS

CSS 是 Cascading Style Sheets 的缩写，一般翻译为层叠样式表。CSS3 是 CSS(层叠样式表)技术的升级版本，于 1999 年开始制订，2001 年 W3C 完成了 CSS3 的工作草案，主要包括盒子模型、列表模块、超链接方式、语言模块、背景和边框、文字特效、多栏布局等模块。在网页设计中，我们把 HTML、CSS、JavaScript 并列为网页前端设计的三种基本语言。其中 HTML 负责构建网页的基本结构，CSS 负责设计网页的显示效果，JavaScript 负责开发网页的交互效果。有人称 HTML 是网页的骨头，是框架；CSS 是网页的皮，用来制作页面的外观效果；JavaScript 是网页的筋，用来进行客户端动态的交互，这不无道理。JavaScript 是一种网络脚本语言，被广泛用于 Web 应用开发，常用来为网页添加各式各样的动态效果，为用户提供更流畅美观的浏览效果。本教材不涉及这部分内容，开发者可以自行学习这部分知识。

W3C 的构想是 HTML 标签只表示内容结构，即只表示“这是一个段落”“这是一个标题”“这是一个项目列表”等含义，而不具备任何样式。而这些“段落”“标题”等内容的字体类型、字号大小、演示、显示位置等样式完全由 CSS 指定，也就是用 CSS 控制网页的外观，从而实现内容结构和样式的分离。通过 CSS 样式表，可以统一控制 HTML 中各标签的属性，对页面布局、字体、颜色、背景等能实现具体设置。使用 CSS 具有如下突出优势：

(1)实现内容和样式的分离，利于团队开发。由于当今社会竞争激烈，分工越来越细，开发一个网站需要美工和程序设计人员的配合。美工做样式，程序员写内容，分工协作、各司其职，将设计部分剥离出来放在一个独立样式文件中，HTML 文件中只存放文本信息，这样可以保证代码的简明。

(2)代码简洁，提高页面浏览速度，并且更利于搜索引擎的搜索。用只包含结构化内容的 HTML 代替嵌套的标签，减少了 Web 页的代码量，搜索引擎将更有效地搜索到网页内容，并可能给一个较高的评价。

(3)样式的调整更加方便，便于维护。内容和样式的分离，使页面和样式的调整变得更加方便，只要简单地修改几个 CSS 文件就可以重新设计整个网站的页面。同一网站的多个页面可以共用同一个样式表，提高网站的开发效率，实现样式复用，同时也方便对网站的更新和维护，如果需要更新网站外观，则更新网站的样式表文件即可。现在 Yahoo、MSN、网易、新浪等网站，均采用 DIV＋CSS 的框架模式，更加印证了 DIV＋CSS 是大势所趋。

6.1.2　CSS 的基本语法

与 HTML 语言一样，CSS 也是一种标识语言，在任何文本编辑器中都可以进行编辑，在网页设计中不可或缺。下面介绍 CSS 的基本语法。CSS 规则由两个主要的部分构成：选择器和一条或多条声明。选择器通常是需要改变样式的 HTML 元素，这些元素可以是某个标签、网页对象、class、id 等。浏览器在解析这些样式时，根据选择器来渲染对象的显示效果，选择器也被称为选择符。每条声明由一个属性和一个值组成，用分号来标识一个声明的结束。属性(Property)是希望设置的样式属性(Style Attribute)，每个属性有一个值，属性值是设置属性显示效果的参数，它包括数值和单位，或者关键字。属性和值用冒号分开，使用花括号来包围声明。一个元素可以有多个属性，不同的元素会包含不同的属性，具体根据问题需要选择相应的属性。

下面这行代码的作用是将 h1 元素内的文字颜色定义为红色，同时将字体大小设置为 14 像素。在这个例子中，h1 是选择器，color 和 font-size 是属性，red 和 14px 是值，图 6-1 展示了上面这段代码的结构，注意每个声明结束都要有一个分号。

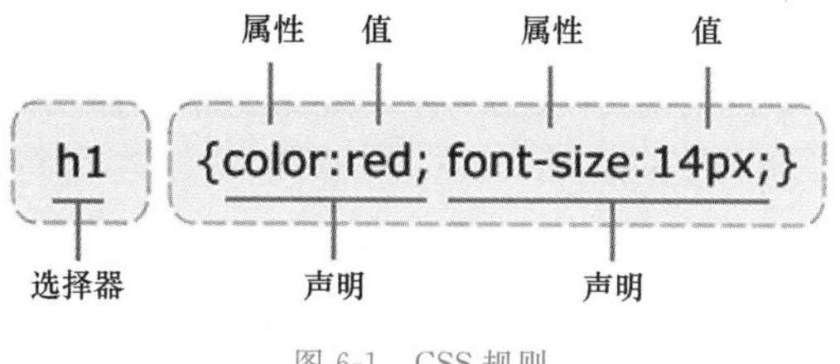

图 6-1　CSS 规则

要注意以下几个方面：

(1)值的不同写法和单位。

我们先来看看颜色值，设置颜色值可以选用颜色名、十六进制数值、RGB 值、RGB 值百分比。除了英文单词 red，还可以使用十六进制的颜色值＃ff0000：p { color：＃ff0000；}，为了节约字节，可以使用 CSS 的缩写形式：p { color：＃f00；}。这种使用方式要在十六进制的前面加上一个#号。还可以使用 RGB 值,如 p { color: rgb(255,0,0);}。颜色是通过对红、绿和蓝光的组合来显示的,每种颜色的最低值可以是 0(十六进制 00),最高值是 255(十六进制 FF)。还可以使用 RGB 百分比,如 p { color: rgb(100%,0%,0%);},当使用 RGB 百分比时,即使当值为 0 时也要写百分比符号。但是在其他的情况下就不需要这么做了。比如说,当尺寸为 0 像素时,0 之后不需要使用 px 作为单位,因为 0 就是 0,无论单位是什么。

CSS 颜色规范中定义了 147 种颜色名(17 种标准颜色加 130 种其他颜色)。17 种标准色是 aqua、black、blue、fuchsia、gray、green、lime、maroon、navy、olive、orange、purple、red、silver、teal、white、yellow。

然后再来讲尺寸的单位。尺寸的单位有绝对单位和相对单位两种。相对单位设置的对象受到屏幕分辨率、可视区域、浏览器设置以及相关元素大小等多种因素影响。具体见表 6-1,其中 em、ex、px 为相对单位。

表 6-1 尺寸单位

单位	描述
in	英寸。inches(1 英寸=2.54 厘米)的缩写
cm	厘米。centimetre 的缩写
mm	毫米。millimetre 的缩写
pt	磅。point 的缩写。1pt 等于 1/72 英寸,等于 0.3527 毫米。一般在电脑上用 Word 打字的字体,显示大多为 12pt。12 磅的字体等于 1/6 英寸大小
pc	皮卡。pica 的缩写,在印刷领域使用,1pc=12 磅
px	像素(计算机屏幕上的一个点)。pixels 的缩写
%	百分比
em	元素的字体高度。The height of the element's font 的缩写。它根据父元素字体的 font-size 属性来确定单位的大小。1em 等于当前的字体尺寸。2em 等于当前字体尺寸的两倍。如果父元素单位也是 em,依次向上级寻找可参考的 font-size 属性值,若没有定义,则会根据浏览器默认字体进行换算,默认字体一般是 16px
ex	小写字母 x 的高度。The height of the letter "x"的缩写

(2)记得写引号,如果值为若干单词,则要给值加引号:p {font-family: "sans serif";}。

(3)如果要定义不止一个声明,则需要用分号将每个声明分开。下面的例子展示出如何定义一个红色居中的文字段落,p{text-align:center;color:red;}。最后一条规则可以不加分号,因为分号在英语中是一个分隔符号,不是结束符号。然而,大多数有经验的设计师会在每条声明的末尾都加上分号,这么做的好处是当从现有的规则中增减声明时,会尽可能地减少出错的可能性。就像这样:p{text-align: center; color:red;}。应该在每行只描述一个属性,这样可以增强样式定义的可读性。

```
p{
    text-align: center;
    color: black;
    font-family: arial;
}
```

(4)空格和大小写:大多数样式表包含不止一条规则,而大多数规则包含不止一个声明。多重声明和空格的使用使得样式表更容易被编辑,是否包含空格不会影响 CSS 在浏览器中的工作效果，也就是 CSS 语言忽略空格（除了选择器内部的空格外），因此可以利用空格来美化 CSS 源代码，使其变得整齐，易看。同样，与 XHTML 不同，CSS 对大小写不敏感，但推荐全用小写。不过存在一个例外：如果涉及与 HTML 文档一起工作的话，class 和 id 名称对大小写是敏感的。

```
body{
    color：#000；
    background：#fff；
    margin：0；
    padding：0；
    font-family：Georgia，Palatino，serif；
}
```

（5）任何语言都需要注释，CSS 使用"/＊注释语句＊/"来进行注释，即在需要注释的内容前使用"/＊"标记开始注释，在内容的结尾使用"＊/"结束。可以注释多行内容，其注释范围在"/＊"与"＊/"之间。CSS 注释的作用最常见的是为 CSS 样式规则添加提示信息，不过使用 CSS 注释对优化组织结构和提升效用也很有帮助，比如上面的样式代码加上注释后如下：

```
body{/＊页面属性设置＊/
    color：#000；
    background：#fff；
    margin：0；
    padding：0；
    font-family：Georgia，Palatino，serif；
}
```

大家注意 HTML 注释与 CSS 注释的区别，首先它们注释的语法不同，HTML 注释语法：<!--注释说明内容 -->，CSS 注释语法：/＊注释说明内容　＊/。其次二者注释使用地方不同，HTML 注释是用于 HTML 源代码内，CSS 注释只能使用于 CSS 代码中。

任务 6.2　CSS 的应用方式

CSS 应用方式

CSS 代码放置的位置有三种方式，对应了 CSS 的三种应用方式。

知识储备

根据 CSS 代码放置的位置可以分为三种：

1. 内嵌样式（也叫行内样式）

直接放在标签的 style 属性中，比如将段落中的文字设置成红色、16px，以属性形式直接在 HTML 标记中给出代码如下，用于设置该标记所定义的信息效果。例如：

```
<body style ="background-color：#ccffee;">
<p style="font-size:16px;color:red";>第一段</p>
</body>
```

浏览器解析这些标签时，检测到标签含有 style 属性，就调用 CSS 引擎来解析样式代码，并呈现结果。这里不提倡这种使用方式，因为没有实现样式和内容分离。

2. 内部样式表

还有一种将样式代码放到<style>标签内，<style>标签在<head>标记中给出，可以同时设置多个标记所定义的信息效果，这种样式对当前页面有效，这种 CSS 应用方式被称为内部样式表。本项目多采取这种样式，但要知道内部样式表并没有彻底实现样式和内容分离。例如：

```
<! doctype html>
<head>
<style type = "text/css">
选择器{属性:属性值;}
</style>
</head>
<body>
</body>
</html>
```

在设置<style>时，应该指定 type 属性，告知浏览器该标签包含的代码是 CSS 源代码。这样浏览器遇到<style>标签后，就会自动调用 CSS 引擎进行解析。

在 Dreamweaver 中除了可以用上述方法在<head>标记中给出内部样式表的代码：

```
<style type = "text/css">
选择器{属性:属性值;}
</style>
```

还可以在 Dreamweaver 窗口菜单中选择"CSS 样式"命令，打开 CSS 样式面板，如图 6-2 所示。单击属性面板的+号就可以打开"新建 CSS 规则"对话框，如图 6-3 所示，然后根据需要，选择 CSS 的选择器类型，如果选择标签，就对标签进行选择，比如 body 标签，之后要把 CSS 定义在"仅对该文档"，单击"确定"按钮，就可以设置 body 标签的各种属性了，设置完成确定之后，自动将设置的 CSS 样式放置在<head>标记中。不过我们一般提倡直接书写 CSS 样式的习惯，另外一种设置方式作为帮助大家对不同选择器属性的熟悉和理解的一种形式。

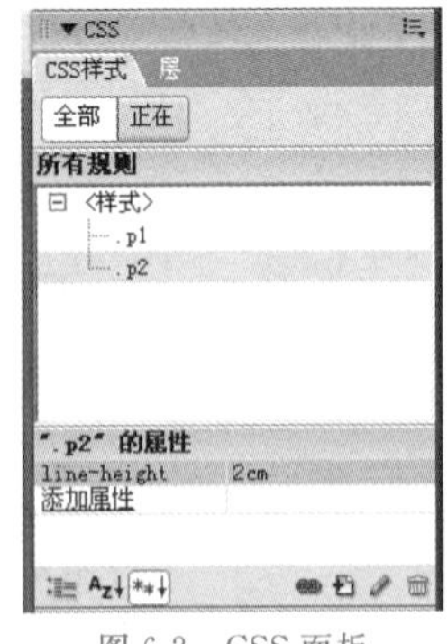

图 6-2 CSS 面板

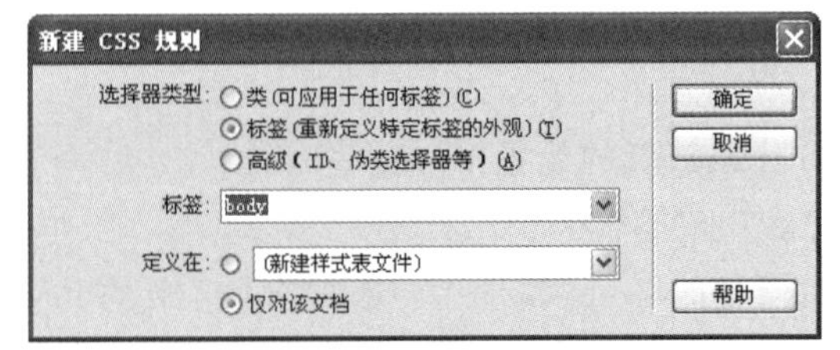

图 6-3 新建 CSS 规则

```
<style type="text/css">
<!--
body {background-color: #CC66CC;}
```

```
-->
</style>
```

3. 外部样式表

将样式表放置在单独的文件中，保存为.css 的扩展名，当某 HTML 页面中要使用该样式时，可以在<head>中通过<link/>标签引用或者在<style>标签中通过@import 关键字导入。这种应用样式的方式叫外部样式。它的好处是实现了样式和结构的彻底分离，同时方便网站的其他页面复用该样式，利于保持网站的样式统一和网站维护。外部样式表可以被用到多个 HTML 页面中，是我们提倡使用的，因为它彻底实现了样式和内容分离。

任务 6.3　选择器的分类

任务需求

选择器(Selector)是 CSS 中很重要的概念，所有 HTML 语言中的标记都是通过不同的 CSS 选择器进行控制的。用户只需要通过选择器对不同的 HTML 标签进行控制，并赋予各种样式声明，即可实现各种效果。

知识储备

根据选择器所修饰的内容类别，选择器主要分为以下三类：标签选择器、类选择器、id 选择器。

6.3.1　标签选择器

HTML 网页是由不同的标签和网页信息组成的，如果想控制这些内容的显示效果，最简单的方法就是匹配这些标签去设置样式，这时所用的选择器就是标签选择器。标签选择器就是 HTML 标签，如<body>、<table>、<li>标签等，当需要对页面中某种标签进行修饰时，采用标签选择器。一个完整的 HTML 页面是由很多不同的标签组成的，而标签选择器，则是决定哪些标签采用相同的 CSS 样式。在大环境中，你可能处于不同的位置，但是不管怎么样，你总是穿着同一套衣服，这件衣服就是由标签选择器事先给你限定好的，不管走到哪里，都是这身衣服。比如，在 style.css 文件中对 p 标签样式的声明如下：

```
p{
    font-size:12px;
    background:#900;
    color:090;
}
```

页面中所有 p 标签的背景颜色都是#900(一种红色)，文字大小均是 12px，颜色为#090(一种绿色)，在后期维护中，如果想改变整个网站中 p 标签背景的颜色，只需要修改 background 属性就可以了。

如希望页面中所有项目列表的样式为：字体大小为 28px、红色、隶书，利用内部样式表，在<head></head>标签中给出样式代码，其对应的 CSS 代码见例 6-1。

【例 6-1】 标签选择器的使用。

```
<! doctype html>
<head>
<meta charset="utf-8"/>
<title>商品分类-标签选择器</title>
    <style type="text/css">
    li{color:red;font-size:28px;font-family:隶书; }
    </style>
</head>
<body>
<div>
<ul>
    <li>护肤品</li>
    <li>饰品</li>
    <li>营养健康</li>
    <li>女装</li>
</ul>
</div>
</body>
</html>
```

标签选择器效果如图 6-4 所示。

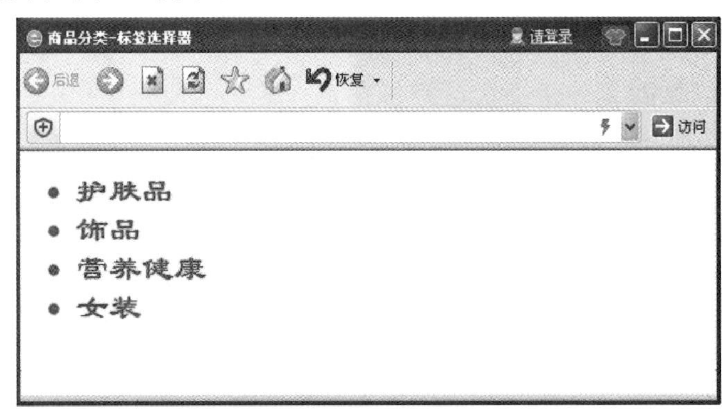

图 6-4 标签选择器效果

6.3.2 类选择器

前面我们体会到标签选择器的使用很方便,因为它与网页元素同名,但是它也有缺陷,就是标签选择器定义的样式会影响到网页中所有同名的标签。如果希望设置个别<li>元素的样式和其他<li>元素不同,如何实现?这就需要用到类选择器,类选择器以一个点(.)前缀开头,然后跟一个自定义的类名,之后在大括号里面写样式,如.style1{color:#ff0000;}。在自定义类名时,只能使用字母、数字、下划线(_)和连字符(-),类名的首字符必须以字母开头,否则无效。如果想修改例 6-1,希望列表项"护肤品"和"营养健康"显示为蓝色,应该首先在列表项"护肤品"和"营养健康"的<li>标签中使用 class 属性,为属性赋值,其实简单理解就是将“护肤品”和“营养健康”列表项定义成“一种类型”，赋予相同的 class 属性值。如<li class="blue">，然后定义类样式表.blue{color:blue;}，不要忘记 blue 前面的点。对应代码见例 6-2。

【例 6-2】 类选择器的使用。

```
<!doctype html>
<head>
<title>商品分类-标签选择器和类选择器</title>
    <style type="text/css">
    li{color:red;font-size:28px;font-family:隶书;}
    .blue{color:blue;}
    </style>
</head>
<body>
<div>
<ul>
    <li class="blue">护肤品</li>
    <li>饰品</li>
    <li class="blue">营养健康</li>
    <li>女装</li>
</ul>
</div>
</body>
</html>
```

类选择器效果如图 6-5 所示。

图 6-5　类选择器效果

需要说明的是，标签选择器 li{color:red;font-size:28px;font-family:隶书;}将列表项定义成红色，而后面类选择器.blue{color:blue;}将类名为“blue”的列表项字体定义为蓝色，那么“护肤品”和“营养健康”的列表项到底是什么颜色呢？CSS 叫层叠样式表，因此样式是叠加和继承的，在样式定义发生冲突时，按照 CSS 样式的优先级决定应用，这里大家只要知道类选择器的优先级高于标签选择器，因此“护肤品”和“营养健康”选项的颜色以定义的蓝色为准，关于样式的叠加我们在下一节里做更详细的介绍。

类选择器可以精确控制页面中每个对象的样式，不管这个对象的标签是什么类型的，同时一个类样式可以被多个对象引用，不管这个对象是否为同一个类型标签。

6.3.3 id选择器

id选择器,id是identity的缩写,它表示编号,一般指定标签在HTML文档中的唯一编号。id选择器以井号(#)作为前缀,后面跟一个自定义的id名,然后在一对大括号里面写样式。id名的命名规则与类名相同。id选择器和标签选择器以及类选择器作用范围不同:id选择器仅仅定义一个对象的样式,而标签选择器和类选择器可以定义多个对象的样式。可以为标有特定id的HTML元素指定特定的样式,对某一具有id属性的一个标签进行样式指定。如#div1{color:#ff0000},在实际应用中经常配合<div>标签使用。下面的两个id选择器,第一个可以定义元素的颜色为红色,第二个可以定义元素的颜色为绿色:

```
#red{color:red;}
#green{color:green;}
```

在下面的HTML代码中,id属性为red的p元素显示为红色,而id属性为green的p元素显示为绿色。

```
<p id="red">这个段落是红色。</p>
<p id="green">这个段落是绿色。</p>
```

id所定义的属性只能在每个HTML文档中出现一次,而且仅一次,就像在你所处的环境中,只有一个id(比如个人的身份证),不可能重复!很明显id选择器和类选择器的用途刚好相反:id选择器用于修饰某个指定的页面元素或者区块,这些样式是对应id标识的HTML元素所独占的;而类选择器是定义某类样式让多个HTML元素共享的。因此我们在定义id属性值时,应该保证id值在文档中的唯一性。一般设计师通过id选择器定义HTML的框架结构。例如修改例6-2,使其呈现如图6-6所示的效果,将整个列表项看作一个带id标识的div块,希望对这个块进行字体、宽度、背景颜色的修饰,实现如下,首先将所有列表项内容放入一个div块中,并设置唯一的id标识属性,然后根据id标识,定义对应的id选择器。

【例6-3】 id选择器的使用。

```
<!doctype html>
<head>
<title>商品分类id选择器</title>
<style type="text/css">
#menu{
    font-size:14px;
    font-family:"宋体";
    width:200px; background-color:#CCCCCC;
}
li{color:red;font-size:28px;font-family:隶书; }
.blue{color:blue;}
</style>
</head>
<body>
<div id="menu">
<ul>
```

```
        <li class="blue">护肤品</li>
        <li>饰品</li>
        <li class="blue">营养健康</li>
        <li>女装</li>
    </ul>
    </div>
    </body>
    </html>
```

在上述示例中,id 值 menu 的宽度为 200px,背景颜色为 #ccc,并且还设置了处于 menu 块的字体为宋体,字体大小为 14px,效果如图 6-6 所示。

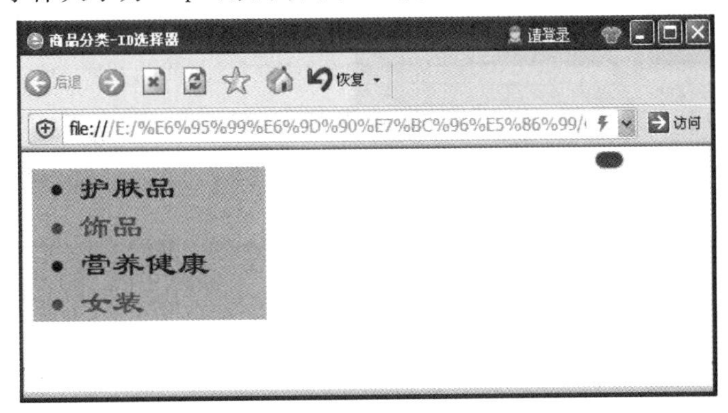

图 6-6　id 选择器

在上述三种基本的选择器中还包含一种特殊的类型,即通配选择器。在很多计算机语言里,通常用英文的"*"号代表所有的元素,就像是一个通配符,因此通配选择器定义的规则会应用在所有元素上。因此一般在 CSS 的开始时做如下定义:

```
* {
    margin: 0;
    padding: 0;
}
```

这样定义是把所有的元素的边距(margin)和补白(padding)定义为 0,以清除浏览器的缺省样式。通配选择器也可以用来定义某元素下的所有元素,例如,在进行如下定义后,<div>的所有后代元素的背景颜色都变为蓝色。

```
div * {
    background-color: blue;
}
```

注意:由于通配选择器会影响所有的元素,因此除了清除浏览器的内置样式以外,应谨慎使用。

任务实现

有了前面的技术和知识准备,我们去完成场景中的任务,如图 6-7 所示。在这个场景中利用 CSS 选择器的知识,较容易完成。使用 div-ul-li 结构组织页面内容,并使用类选择器设置样式,首先整个<div>设置 ID 标识,id 选择器设置宽度为 200px,背景颜色为 #cccccc,然后设置所有列表项<li>标签选择器字体大小为 12px,颜色为#636362;之后为列表项“护肤品”和“饰品”设置 class 属性为 orange,类选择器属性设置字体为宋体、加粗、14px,颜色为#ff7300。

图 6-7 CSS 选择器

任务参考代码如下:

CSS 选择器

```
<!doctype html>
<head>
<meta charset="utf-8"/>
<title>工作场景 1-CSS 选择器</title>
<style>
    #menu{width:200px; background-color:#CCCCCC; }
    li{font-size:12px;color:#636362; }
    .orange{font:bold 14px 宋体;color:#ff7300;}
</style>
</head>
<body>
<div id="menu">
    <ul>
        <li class="orange">护肤品</li>
        <li>卸妆</li>
        <li>洁面</li>
        <li>爽肤水</li>
        <li>眼部护理</li>
    </ul>
    <ul>
        <li class="orange">饰品</li>
        <li>头饰</li>
        <li>项链</li>
        <li>吊坠</li>
        <li>耳钉</li>
    </ul>
</div>
</body>
</html>
```

任务 6.4　CSS 继承性、层叠性、特殊性

任务需求

CSS 的样式具有三个基本特征：继承性、层叠性、特殊性。简单来讲，继承性体现的是样式的传递，层叠性说明样式可以相互覆盖，特殊性说明样式可以特殊化处理。在页面中灵活掌握各种特性非常关键。

微课

CSS 继承性 1

6.4.1　继承性

所谓 CSS 的继承是指被包在内部的标签将拥有外部标签的样式性质，简单来讲，继承就是父元素的规则也适用于子元素。继承特性最典型的应用通常发挥在整个网页的样式预设中。比如给 body 设置为 color：red；font-size：24px；，那么它内部的元素如果没有其他的规则设置，也都会变成红色、24px 的大小。下面看一个简单的例子。

微课

CSS 继承性 2

【例 6-4】　CSS 的继承性。

```
<!doctype html>
<head>
<meta charset="utf-8"/>
<title>继承性</title>
<style type="text/css">
    body{color:red;font-size:24px;}
</style>
</head>
<body>
    <dl>
        <dt>春节</dt>
        <dd>春节指汉字文化圈传统上的农历新年，传统名称为新年、大年。</dd>
        <dd>农历正月初一开始为新年，一般认为至少要到正月十五(上元节)新年才结束。</dd>
    <dl>
    <h4>春节习俗</h4>
    <ul>
        <li>贴春联</li>
        <li>贴窗花</li>
        <li>放爆竹</li>
        <li>守岁</li>
        <li>拜年</li>
    </ul>
    <p>春节是中华民族阖家团圆的节日，人们在春节这一天都尽可能地回到家里和亲人团聚，表达
    对未来一年的热切期盼和对新一年生活的美好祝福。</p>
</body>
</html>
```

CSS 的继承性效果如图 6-8 所示。

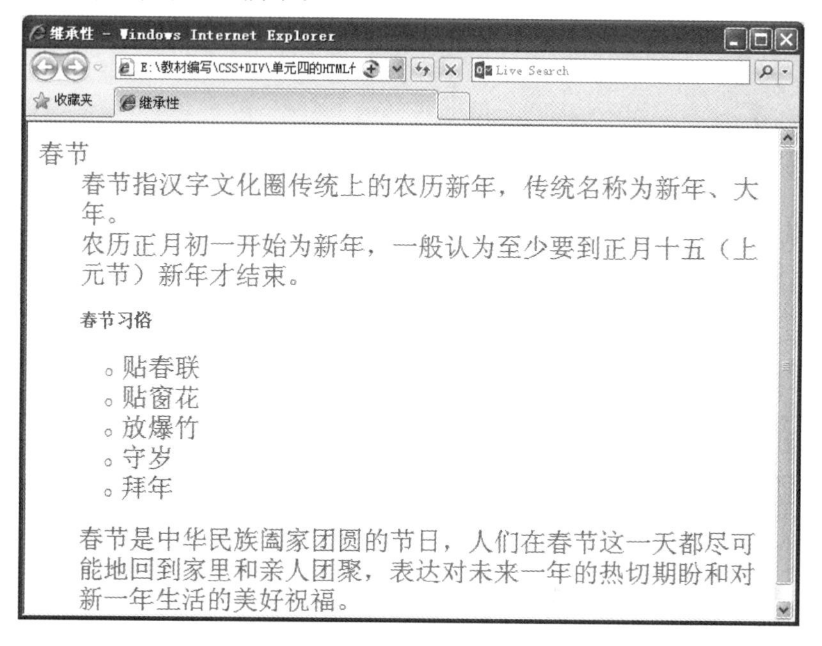

图 6-8 CSS 的继承性效果

在样式表中定义 body 的样式，那么包含在 body 元素的 dl、ul、p 等元素均继承了该属性。但也有例外，上面 h4 标题元素只继承了红颜色属性，未继承字体大小的属性，因为 HTML 对 h1～h6 的标题做了相应设置，h1～h6 不继承父元素的字体加粗和字体大小属性。

利用继承的关系可以大大减少样式代码量的编写，又由于 CSS 代码力求最简化，所以我们很多人都想使用继承来精简代码，人们一般的做法是将页面中可以继承的代码样式提取出来，然后在总包含框中定义。

在 CSS 中，继承是一种非常自然的行为，我们甚至不需要考虑是否能够这样去做，但是继承也有其局限性。首先，有些属性是不能继承的。这没有任何原因，只是因为它就是这么设置的。举例来说：大家都知道，border 属性是用来设置元素的边框的，它没有继承性。多数边框类属性，比如像 border（边框）、padding（补白）、margin（边界）、背景、定位、布局、元素宽高的属性都是不能继承的。

6.4.2 层叠性

CSS 的层叠性是指当有多个选择器都作用于同一元素，即多个选择器的作用范围发生了重叠。例如可以创建一个样式来应用颜色，还可以创建一个样式来应用边框，然后将这两个样式都应用于同一个元素，这样 CSS 就能够通过样式层叠设计出各种页面效果。

CSS 层叠分两种情况：一是如果多个选择器定义的样式不发生冲突，那么元素将应用所有选择器定义的样式。二是如果选择器定义的规则发生了冲突，那么 CSS 将按照选择器的优先级的规定让元素应用优先级高的样式。一般来说，行内样式表＞内部样式表＞外部样式表，ID 选择器＞类选择器＞标签选择器。下面我们讲解发生规则冲突的情况。

下面代码中行内样式表将段落字体大小设置为 12px，内部样式表将段落字体大小设置为 16px，那么段落文字大小到底是多少呢？根据选择器优先级：行内样式表＞内部样式表，因此显示效果是 12px 字体的段落。

【例 6-5】　CSS 的层叠性 1。

CSS 层叠性 1

```
<!doctype html>
<head>
<meta charset="utf-8"/>
<title>层叠性</title>
<style type="text/css">
    p{font-size:16px;}
</style>
</head>
<body>
    <pstyle="font-size:12px">春节是中华民族阖家团圆的节日，人们在春节这一天都尽可能地回到
    家里和亲人团聚，表达对未来一年的热切期盼和对新一年生活的美好祝福。
    </p>
</body>
</html>
```

在上述情况下，如果在外部样式 style.css 中将段落字体定义 20px，那么段落文字到底是多大呢？根据选择器优先级：行内样式表>内部样式表>外部样式表，因此显示效果是 12px，效果如图 6-9 所示。

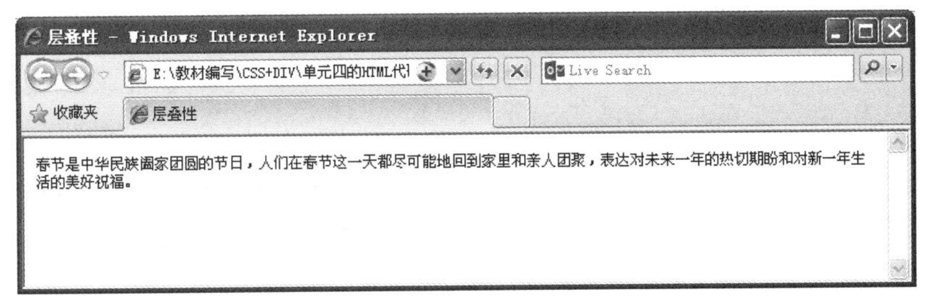

图 6-9　层叠性 1

【例 6-6】　CSS 的层叠性 2。

CSS 层叠性 2

```
<!doctype html>
<head>
<meta charset="utf-8"/>
<title>层叠性</title>
<style type="text/css">
    p{ font-size:16px;}
</style>
<link href="style.css" rel="stylesheet" type="text/css"/>
</head>
<body>
    <p style="font-size:12px">春节是中华民族阖家团圆的节日，人们在春节这一天都尽可能地回到
    家里和亲人团聚，表达对未来一年的热切期盼和对新一年生活的美好祝福。
    </p>
</body>
</html>
```

去掉行内样式，那么段落文字显示哪一个设置呢？根据选择器优先级：内部样式表>外部

样式表，因此显示效果是 16px，效果如图 6-10 所示。

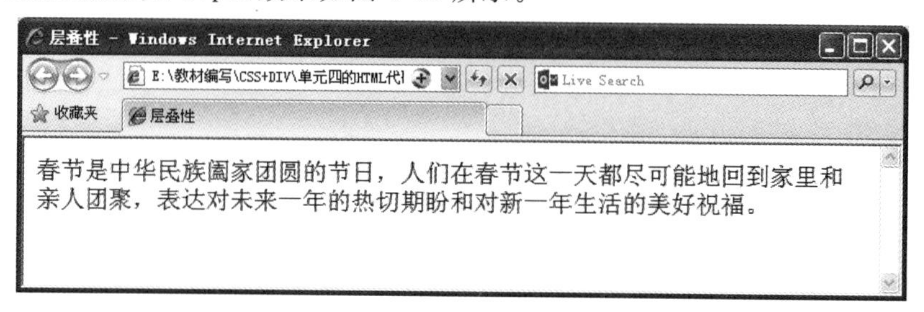

图 6-10　层叠性 2

下面再举例说明 ID 选择器、类选择器、标签选择器的优先级问题，#ID>.class>标签选择器，下面代码应用的是#id3 选择器，呈现 24px、红色。

【例 6-7】 CSS 的层叠性 3。

```
<!doctype html>
<head>
<title> ID 选择器，类选择器，标签选择器的优先级</title>
<style type="text/css">
    #id3 { color:#FF0000;font-size:24px;}
    .class3{ color:#00FF00; }
    span{ color:#0000FF;}
</style>
</head>
<body>
    <p><span id="id3" class="class3">春节</span>是中华民族阖家团圆的节日，人们在春节这一天都尽可能地回到家里和亲人团聚，表达对未来一年的热切期盼和对新一年生活的美好祝福。
    </p>
</body>
</html>
```

层叠性效果如图 6-11 所示。

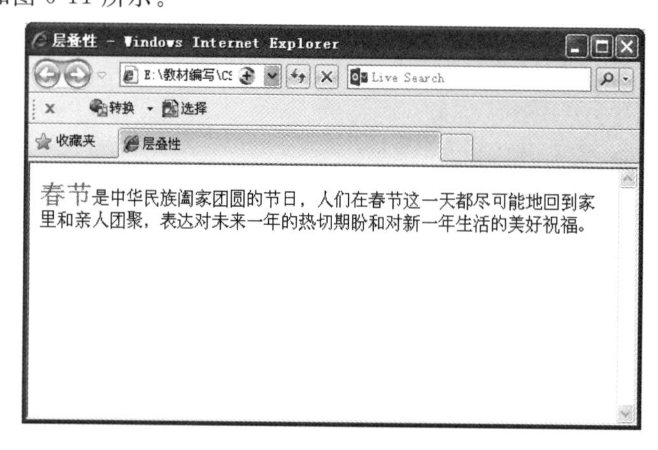

图 6-11　层叠性 3

6.4.3　特殊性

CSS 特殊性指的是不同类型的选择器，它们的权重不同。对于常规的选择器权重比值如下：

- 标签选择器：权重值为 1。
- 伪元素选择器：权重值为 1。
- 类选择器：权重值为 10。
- 属性选择器：权重值为 10。
- ID 选择器：权重值为 100。
- 内联样式选择器：权重值为 1000。
- 其他选择器：权重值为 0，像通配选择器。

然后我们根据权重为起点计算每种样式中选择器的总权重，按照如下方式计算：

- 统计选择器中 ID 选择器的个数，然后乘以 100。
- 统计选择器中类选择器的个数，然后乘以 10。
- 统计选择器中标签选择器的个数，然后乘以 1。

按照这种方法类推，最后把所有权重数相加，得到当前选择器的总权重，然后根据总权重决定哪个样式的优先级大。例如：

h1 {color:blue;}：特性值为 1。

. apple {red;}：特性值为 10。

p. bright {color:yellow;}：特性值为 1＋10＝11。

p. bright em. dark {color:brown;}：特性值为 1＋10＋1＋10＝22。

＃id316 {color:yellow;} ：特性值为 100。

从上面我们可以看出＃id316 具有更高的特殊性，因而它有更高的权重。当有多个规则都能应用于同一个元素时，权重越高的样式将被优先采用。在相同权重下，CSS 将遵循就近原则，也就是靠近元素的样式具有最大优先权。

叠加为每个规则分配一个重要度。作者的样式被认为是最重要的，其次是用户的样式表，最后是浏览器或者用户代理使用的默认样式表。为了让用户有更多的控制能力，CSS 还提供了！important 规则，让它优先于任何规则。！important 必须在属性值和分号之间，否则无效。！important 的作用是提升优先级，换句话说，加了这句的样式的优先级是最高的，比内联样式的优先级还高。

任务 6.5　CSS3 新增选择器

任务需求

CSS3 新增了许多灵活查找元素的方法，极大地提高了查找元素的效率和精准度，因此除了前面学习的选择器外，CSS3 还有以下的选择器。

6.5.1　属性选择器

属性选择器的特点是通过属性来选择元素，具体有以下五种形式，见表 6-2。

表 6-2 CSS3 选择器属性

选择器	含义
E[attr]	存在 attr 属性即可
E[attr=val]	属性值完全等于 val
E[attr *=val]	属性值里包含 val 字符并且在“任意”位置
E[attr^=val]	属性值里包含 val 字符并且在“开始”位置
E[attr $=val]	属性值里包含 val 字符并且在“结束”位置

在之前的学习中,id 选择器使用“#”,类选择器使用“,”,子代选择器使用“>”,后代选择器使用空格。现在要学习属性选择器,就是通过选择属性进行样式设置,其语法就是利用[ ]。如果这样写 a[href] {color: red;}就是选择所有拥有 href 属性的元素,我们还可以根据属性的值来更准确地选中元素,以下面的示例进行说明。

```
<body>
    <ul>
        <li><a href="a.mp4">a.mp4 是一个视频文件</a></li>
        <li><a href="b.txt">b.txt 是一个文本文件</a></li>
        <li><a href="a.mp3">a.mp3 是一个音频文件</a></li>
        <li><a href="b.mp3">b.mp3 是一个音频文件</a></li>
        <li><a href="a.rmvb">a.rmvb 是一个视频文件</a></li>
        <li><a href="b.rmvb">b.rmvb 是一个视频文件</a></li>
    </ul>
</body>
```

选择所有拥有 href 属性的元素:a[href] {color: red;}。

选择 href 属性值为 a 字符打头的元素:a[href^="a"] {color: blue;}。

选择 href 属性值为 mp3 字符结尾的元素:a[href $ ="mp3"] {color: yellow;}。

选择 href 属性值有 b 字符在任意位置的元素:a[href * ="b"] {color: green;}。

选择 href 属性值为 a.mp4 字符的元素:a[href="a.mp4"] {color: pink;}。

6.5.2 结构(位置)伪类选择器

后面即将学到跟超链接相关的四个伪类选择器:link、:active、:visited 以及:hover,这里讲解 CSS3 新增的结构伪类选择器,见表 6-3。

表 6-3 CSS3 结构(位置)伪类选择器

选择器	含义
E:first-child	其父元素的第 1 个子元素
E:last-child	其父元素的最后 1 个子元素
E:nth-child(n)	其父元素的第 n 个子元素
E:nth-last-child(n)	其父元素的第 n 个子元素(倒着数)

以某元素(E)相对于其父元素或兄弟元素的位置来获取元素。

n 遵循线性变化,其取值 0、1、2、3、4、……、n,可以是多种形式:nth－child(2n+0)、nth－child(2n+1)、nth-child(－1n+3)等;指 E 元素的父元素,并对应位置的子元素必须是 E。

下面我们以一个示例进行说明，示例中的列表项一共 35 个，中间省略了。

```
<body>
<ul>
    <li>1</li>
    <li>2</li>
    <li>3</li>
    ……
    <li>35</li>
</ul>
</body>
```

为了看清楚设置一些样式。

```
body {
    margin：0；
    padding：0；
    background-color：#F7F7F7；
}
ul {
    width：560px；
    padding：0；
    margin：100px auto；
    list-style：none；
    border-right：1px solid #CCC；
    border-bottom：1px solid #CCC；
    overflow：hidden；
}
li {
    width：79px；
    height：80px；
    text-align：center；
    line-height：80px；
    border-left：1px solid #CCC；
    border-top：1px solid #CCC；
    background-color：#FFF；
    font-size：24px；
    font-weight：bold；
    color：#333；
    float：left；
}
```

结构(位置)伪类选择器效果如图 6-12 所示。

接下来如果想为列表项的第一个元素 1 设置样式，按照以前，我们应该加一个类名，但是如果我们不采取加类名的方式，应该怎么办？可以用位置选择器。位置选择器是伪类选择器，所以使用冒号：，同样也是配合其他标签选择器一起使用。：first-child、：last-child 分别代表第一个子元素、最后一个子元素。nth-child(n)代表第 n 个子元素。nth-child(odd)、nth-child

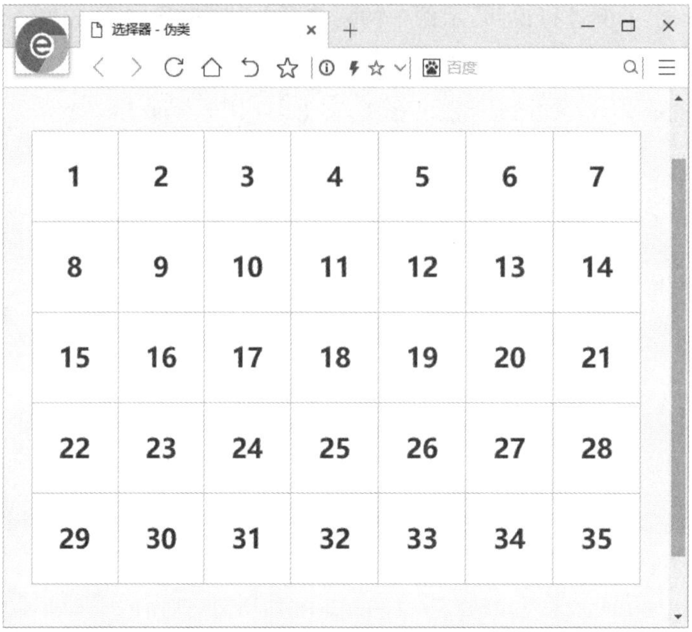

图 6-12 结构(位置)伪类选择器效果

(even)分别代表位置是奇数元素、位置是偶数元素。nth-child(3n)根据表达式查找位置是 3 的倍数的，一般括号里的表达式是 an+b 的形式，b 可以省略，不能是 b+an 的形式。

如果倒着数元素还可以使用 nth-last-child(n)，代表倒数第 n 个，也就是可以通过加一个 last 进行倒数。

li 标签中的第一个元素(不仅是 li 标签还是第一个元素)：

li:first-child {color: red;}

不仅是 li 标签还是最后一个元素：

li:last-child{color: red;}

不仅是 li 标签还是第 n 个元素：

li: nth-child(n){color: red;}

li:nth-child(0){color: red;}

不仅是 li 标签还是第奇数个元素：

li:nth-child(odd){color: red; }

不仅是 li 标签还是第偶数个元素：

li:nth-child(even){color: blue; }

根据表达式 y = an + b 选中元素，但不能是 b+an 的形式，n 有取值范围，尝试下面的样式。

li:nth-child(3n){color: yellow; }n 取值大于等于 0

li:nth-child(2n－1){color: blue; }n 的取值 3、2、1

li:nth-child(－n+3){color: red; }

li:nth-child(3－n){color: red;}

li:nth-last-child(2){color: red; }

li:nth-last-child(－n+3){color: red;}

6.5.3 伪元素选择器

伪类选择器是一个单冒号:,伪元素选择器是一个双冒号::。主要有::first-letter、::first-line以及::selection、::before、::after。

1. E::first-letter 第一个字符

```
<body>
<ul>
    <li>As long as the effort of deep strokes fell great oaks</li>
    <li>只要功夫深,铁杵磨成针</li>
    <li>いストロークの努力が大きな樫の落ちた限り</li>
</ul>
</body>
```

伪元素选择器示例如下:

```
li::first-letter {
    color: red;
    font-size: 40px;
}
```

2. E::first-line 第一行

```
<body>
    <p>这是一个段落的内容,并且是这一段第一行的内容。<br/>
    这是第二行的内容
    </p>
</body>
```

伪元素选择器示例如下:

```
p::first-line {
    color: red;
}
```

3. E::selection

可改变选中文本的样式,但是只能改变选中文本的背景颜色和字体颜色。

```
<body>
    <p>
    假期即将过去,开学也为时不远。那么作为教师,开学后只想着课怎么上是远远不够的。怎样帮助学生更好更快地进入到学习状态,才是老师们第一需要考虑的事情。
    </p>
</body>
```

在浏览器查看这部分内容时,选中区域伪元素选择器样式设置如下:

```
p::selection {
    background-color: pink;
    color: red;
    /* font-size: 40px; */
}
```

4. E::before 和 E::after:

在E元素内部的开始位置和结束位置创建一个元素，该元素为行内元素，且必须要结合content属性使用。

E:after、E:before在旧版本里是伪元素，CSS3的规范里“:”用来表示伪类，“::”用来表示伪元素，但是在高版本浏览器下E:after、E:before会被自动识别为E::after、E::before，这样是为了做兼容处理。E:after、E:before后面的练习中会反复用到，目前只需要有个了解。“:”与“::”的区别在于区分伪类和伪元素。

项目小结

本项目介绍了CSS的基本语法、如何使用CSS、如何实现内容和样式分离，重点理解内容和样式分离的思想。CSS与HTML语言一样，也是一种标识语言，在任何文本编辑器都可以进行编辑，在网页设计中不可或缺。CSS规则由两个主要的部分构成:选择器和一条或多条声明。CSS应用方式有内嵌样式(也叫行内样式)、内部样式表、外部样式表。同时本项目还学习了选择器的分类、CSS3新增的选择器以及选择器的权重等知识。

习　题

一、选择题

1. CSS是(　　)的缩写。

A. Colorful Style Sheets　　B. Computer Style Sheets

C. Cascading Style Sheets　　D. Creative Style Sheets

2. 引用外部样式表的格式是(　　)。

A. <style src="mystyle. css">

B. <link rel="stylesheet" type="text/css" href="mystyle. css"/>

C. <stylesheet>mystyle. css</stylesheet>

D. <style href ="mystyle. css">

3. 引用外部样式表的元素应该放在(　　)。

A. HTML文档开始的位置　　B. HTML文档结束的位置

C. head元素中　　D. body元素中

4. 内部样式表的元素是(　　)。

A. <style>　　B. <css>　　C. <script>　　D. <styles>

5. 下列(　　)是定义样式表的正确格式。

A. {body:color=black(body)}　　B. body:color=black

C. body {color: black}　　D. {body;color:black}

6. 下列(　　)是定义样式表中的注释语句。

A. /* 注释语句 */　　B. // 注释语句

C. // 注释语句 //　　D. '注释语句

7. 如果要在不同的网页中应用相同的样式表定义，应该(　　)。

A. 直接在HTML的元素中定义样式表

B. 在 HTML 的＜head＞标记中定义样式表

C. 通过一个外部样式表文件定义样式表

D. 以上都可以

8. 样式表定义＃title {color:red}表示(　　)。

A. 网页中的标题是红色的

B. 网页中某一个 id 为 title 的元素中的内容是红色的

C. 网页中元素名为 title 的内容是红色的

D. 以上任意一个都可以

9. 样式表定义. outer {background-color:yellow}表示(　　)。

A. 网页中某一个 id 为 outer 的元素的背景颜色是红色的

B. 网页中含有 class="outer"元素的背景颜色是红色的

C. 网页中元素名为 outer 元素的背景颜色是红色的

D. 以上任意一个都可以

二、简答题

1. 什么是标记(标签)选择器、类别选择器、ID 选择器？举例说明。

2. 什么是行内式 CSS 样式、内嵌式 CSS 样式、链接式 CSS 样式？举例说明。

3. 举例说明什么是导入式 CSS 样式。

4. 什么是交集选择器、并集选择器、后代选择器？举例说明。

5. CSS 有几种引入方式？link 和@import 有什么区别？

6. 实现效果如图 6-13 所示，注意多选择器的组合应用以及语法。具体要求如下：

定义三个＜p＞标签：第一个＜p＞标签含三个＜h2＞，设置第一个＜h2＞颜色为 green，第二个＜p＞标签含五个＜h3＞，设置所有＜h3＞颜色为 green，其中设置第一个＜h3＞中的内容"IDmyH3"样式为 20px 大小，背景颜色为＃ff00ff，第一个＜p＞标签含两个＜h1＞，设置颜色为 red。

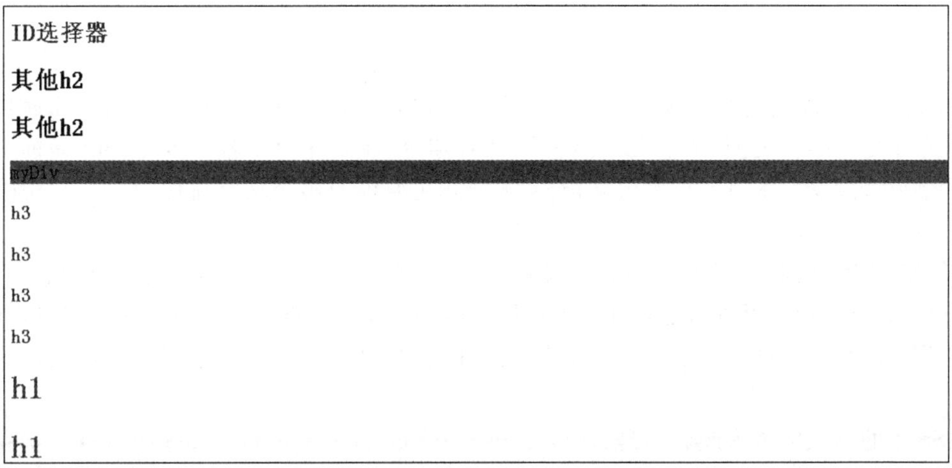

ID选择器

其他h2

其他h2

myDiv

h3

h3

h3

h3

h1

h1

图 6-13　多选择器使用

项目7

CSS3 美化网页

项目要点

- 使用文本样式、字体样式、列表样式、背景样式美化网页。

技能目标

- 能灵活运用 CSS 美化网页技术。

任务 7.1　用 CSS 设置字体样式以及文本样式

任务需求

网页中有很多文字，怎样设置这些文字的字体和文本样式，使网站更美观呢？下面我们就来进行学习。

知识储备

7.1.1　用 CSS 设置字体样式

制作页面时，最先考虑的就是页面的文本属性以及字体属性。下面先介绍字体属性。字体属性用于定义字体类型、字号大小、字体是否加粗等，在属性的命名时多用 font 做前缀。字体样式主要涉及文字本身的形体效果，而文本样式主要涉及多个文字排版效果。常用的字体样式如下：

(1)字体类型属性(font-family)，CSS 使用这个属性设定字体类型，如宋体、Arial、Tahoma、Courier 等。可以指定多种字体，以逗号隔开，如果浏览器不支持第一个字体，则会按照从左到右的顺序尝试下一个。如果没有找到列表中对应的字体，则选用浏览器默认的字体显示。

CSS 中的五大字体家族名称是：serif、sans-serif、cursive、fantasy、monospace，也就是 CSS 提供的五类通用字体，它是一种备用机制，当指定字体都不可用时，用户系统能够找到类似字体进行替代显示。

serif 中文翻译为“衬线字体族”。serif 具有末端加粗、扩张或尖细末端，或以实际的衬线结尾的一类字体。serif 典型的字体有：Times New Roman、MS Georgia、宋体……

sans-serif 中文翻译为“无衬线字体族”。sans-serif 字体比较圆滑，线条粗线均匀，适合做艺术字、标题等。sans-serif 典型的字体有：MS Trebuchet、MS Arial、MS Verdana、幼圆、隶书、楷体……

cursive 中文翻译为“手写字体族”“草体”，顾名思义，这类字体的字就像手写的一样。cursive 典型的字体有：Caflisch Script、Adobe Poetica、迷你简黄草、华文行草……

fantasy 中文翻译为“梦幻字体族”。fantasy 主要用在图片中，字体看起来很艺术，实际网页上用得不多。fantasy 典型的字体有：WingDings、WingDings 2、WingDings 3、Symbol……

monospace 中文翻译为“等宽字体族”。我们知道英文中各字母是不等宽的，但用 monospace，各个字母就是等宽的了，就可以像中文一样排版了。monospace 典型的字体有：Courier、MS Courier New、Prestige……

(2)字体大小属性(font-size)，这个属性可以设置字体的大小。默认值：medium。字体大小的设置可以有多种方式，最常见的就是用 pt 和百分比作为单位。font-size 属性的值见表 7-1。

表 7-1 font-size 属性的值

值	描述
xx-small、x-small、small medium large、x-large、xx-large	把字体的尺寸设置为不同的尺寸，从 xx-small 到 xx-large。默认值：medium
smaller	把 font-size 设置为比父元素更小的尺寸
larger	把 font-size 设置为比父元素更大的尺寸
length	把 font-size 设置为一个固定的值
%	把 font-size 设置为基于父元素的一个百分比值
inherit	规定应该从父元素继承字体尺寸

(3)字体风格属性(font-style)，这个属性有三个值可选：normal、italic、oblique。normal 是缺省值，表示正常字体。italic、oblique 都是斜体显示。

(4)字体浓淡(粗细)属性(font-weight)，这个属性常用值是 normal 和 bold，normal 是缺省值，相当于数字值 400，具体见表 7-2。

表 7-2 font-weight 属性的值

值	描述
normal	默认值。定义标准的字符
bold	定义粗体字符
bolder	定义更粗的字符
lighter	定义更细的字符
100、200、300 400、500、600 700、800、900	定义由粗到细的字符。400 等同于 normal，而 700 等同于 bold
inherit	规定应该从父元素继承字体的粗细

(5)字体颜色属性(color)。具体使用参阅前面颜色单位介绍。

(6)字体大小写属性(font-variant)，见表 7-3。

表 7-3 font-variant 属性的值

值	描述
normal	默认值。浏览器会显示一个标准的字体
small-caps	浏览器会显示小型大写字母的字体
inherit	规定应该从父元素继承 font-variant 属性的值

(7)字体属性(font),这个属性是各种字体属性的一种快捷的综合写法。这个属性可以综合字体风格属性(font-style)、字体浓淡属性(font-weight)、字体大小属性(font-size)、字体名称属性(font-family)等,而且书写时也要按照这个顺序。font 有时候经常缩写为“font:粗细大小/行高 字形类型;”的格式,此格式要求至少需要两个属性:字体大小和类型,如代码可以为:“font:12px 宋体;”。

7.1.2 用 CSS 设置页面的文本样式

下面介绍页面的文本属性,文本属性用于定义文本的外观,包括文本对齐方式、修饰属性、缩进属性、行高、字符间距等,在属性的命名时多用 text 前缀。常用的文本属性如下:

(1)文本对齐属性(text-align),这个属性用来设定文本的对齐方式。有以下值:

- left(居左,缺省值)
- right(居右)
- center(居中)
- justify(两端对齐)

【例 7-1】 文本对齐属性 text-align 的应用。

```
<!doctype html>
<head>
<title>文本对齐属性 text-align</title>
<style type="text/css">
.p1{text-align:left}
.p2 {text-align:right}
.p3{text-align:center}
</style>
</head>
<body>
<p class = "p1">这段的本文对齐属性(text-align)值为居左。</p>
<p class = "p2">这段的本文对齐属性(text-align)值为居右。</p>
<p class = "p3">这段的本文对齐属性(text-align)值为居中。</p>
</body>
</html>
```

文本对齐属性(text-align)效果如图 7-1 所示。

(2)文本修饰属性(text-decoration),这个属性主要设定文本划线的属性。有以下值:

- none(无,缺省值)
- underline(下划线)

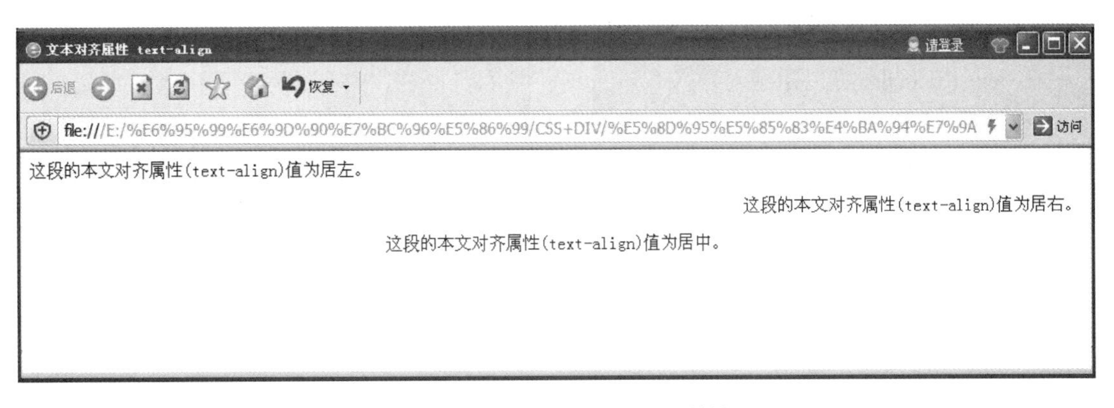

图 7-1 文本对齐属性(text-align)效果

- overline(上划线)
- line-through(当中划线)

【例 7-2】 文本修饰属性 text-decoration 的应用。

```
<! doctype html>
<head>
<title>文本修饰属性 text-decoration</title>
<style type="text/css">
    . p1{text-decoration: none}
    . p2 {text-decoration: underline}
    . p3{text-decoration: line-through}
    . p4 {text-decoration:overline}
</style>
</head>
<body>
    <p class = "p1">文本修饰属性(text-decoration)的缺省值是 none。</p>
    <p class = "p2">这段的文本修饰属性(text-decoration)值是 underline。</p>
    <p class = "p3">这段的文本修饰属性(text-decoration)值是 line-through。</p>
    <p class = "p4">这段的文本修饰属性(text-decoration)值是 overline。</p>
</body>
</html>
```

文本修饰属性(text-decoration)效果如图 7-2 所示。

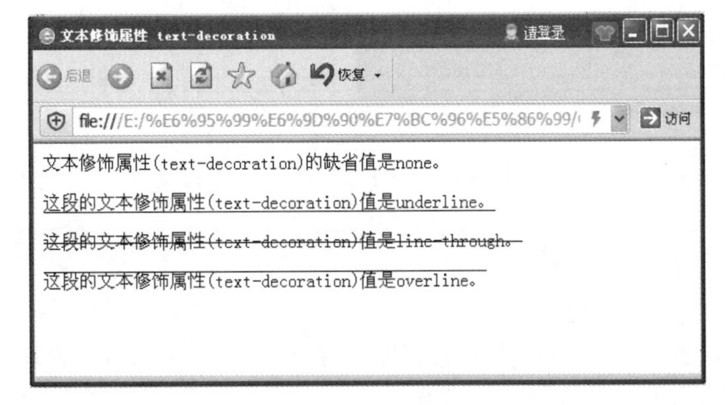

图 7-2 文本修饰属性(text-decoration)效果

(3)文本缩进属性(text-indent)，这个属性设定文本首行缩进。其值有以下设定方法：

- length(长度，可以用绝对单位(cm、mm、in、pt、pc)或者相对单位(em、ex、px))。
- percentage(百分比，相当于父对象宽度的百分比)。

【例 7-3】 文本缩进属性 text-indent 的应用。

```
<! doctype html>
<head>
<title>文本缩进属性 text-indent</title>
<style type="text/css">
    .p1 {text-indent:8mm}
    .d1 {width:300px}
    .p2 {text-indent:50%}
</style>
</head>
<body>
<p>下面两段都设定了 CSS 文本缩进属性(text-indent)，第一段用长度方法设值，第二段用百分比方法设值。</p>
<p class = "p1">马云说："我们与竞争对手最大的区别就是我们知道他们要做什么，而他们不知道我们想做什么。我们想做什么，没有必要让所有人知道。"</p>
<div class = "d1">
<p class = p2>马云说："我们与竞争对手最大的区别就是我们知道他们要做什么，而他们不知道我们想做什么。我们想做什么，没有必要让所有人知道。"</p>
</div>
</body>
</html>
```

文本缩进属性(text-indent)效果如图 7-3 所示。

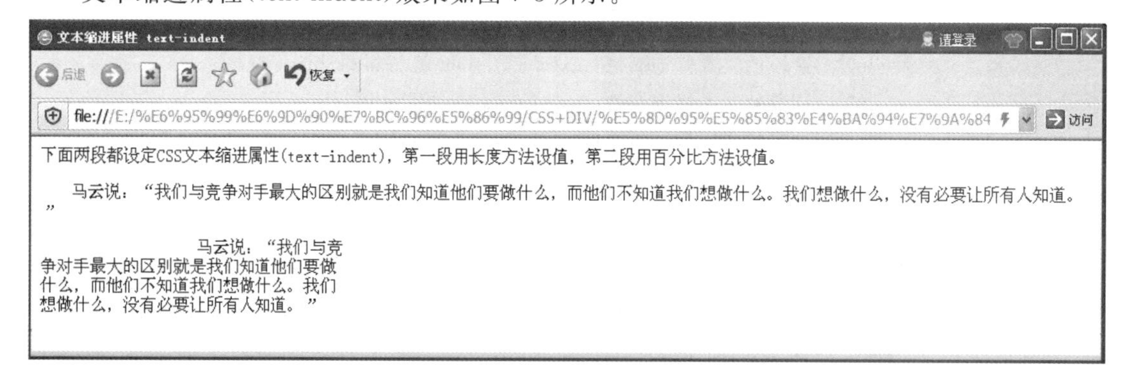

图 7-3　文本缩进属性(text-indent)效果

(4)行高属性(line-height)，这个属性设定段落中文本行与文本行之间的距离。其值有以下设定方法：

- normal(缺省值)
- length(长度，可以用绝对单位(cm、mm、in、pt、pc)或者相对单位(em、ex、px))。
- percentage(百分比，相对于父对象高度的百分比)。

【例 7-4】 行高属性 line-height 的应用。

```
<! doctype html>
```

```
<head>
<title>行高属性 line-height</title>
<style type="text/css">
    . p1 {line-height:1cm}
    . p2 {line-height:2cm}
</style>
</head>
<body>
    <pclass="p1">这个段落的 CSS 行高属性(line-hight)值为 1cm,即每行之间的距离是 1 厘米。这个段落的 CSS 行高属性(line-hight)值为 1cm,即每行之间的距离是 1 厘米。</p>
    <pclass="p2">这个段落的 CSS 行高属性(line-hight)值为 2cm,即每行之间的距离是 2 厘米。这个段落的 CSS 行高属性(line-hight)值为 2cm,即每行之间的距离是 2 厘米。</p>
</body>
</html>
```

行高属性(line-height)效果如图 7-4 所示。

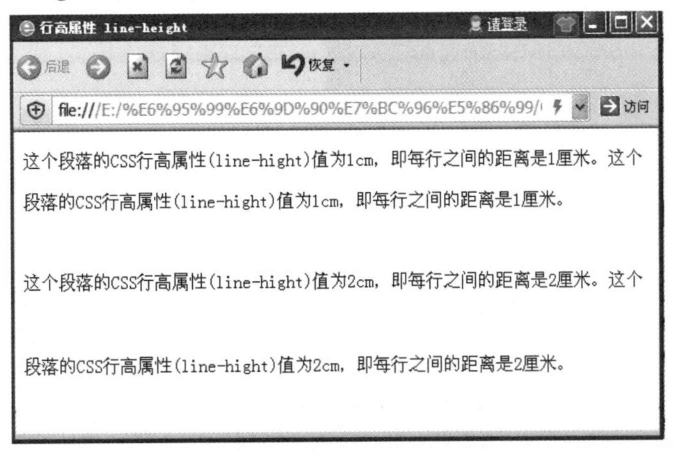

图 7-4　行高属性(line-height)效果

(5)字间距属性(letter-spacing),这个属性用来设定字符之间的距离。

- normal(缺省值)。
- length(长度,可以用绝对单位(cm、mm、in、pt、pc)或者相对单位(em、ex、px))。

【例 7-5】　字间距属性 letter-spacing 的应用。

```
<! doctype html>
<head>
<title>字间距属性 letter-spacing</title>
<style type="text/css">
    . p1 {letter-spacing:3mm}
</style>
</head>
<body>
    <p>这段没有设置字间距属性(letter-spacing)。</p>
    <p class = "p1">这段设定字间距属性(letter-spacing)值为 3 毫米。</p>
</body>
</html>
```

字间距属性 letter-spacing 的应用如图 7-5 所示。

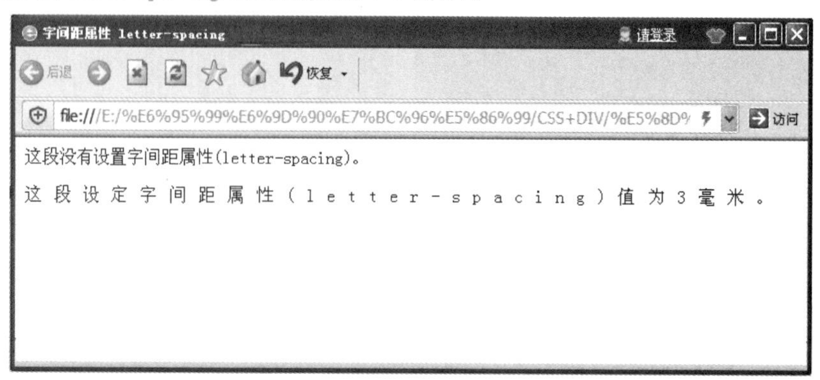

图 7-5 字间距属性(letter-spacing)

(6)定义垂直对齐属性(vertical-align),在传统布局中,一般元素不支持垂直对齐,因此 vertical-align 属性只对行内元素和单元格(table-cell)元素有效,对块级元素无效。该属性的值见表 7-4。

表 7-4 vertical-align 属性的值

值	描述
baseline	默认。元素放置在父元素的基线上
sub	垂直对齐文本的下标
super	垂直对齐文本的上标
top	把元素的顶端与行中最高元素的顶端对齐
text-top	把元素的顶端与父元素字体的顶端对齐
middle	把此元素放置在父元素的中部
bottom	把元素的顶端与行中最低的元素的顶端对齐
text-bottom	把元素的底端与父元素字体的底端对齐
length	垂直方向上对齐,负值向下,正值向上
%	使用"line-height"属性的百分比值来排列此元素。允许使用负值
inherit	规定应该从父元素继承 vertical-align 属性的值

任务 7.2 用 CSS 设置网页背景图片

任务需求

在网页中,经常将一些图片或者文字置于某个背景之上,因此我们来进行背景图片和背景颜色的学习。

知识储备

背景属性用于定义页面元素的背景颜色或背景图片,同时还可以精确控制背景出现的位置、平铺方向等。在传统布局中,一般使用 HTML 的 background 属性为<body>、<table>、<td>等几个少数的标签定义背景图像,用 HTML 的 bgcolor 属性为它们定义背景颜色。在标准设计中，CSS 允许使用 background 属性为所有元素定义背景颜色和背景图片。常用的背景属性如下：

(1)背景颜色属性(background-color)，这个属性为 HTML 元素设定背景颜色，相当于传统 HTML 中的 bgcolor 属性，用法如下：

background-color：color|transparent

transparent 表示背景颜色透明，该属性为默认值；color 可以指定颜色，比如下面示例。

```
body{background-color:#99FF00;}
```

上面的代码表示 body 这个 HTML 元素的背景颜色是翠绿色的。

(2)背景图片属性(background-image)，这个属性为 HTML 元素设定背景图片，相当于传统 HTML 中的 background 属性，用法如下：

background-image：none|url

其中 none 表示没有背景图像，为默认值；url 可以利用相对或者绝对地址指定背景图像的路径。

```
<body style="background-image:url(../images/css_tutorials/background.jpg)">
```

上面的代码为 body 这个 HTML 元素设定了一个背景图片。

(3)背景重复属性(background-repeat)，这个属性和 background-image 属性连在一起使用，决定背景图片是否重复。如果只设置 background-image 属性，没设置 background-repeat 属性，在缺省状态下，图片既横向重复，又纵向重复。背景图像的显示方式对于网页的装饰有非常重要的价值，网页设计师常借助该属性设计艺术边框。

- repeat-x：背景图片横向重复。
- repeat-y：背景图片竖向重复。
- no-repeat：背景图片不重复。
- repeat：在纵向和横向重复，缺省值。

```
body{
    background-image:url(../images/css_tutorials/background.jpg);
    background-repeat:repeat-y;
}
```

上面的代码表示图片竖向重复。

(4)背景附着属性(background-attachment)，这个属性和 background-image 属性连在一起使用，决定图片是跟随内容滚动，还是固定不动。一般当我们定义了背景图像之后，这些背景图像是能够随网页的内容整体上下滚动的。这个属性有两个值，一个是 scroll，一个是 fixed。缺省值是 scroll，表示背景图像随对象内容滚动。fixed 表示背景图像固定。

```
body{
    background-image:url(../images/css_tutorials/background.jpg);
    background-repeat:no-repeat;
    background-attachment:fixed;
}
```

上面的代码表示图片固定不动，不随内容滚动而动。

(5)背景位置属性(background-position)，决定了背景图片的最初位置。这个属性和 background-image 属性连在一起使用，即先使用 background-image 定义背景图像，否则 background-position 属性值是无效的。默认状态下，背景图像的定位值是(0%，0%)，即默认情况下的背景图像总是位于定位元素的左上角。它的取值见表 7-5。

表 7-5　background-position 属性的值

值	描述
top left、top center、top right center left、center center、center right bottom left、bottom center、bottom right	如果仅规定了一个关键词，那么第二个值将是 center。默认值：0% 0%
x% y%	第一个值是水平位置，第二个值是垂直位置。左上角是 0% 0%。右下角是 100% 100%。如果仅规定了一个值，另一个值将是 50%
xpos ypos	第一个值是水平位置，第二个值是垂直位置。左上角是 0 0。单位是像素（0px 0px）或任何其他的 CSS 单位。如果仅规定了一个值，另一个值将是 50%。可以混合使用%和 position 值

```
body
{
    background-image:url(../images/css_tutorials/background.jpg);
    background-repeat:no-repeat;
    background-position:20px 60px
}
```

上面的代码表示背景图片的初始位置距离网页最左面 20px，距离网页最上面 60px。

(6)背景属性(background)，这个属性是设置背景相关属性的一种快捷的综合写法，包括 background-color、background-image、background-repeat、background-attachment、background-position。

```
body
{background:#99FF00 url(../images/css_tutorials/background.jpg) no-repeat fixed 40px 100px;}
```

上面的代码表示，网页的背景颜色是翠绿色，背景图片是 background.jpg，背景图片不重复显示，背景图片不随内容滚动而动，背景图片距离网页最左面 40px，距离网页最上面 100px。网页设计师经常使用 background-position 属性截取一张背景图中某部分内容，以达到自己使用的目的。

下面的代码演示了背景图片不重复平铺的情况，演示效果如图 7-6 所示。背景的 background-repeat 属性还可以设置为背景图片横向重复、背景图片竖向重复、背景图片纵向和横向都重复，效果分别如图 7-7～图 7-9 所示。

【例 7-6】　背景重复属性的应用。

```
<!doctype html>
<head>
<title>不平铺-背景属性</title>
    <style type="text/css">
    body{ background:url(images/ fish.jpg) no-repeat; }
    </style>
</head>
<body>
    <div></div>
</body>
</html>
```

图 7-6　背景图片不重复

图 7-7　背景图片横向重复

图 7-8　背景图片竖向重复

图 7-9　背景图片纵向和横向都重复

背景图默认从被修饰元素的左上角开始显示图像，这个位置被认为是原点(0px,0px)，向右是 x 轴正方，向下是 y 轴正方向，可以使用 background-position 属性设置背景图出现的位置，即背景图出现一定的偏移量，它可以使用具体数据、百分比、关键词三种方式表示水平和垂直方向的偏移量。如某个方向的坐标为正，即正偏移，则背景图向右或向下偏移；相反，则出现负偏移，背景向左或向上偏移。各种偏移效果如图 7-10～图 7-12 所示。

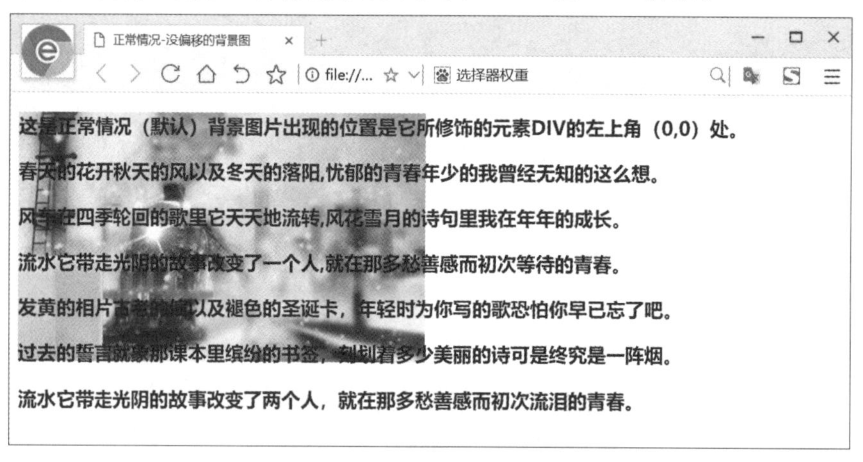

图 7-10　background-position 属性 1

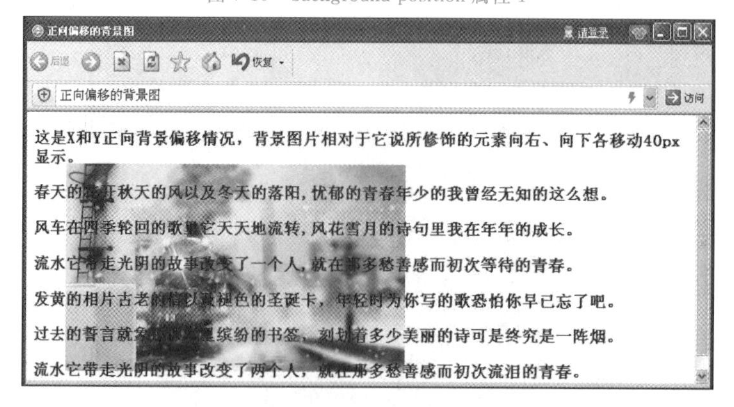

图 7-11　background-position 属性 2

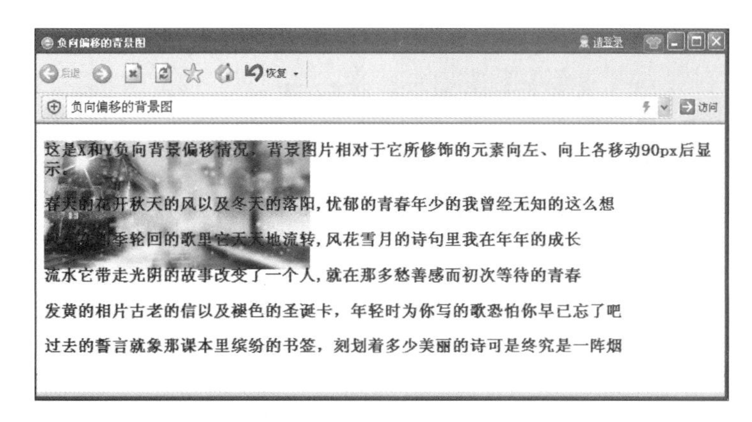

图 7-12　background-position 属性 3

网页开发中常见的应用是利用背景坐标的偏移截取一张背景图中某部分内容。为了减少客户端从服务器下载图片的次数，提高服务器的性能，现在比较流行的做法是将多张图片拼合为一张大图片，然后再利用 background-position 属性截取其中的各个小图，如圆角矩形效果、菜单或导航的小图标等，这种技术称为 CSS Sprite 技术。下面重点讲解如何从大图中截取各个小图，如图 7-13 所示。

图 7-13　含小图标的背景图

利用图标截取技术制作如图 7-14 所示的效果，可以将文字内容分别放入三个<div>标签中，设置三个标签为同一个背景：background：url(images/icon. gif) no-repeat；)，因为各个小图标的位置不同，所以设置三个<div>标签的 class 属性，利用图片处理工具量出要截取的图标所要偏移的量，另外为了美观起见，还需要设置 div 宽度、行高、对齐方式等，设置 div 的宽度使它能够显示出完整的图标和文字，设置 div 的高度的目的也是使之能够显示出完整的图标和文字，此外最好再设置一下 div 中文字的行高与 div 的高度一致，这样文字就会在“块”中垂直居中，设置文字对齐方式为右对齐是为了留出左边空间“盛放”图标。完整的 CSS 代码如下：

图 7-14　利用背景偏移取图标

【例 7-7】　背景偏移属性的应用。

背景偏移属性的应用

```
<html>
<head>
<title>背景偏移截取图标</title>
<style type="text/css">
    div{ width:110px; line-height:40px; height:40px;
```

```
        text-align:right;background:url(images/icon.jpg) no-repeat;
    }
    .home{background-position:-116px -284px; }
    .shopping{background-position:-256px -35px;}
    .contact{ background-position:-74px -80px;}
</style>
</head>
<body>
    <div class="home">首  页 </div>
    <div class="shopping">购 物 车</div>
    <div class="contact">联系我们</div>
</body>
</html>
```

背景在CSS3中也得到很大程度的增强，比如背景图片尺寸、背景裁切区域、背景定位参照点、多重背景等。通过background-size设置背景图片的尺寸，就像我们设置img的尺寸一样，在移动Web开发中做屏幕适配应用非常广泛。

其参数设置如下：

(1)可以设置长度单位(px)或百分比(设置百分比时，参照盒子的宽高)。

(2)设置为cover时，会自动调整缩放比例，保证图片始终填充满背景区域，如有溢出部分则会被隐藏。

(3)设置为contain会自动调整缩放比例，保证图片始终完整显示在背景区域中。

任务7.3 CSS3新增背景样式

任务需求

背景在CSS3中得到很大程度的增强，比如背景图片尺寸、背景裁切区域、背景定位参照点、多重背景等。这里重点介绍background-size。

知识储备

通过background-size设置背景图片的尺寸，就像我们设置img的尺寸一样，在移动Web开发中做屏幕适配应用非常广泛。其属性取值见表7-6。

表7-6 background-size属性的值

值	描述
length	第一个值设置宽度，第二个值设置高度。一个值时，第二个值会被设置为auto
percentage	以父元素的百分比来设置背景图像的宽度和高度，用法同上
cover	背景图完全覆盖背景区域
contain	宽和高完全适应内容区域

(1)可以设置长度单位(px)或百分比(设置百分比时,参照盒子的宽高)。参考的单位为盒子自身,这种情况下图片有可能被挤压或者拉伸。

(2)设置为 cover 时会自动调整缩放比例,保证图片始终填充满背景区域,如有溢出部分则会被隐藏。

(3)设置为 contain 时会自动调整缩放比例,保证图片始终完整显示在背景区域中。

语法格式如下:

background-size: auto | <长度值> | <百分比> | cover | contain

取值说明:

(1)auto:默认值,不改变背景图片的原始高度和宽度。

(2)<长度值>:成对出现,如 200px 50px,将背景图片宽高依次设置为前面两个值,当设置一个值时,将其作为图片宽度值来等比缩放。

(3)<百分比>:0%~100%的任何值,将背景图片宽高依次设置为所在元素宽高乘以前面百分比得出的数值,当设置一个值时同上。

(4)cover:顾名思义为覆盖,即将背景图片等比缩放以填满整个容器。

(5)contain:容纳,即将背景图片等比缩放至某一边紧贴容器边缘为止。

利用前面讲解的背景图片的知识,我们将背景图片设置在一个比它小的区块内,背景图片将展示其左上角的一部分,如果将背景应用在比它大的区块中,背景将完全展示出来,并且还有留白。现在我们通过 background-size 设置背景图片的尺寸,改变原来的显示效果。大家可以在编辑窗口输入代码尝试不同取值的效果。

第一种情况:把图片放到大区块。

(1)在大区块,设置背景图片大小 background-size 与区块大小一样,用数值呈现效果。

(2)在大区块,设置背景图片大小 background-size 与区块大小一样,用百分比 100% 100%呈现效果。

(3)在大区块,设置背景图片大小 background-size 为 auto,被设置的一方会自适应另一个边的数值,保持相同纵横比。

第二种情况:把图片放到小区块。

(1)在小区块时,尝试各种情况。

(2)区块大小并不能保证图片原来的纵横比,background-size 用百分比 100% 100%,会变形。

第三种情况:如何实现背景图片永远都能铺满整个区块并不被拉伸或压缩,怎样保证图片本身的纵横比?尝试将背景图片放在小区块、大区块时,设置为 background-size: cover、background-size: contain 的情况。

```
<!doctype html>
<html lang="en">
<head>
<meta charset="utf-8"/>
<title>Document</title>
<style>
body {
    margin: 0;
    padding: 0;
```

```
    background-color: #F7F7F7;
}
.pic {
    width: 300px;
    height: 300px;
    border: 1px solid #CCC;
    margin: 100px auto;
    background-image: url(./images/bg.jpg);
    background-repeat: no-repeat;
    /* 第一种情况:把图片放到大区块 */
    /* 设置背景图片大小 background-size 与区块大小一样时,用数值 */
    /* background-size: 300px 300px; */
    /* 设置背景图片大小 background-size 与区块大小一样时,用百分比 */
    /* 设置背景图片大小 background-size 为 auto */
    background-size: auto auto;
    /* 设置背景图片大小 background-size 为 auto,100% */
    background-size: 100% auto;
}
.img {
    width: 600px;
    height: 300px;
    border: 1px solid #CCC;
    margin: 50px auto;
    background-image: url(./images/1.jpg);
    background-repeat: no-repeat;
    /* 第二种情况:把图片放到小区块 */
    /* background-size: 600px 300px; */
    /* 尺寸还可以设置为百分比,参考的单位为区块自身 */
    /* background-size: 100% 100%; */
    /* 尺寸还可以设置关键字 auto,参考另一个的值,保持比例不变 */
    /* background-size: auto 100%; */
    /* 实现背景图片永远都能铺满整个区块并不被拉伸或压缩
    此时会保持图像的纵横比并将图像缩放成将完全覆盖背景定位区域的最小大小 */
    /* 始终让背景铺满区块 */
    background-size: cover;
    /* 当动态地调整区块大小时,宽度或者高度始终由一个方向铺满整个区块 */
    /* 并且另外一个方向同比例调整 */
    /* 能不能让背景图片始终完整显示在区块 */
    /* background-size: contain; */
    /* 当动态地调整区块大小时,宽度或者高度自动调整,保证背景图片完整显示 */
}
</style>
</head>
<body>
```

```
<!--<div class="pic"></div>-->
<div class="img"></div>
</body>
</html>
```

任务 7.4　CSS3 新增渐变背景

任务需求

CSS3 渐变(gradient)可以让你在两个或多个指定的颜色之间显示平稳地过渡，这需要在 background-image 属性中进行设置。以前，必须使用图像来实现这些效果，现在通过使用 CSS3 的渐变(gradient)即可实现。此外，渐变效果的元素在放大时看起来效果更好，因为渐变(gradient)是由浏览器生成的。渐变有线性渐变(图 7-15)和径向渐变(图 7-16)。

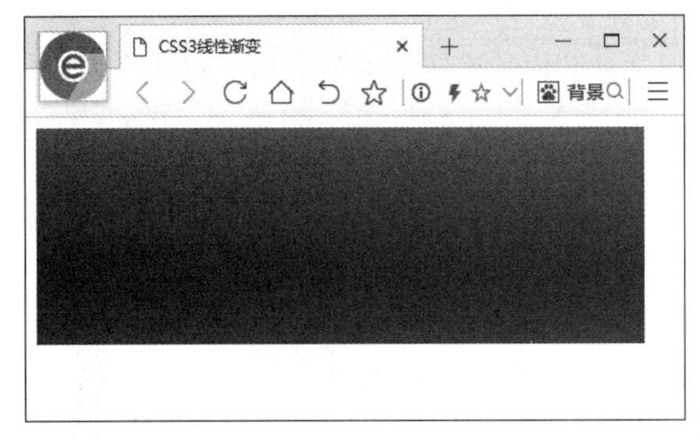

图 7-15　线性渐变

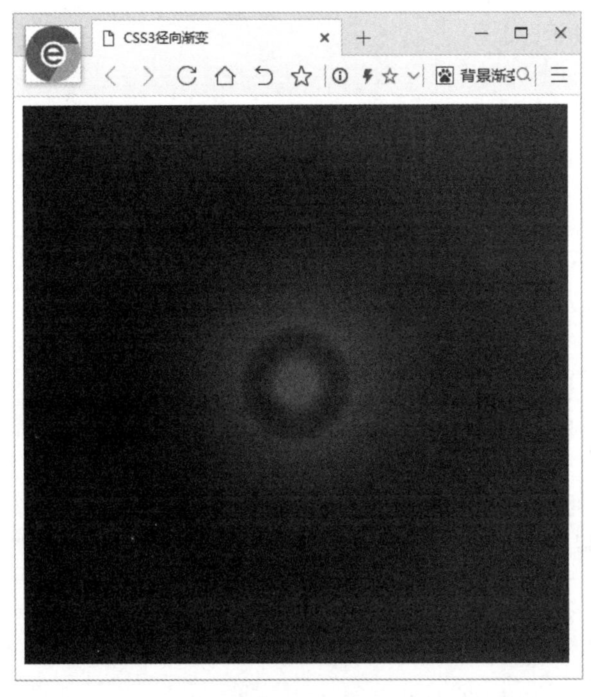

图 7-16　径向渐变

知识储备

7.4.1 线性渐变

设置背景为线性渐变的语法格式如下：

background-image:linear-gradient([<angle> | <side-or-corner>,]color stop, color stop[, color stop] *);

linear-gradient()函数用于创建一个线性渐变的图像。

为了创建一个线性渐变,需要设置一个起始点和一个方向(指定为一个角度)的渐变效果,还要定义终止色。终止色就是想让 Gecko(网页排版引擎之一)平滑地过渡,并且必须指定至少两种,当然也可以指定更多的颜色去创建更复杂的渐变效果。

(1)<angle>:表示渐变的角度,角度数的取值范围是 0～365 deg。这个角度是以圆心为起点的角度,并以这个角度为发散方向进行渐变。

(2)side-or-corner:通过关键词来确定渐变的方向。默认值为 top(从上向下),取值范围是[left, right, top, bottom, center, topright, topleft, bottomleft, bottomright, leftcenter, rightcenter]。

注意:IE 10 只能取[left,top],Chrome 则没有[center,leftcenter,rightcenter]。

(3)color stop:用于设置颜色边界,color 为边界的颜色,stop 为该边界的位置,stop 的值为像素数值或百分比数值,若为百分比且小于 0%或大于 100%则表示该边界位于可视区域外。两个 color stop 之间的区域为颜色过渡区。

我们将从以下几种情况对线性渐变进行讲解和演示,请大家在编辑工具中进行尝试。

(1)从头部开始的线性渐变,从红色开始,到蓝色。

```
.rainbow-linear-gradient{
    height: 200px;
    background-image: linear-gradient(red,blue);
}
```

(2)从左侧开始的线性渐变,从红色开始,转为蓝色。

```
.rainbow-linear-gradient{
    height: 200px;
    background-image: linear-gradient(to right, red, blue);
}
```

(3)从左上角到右下角的线性渐变。

```
.rainbow-linear-gradient{
    height: 200px;
    background-image: linear-gradient(to bottom right, red, blue);
}
```

(4)线性渐变指定一个角度。

```
.rainbow-linear-gradient{
    height: 200px;
    background-image: linear-gradient(160deg, red, blue);
}
```

(5)线性渐变指定多个终止色。

```
.rainbow-linear-gradient{
    height: 200px;
    linear-gradient(to right, red,orange,yellow,green,blue,indigo,violet);
}
```

(6)线性渐变使用透明度。

```
.rainbow-linear-gradient{
    height: 200px;
    background-image: linear-gradient(to right, rgba(255,0,0,0), rgba(255,0,0,1));
}
```

(7)占整个过渡区的百分比。

```
.rainbow-linear-gradient{
    width: 460px;
    height: 160px;
    background-image: linear-gradient(left, #E50743 0%, #F9870F 15%, #E8ED30 30%, #3FA62E
    45%, #3BB4D7 60%, #2F4D9E 75%, #71378A 80%);
}
```

7.4.2　径向渐变

设置背景为径向渐变的语法格式如下：

background-image:radial-gradient(圆心坐标,渐变形状,渐变大小,color stop, color stop [, color stop]*);

radial-gradient()函数用径向渐变创建图像。径向渐变由中心点定义。为了创建径向渐变，必须设置两个终止色。格式如下：

background-image: radial-gradient(shape size at position, start-color,...,last-color);

(1)shape:定义渐变的形状。

- ellipse 默认值:指定椭圆形的径向渐变。
- circle:指定圆形的径向渐变。

(2)size:定义渐变的大小。

- closest-side 或 contain:以距离圆心最近的边的距离作为渐变半径。
- closest-corner:以距离圆心最近的角的距离作为渐变半径。
- farthest-side:以距离圆心最远的边的距离作为渐变半径。
- farthest-corner 或 cove:以距离圆心最远的角的距离作为渐变半径。

(3)position:定义渐变的位置。

- center(默认值):设置中间为径向渐变圆心的纵坐标值。
- top:设置顶部为径向渐变圆心的纵坐标值。
- bottom:设置底部为径向渐变圆心的纵坐标值。

我们将从以下几种情况进行讲解和演示,请大家在编辑工具中进行尝试。

(1)颜色节点不均匀分布。

```
#grad1 {
```

```
    background-image: radial-gradient(red 5%, green 15%, blue 60%);
}
```

(2)圆形径向渐变。

```
#grad1 {
    background-image: radial-gradient(circle, red, green,blue);
}
```

(3)不同尺寸大小关键字的使用。

```
#grad1 {
    background-image: radial-gradient(closest-side at 60% 55%, red, green, blue, black);
}
#grad1 {
    background-image: radial-gradient(farthest-side at 60% 55%, red, green, blue, black);
}
.grad1{
    background-image: radial-gradient(100px, #ffe07b 15%, #ffb151 2%, #16104b 50%);
}
```

7.4.3 重复渐变

了解了线性渐变和径向渐变的使用方法后,接下来介绍一下重复渐变。对以上两种渐变方式都是适用的,只需在两个属性前添加"repeating-",具体语法格式如下:

(1)线性重复渐变的语法格式:

repeating-linear-gradient(起始角度, color stop, color stop[, color stop]*)

(2)径向重复渐变的语法格式:

repeating-radial-gradient(圆心坐标, 渐变形状渐变大小, color stop, color stop[, color stop]*)

任务7.5 用CSS设置列表样式

任务需求

HTML提供了三种列表结构,即无序列表(ul)、有序列表(ol)和自定义列表(dl)。CSS列表属性允许放置、改变列表项标志,或者将图像作为列表项标志。从某种意义上讲,不是描述性的文本的任何内容都可以认为是列表,因此常见的商品分类列表或导航菜单一般都是使用ul-li结构实现的。我们可以使用下面的列表属性改变列表的默认显示效果,以便网页设计师按照需求使用。

知识储备

下面具体介绍列表的属性。

(1)列表样式类型属性(list-style-type),这个属性用来设定列表项标记的类型,精确控制列表的项目符号。主要有以下值:

- disc(缺省值,黑圆点)
- circle(空心圆点)
- square(小黑方块)
- decimal(阿拉伯数字)
- none(无列表项标记)

除此之外还有一些大小写的字母和罗马数字。

- lower-roman(小写罗马数字)
- upper-roman(大写罗马数字)
- lower-alpha(小写英文字母)
- upper-alpha(大写英文字母)

(2)列表样式位置属性(list-style-position),这个属性有两个值:

- outside(以列表项内容为准对齐,即将项目符号显示在列表项的文本行以外,是默认值)
- inside(以列表项标记为准对齐,即将项目符号显示在列表项的文本行以内)

下面看一个示例,展示列表样式位置属性的两个取值的区别。

【例 7-8】 列表样式位置属性的应用。

```
<!doctype html>
<head>
<meta charset="utf-8"/>
<title>设计列表符号的显示位置</title>
<style type="text/css">
    .fruit{width:400px;list-style-position:inside;}
    .drink{width:400px;list-style-position:outside;}
</style>
</head>
<body>
    <h4>看看水果列表符号的显示位置</h4>
    <ul class="fruit">
    <li>苹果的果糖含量堪称水果之冠,营养成分可溶性大,易被人体吸收,故有"活水"之称。</li>
    <li>香蕉是广为人知的果品之一,它有促使胃黏膜细胞生长的物质,有防治胃溃疡的作用。</li>
    </ul>
    <h4>看看饮料列表符号的显示位置</h4>
    <ul class="drink">
    <li>红茶是以适宜的茶树新牙叶为原料,经萎凋、揉捻(切)、发酵、干燥等一系列工艺过程精制而
    成的茶。</li>
    <li>牛奶是最古老的天然饮料之一,被誉为"白色血液",对人体的重要性可想而知。</li>
    </ul>
</body>
</html>
```

从上面的示例我们可以看出 outside 和 inside 的区别如图 7-17 所示。

(3)列表样式图片属性(list-style-image),这个属于自定义项目符号,列表项标记可以用图片来表示,用列表样式图片属性来设定图片,以扩展项目符号的个性化设计需求。可以这样

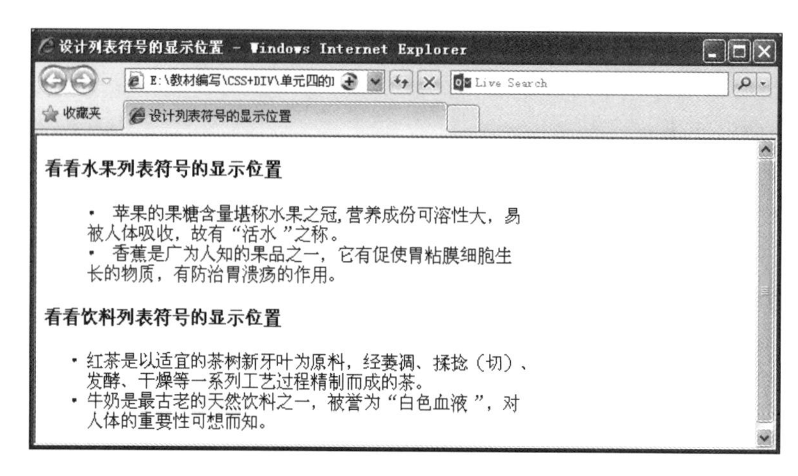

图 7-17　列表符号的显示位置

写：ul {list-style-image: url("../images/css_tutorials/dot02.gif");}。注意 url 字符串必须使用单引号或者双引号括起来，在 IE7 以及以下版本允许用户忽略引号。

我们将上述示例的列表项符号改成图片形式来看一下效果，相同代码部分不再展示，只书写样式部分的代码。

```
<head>
<meta charset="utf-8"/>
<title>列表样式图片属性-list-style-image</title>
<style type="text/css">
    .fruit{width:400px;list-style-position:inside;list-style-image:url(images/listicon.jpg)}
    .drink{width:400px;list-style-position:outside;list-style-image:url(images/listicon.jpg)}
</style>
</head>
```

列表项符号改成图片形式效果如图 7-18 所示。

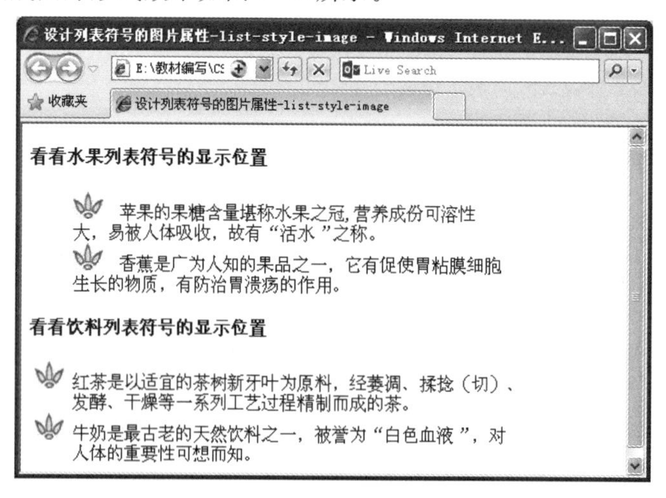

图 7-18　列表符号的图片属性

(4)列表样式属性(list-style)，这个属性是设定列表样式的一个快捷的综合写法。用这个属性可以同时设置列表样式类型属性、列表样式位置属性和列表样式图片属性。可以这样写：ul {list-style:circle inside url("../images/css_tutorials/dot02.gif")p;}。

和实际应用的导航菜单相比，只是单纯地利用列表是不行的，应去掉列表项<li>默认的圆点符号，并且需要将排列方式改为横向排列。如何实现这种效果呢？就是使用列表<li>的 list-style 属性和 float 的属性，list-style 属性设置为 none，取消掉默认列表符号，然后使各个列表项排列到一排，这时就要用到 float 属性了。

float 属性定义元素在哪个方向浮动。以往这个属性总应用于图像，使文本围绕在图像周围，不过在 CSS 中，任何元素都可以浮动。浮动元素会生成一个块级框，而不论它本身是何种元素。如果浮动非替换元素，则要指定一个明确的宽度；否则，它们会尽可能地窄。假如在一行之上只有极少的空间可供元素浮动，那么这个元素会跳至下一行，这个过程会持续到某一行拥有足够的空间为止。

float 属性用于定义元素的浮动方向，它实际上不是列表<li>具有的独特属性，而是所有元素都支持的 CSS 属性，它可以改变块级元素默认的换行显示方式，即显示时不再“换行”。此处仅用于将纵向排列项改为横向排列，对应的 CSS 样式应设置为左浮动“float:left”，表示列表项都向左浮动，从而实现横向排列的效果。除此以外，为确保各列表项之间的间隔，还需要使用 width 属性设置宽度，图 7-19 和图 7-20 是设置属性前、后的效果，对应的完整 CSS 代码如下。对于 float 的具体用法和含义将在后面项目中详细讲解。

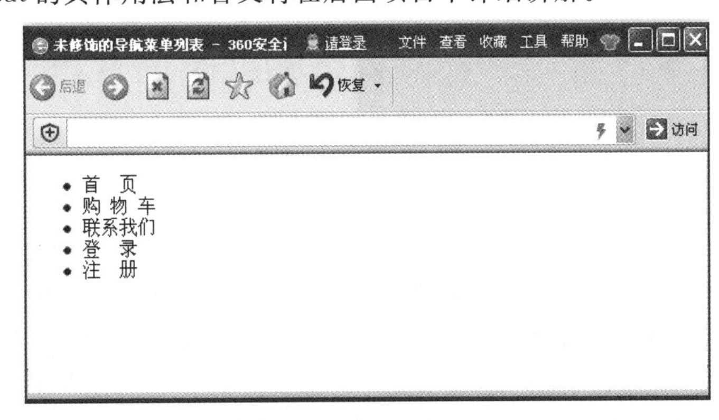

图 7-19　未修饰的导航菜单

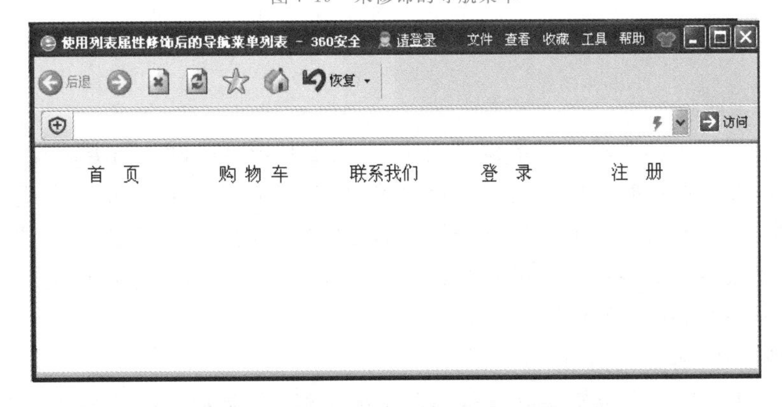

图 7-20　使用列表属性修饰后的导航菜单列表

【例 7-9】　使用列表属性修饰后的导航菜单列表。

```
<!doctype html>
<head>
<meta charset="utf-8"/>
<title>使用列表属性修饰后的导航菜单列表</title>
```

```
<style type="text/css">
    li{list-style:none;float:left; width:120px;}
</style>
</head>
<body>
<div>
<ul>
    <li>首   页  </li>
    <li>购  物  车</li>
    <li>联系我们</li>
    <li>登   录</li>
    <li>注   册</li>
</ul>
</div>
</body>
</html>
```

任务 7.6 用 CSS 设置超链接伪类样式

任务需求

前面我们学习了超链接的用法，作为 HTML 中常用的标签，同时也是 HTML 区别于其他标识语言的最重要特点，超链接的样式有其显著的特殊性：当为某文本或图片设置超链接时，文本或图片标签将继承超链接的默认样式，标签的原默认样式将失效，它们会自动改变样式。默认情况下，文字超链接在访问前也就是单击链接前文字为蓝色，单击后会变为紫色。默认情况下，图片超链接则会在四周有蓝色边框，我们可以使用 CSS 改变超链接的默认样式，下面就进行学习。

知识储备

上述提及链接单击前和单击后的样式变化，其实是超链接的默认伪类样式。所谓伪类，就是 CSS 内置类，CSS 内部本身赋予它一些特性和功能，不用再利用 class=""或 id=""进行设置，可以直接拿来使用，伪类对元素进行分类是基于特征的而不是它们的名字、属性或者内容，而根据标签处于某种行为或状态时的特征来修饰样式。伪类可以对用户与文档交互时的行为做出响应，伪类样式的基本语法为：

标签名:伪类名{属性:属性值;}

在 CSS 中，伪类和伪类对象是以冒号为前缀的名词，它表示一类选择器。最常用的伪类是超链接伪类，要注意顺序，可以在花括号中写颜色或者其他样式代码，链接样式的定义如下：

```
a:link {}/ * 未访问的链接样式 * /
a:visited {}/ * 已访问的链接，也就是已经看过的超级链接样式 * /
a:hover {}/ * 当有鼠标悬停在链接上的样式 * /
a:active {}/ * 被选择的链接，也就是当鼠标左键按下时，超级链接的样式 * /
```

提示：在CSS定义中，超链接的四种状态样式的定义是有顺序的，不能随意调换。先后顺序是link、visited、hover和active。a:hover必须被置于a:link和a:visited之后才是有效的，a:active必须被置于a:hover之后才是有效的。默认的超链接样式如图7-21所示。

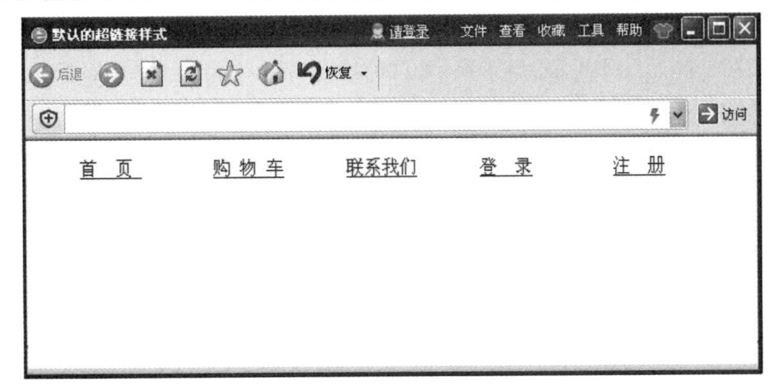

图7-21　默认的超链接样式

假定要实现超链接未访问时是红色，访问过后是绿色，鼠标悬浮在上是橙色，鼠标点中激活是蓝色，需要注意的是<a href="#">中的空链接更改为实际链接的页面，才会看到伪类样式效果。

【例7-10】　设置超链接的样式属性。

设置超链接的样式属性

```
<!doctype html>
<head>
<meta charset="utf-8"/>
<title>设置自己想要的超链接样式</title>
<style type="text/css">
    li{list-style:none;float:left; width:120px;}
    a:link {color: #FF0000}/*未被访问的链接是红色*/
    a:visited {color: #00FF00}/*已被访问过的链接是绿色*/
    a:hover {color: #FFCC00}/*鼠标悬浮在上的链接是橙色*/
    a:active {color: #0000FF}/*鼠标点中激活链接是蓝色*/
</style>
</head>
<body>
<div>
<ul>
    <li><a href="#">首  页 </a></li>
    <li><a href="#">购 物 车</a></li>
    <li><a href="#">联系我们</a></li>
    <li><a href="#">登  录</a></li>
    <li><a href="#">注  册</a></li>
</ul>
</div>
</body>
</html>
```

在实际应用中，一个页面中有很多链接，如果希望只改变某一部分的链接样式，或者不同部分使用不同的链接样式，如只改变导航菜单部分的链接样式，就需要限定超链接样式的范围，可以使用类或ID样式来实现，但实际应用中更流行的做法是采用"父级元素＋空格＋子元素"的形式来表示区域限制的选择器。例如，对于以下导航菜单结构，假定希望只修改上述<div>块内的<li>标签，则选择器为 div li{样式代码……}；为了进一步限制类样式为 nav 的<div>块，则选择器为. nav li{样式代码……}；再如，描述上述结构中的链接样式，则选择器为. nav li a{样式代码……}，这样做的好处是可读性强，减少了不必要的类选择器命名。上述示例代码可以更改如下：

【例 7-11】　限定范围的样式设置。

```
<! doctype html>
<head>
<meta charset="utf-8"/>
<title>样式修饰范围的用法</title>
<style type="text/css">
    .navigation li{list-style:none;float:left; width:120px;}
    .navigation li a:link {color: #FF0000}  /* 未被访问的链接是红色 */
    .navigation li a:visited {color: #00FF00}  /* 已被访问过的链接是绿色 */
    .navigation li a:hover {color: #FFCC00}  /* 鼠标悬浮在上的链接是橙色 */
    .navigation li a:active {color: #0000FF}  /* 鼠标点中激活链接是蓝色 */
</style>
</head>
<body>
<div class="navigation">
<ul>
    <li><a href="#">首  页 </a></li>
    <li><a href="#">购 物 车</a></li>
    <li><a href="#">联系我们</a></li>
    <li><a href="#">登  录</a></li>
    <li><a href="#">注  册</a></li>
</ul>
</div>
</body>
</html>
```

在实际应用中，可以利用 CSS 样式的集成特点，先定义四种状态统一的样式，然后再根据需要定义个别状态的样式，关键代码为：

```
a{color:#333;}/*4 个伪类采用统一样式(含 link)*/
a:hover{color:#ff0;}/*再单独为鼠标悬浮定义特殊样式*/
/*如还有需要，则可以再写 a:visited 和 a:active*/
```

如果链接源是图片，为防止图片加入链接后出现 2px 边框，一般会在 CSS 文件开头加入"img{border:0px;}"。

任务 7.7　导航菜单制作

任务需求

利用前面学习的内容,进行网页导航菜单的制作。

知识储备

有了前面的技术和知识准备,我们去完成场景中的任务。总的思路是利用 div-ul-li 结构来组织,用列表的浮动属性将列表项(菜单项)设置到一行,之后利用超链接的伪类样式按要求进行设置。

任务实现

首先整个<div>设置 id 标识或者 class 类,当然整个页面如果只有一个 div 时可以不用 id 或者 class。这里选择使用 class="nav",设置 div 宽度为 800px,高度为 35px,背景颜色为 #2779c3,然后设置所有列表项<li>标签,也就是设置每个列表项的宽度为 100px,字体大小为 16px,文本高度也为 35px,目的是使文本在 div 中居中,同时设置 text-align:center,去掉所有的列表项符号,并且使各个列表项左浮动,实现横行排列。同时我们要设置链接的样式,所有链接编辑状态文本颜色为白色,加粗,未访问之前的链接文字设置为无下划线,单击访问后文字为黑色,鼠标放上去的颜色为橙色,有下划线,鼠标按下去文本颜色为白色,无下划线。为了简单起见,所有链接都指向的是某网站首页。

导航菜单的制作

任务参考代码如下:

```
<!doctype html>
<head>
<meta charset="utf-8"/>
<title>场景 2 导航菜单</title>
<style type="text/css">
.nav{
    width:800px; height:35px;
    background-color:#0066FF;
}
.nav li{width:100px;
    font-size:16px;
    list-style-type: none;
    float:left;
    line-height:35px;
    text-align:center;
}
.nav li a{ color:#FFFFFF; font-weight:bold;}
.nav li a:link { text-decoration:none; }
.nav li a:visited{ color:#000000}
.nav li a:hover { color:#FF6600; text-decoration:underline}
```

```
.nav li a:active {color:#FFFFFF;text-decoration:none }
</style>
</head>
<body>
<div class="nav">
<ul>
    <li><a href="http://www.wjxvtc.cn/">学院首页</a></li>
    <li><a href="http://www.wjxvtc.cn/">学院概况</a></li>
    <li><a href="http://www.wjxvtc.cn/">组织机构</a></li>
    <li><a href="http://www.wjxvtc.cn/">系部介绍</a></li>
    <li><a href="http://www.wjxvtc.cn/">帅资队伍</a></li>
    <li><a href="http://www.wjxvtc.cn/">招生就业</a></li>
    <li><a href="http://www.wjxvtc.cn/">科学研究</a></li>
</ul>
</div>
</body>
</html>
```

导航菜单效果如图 7-22 所示。

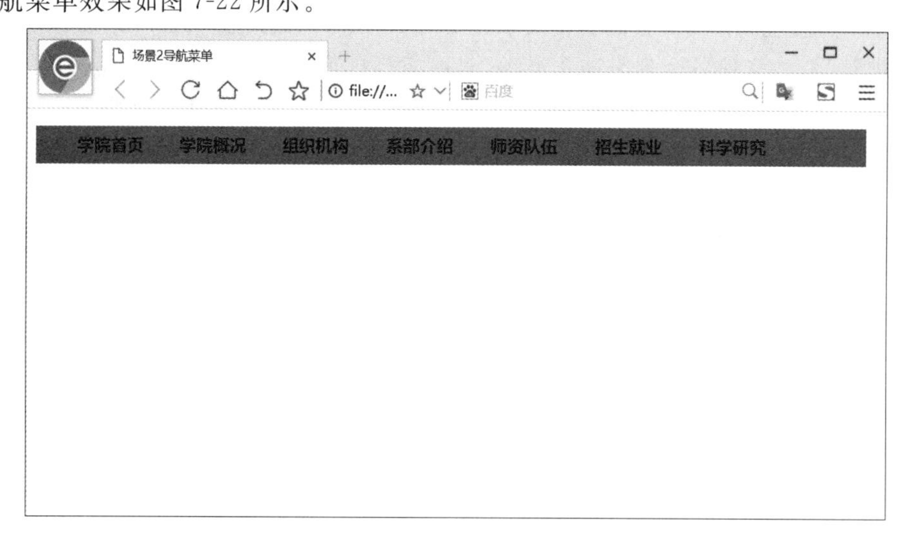

图 7-22　导航菜单效果

项目小结

本项目介绍了使用 CSS 设置字体样式以及文本样式。制作页面时，最先考虑的就是页面的文本属性以及字体属性。字体属性用于定义字体类型、字号大小、字体是否加粗等，在属性的命名时多用 font 做前缀。字体样式主要涉及文字本身的形体效果，而文本样式主要涉及多个文字排版效果。用 CSS 设置网页图片和背景，背景属性用于定义页面元素的背景颜色或背景图片，同时还可以精确控制背景出现的位置、平铺方向等。用 CSS 设置列表样式，CSS 列表属性允许放置、改变列表项标志，或者将图像作为列表项标志。本项目还介绍了用 CSS 设置超链接样式等知识。

习　题

一、选择题

1. 以下属于文本属性的是(　　)。

A. font-size

B. line-height

C. background

D. text-align

2. 要实现无列表符号,横向排列的导航菜单应使用(　　)CSS 属性。

A. list-style:none

B. line-height

C. float

D. background-repeat

3. 实现背景横向平铺的效果,对应 CSS 为(　　)。

A. div{background-image:url(images/bg:gif);}

B. div{background:url(images/bg:gif) repeat-x;}

C. div{background:url(images/bg:gif) repeat-y;}

D. div{background:url(images/bg:gif)no-repeat;}

4. 关于 CSS 代码:"background:url(log. gif) no-repeat －5px 6px"说法正确的是(　　)。

A. 背景图向下偏移 5 像素,同时向左偏移 6 像素

B. 背景图向上偏移 5 像素,同时向右偏移 6 像素

C. 背景图向左偏移 5 像素,同时向下偏移 6 像素

D. 背景图向左偏移 5 像素,同时向上偏移 6 像素

二、解释以下 CSS 样式的含义

```
a:link {color: #3333cc; text-decoration: none }
a:visited {color: #990099; text-decoration: none }
a:active {color: #ff0000; text-decoration: underline }
a:hover {color: #3333cc; text-decoration: underline }
```

项目8

CSS盒子模型应用与CSS3动画

项目要点

- 盒子模型的属性。
- 利用盒子模型相关属性实现页面布局。

技能目标

- 能运用盒子模型布局网页。

任务8.1　盒子模型基础知识

盒子模型基础知识

任务需求

前面曾讲到CSS样式的两大用途，分别是页面元素修饰和页面布局，现在学习如何实现页面布局，我们将围绕页面布局，依次介绍盒子模型及其相关属性和应用。

知识储备

基于CSS+DIV技术的"盒子模型"的出现代替了传统的table表格嵌套。可以把"盒子模型"看成网页的一个区块，也可以把它看成大区块中的一个"区块元素"。既然是区块，"盒子模型"自然就会占据一定的空间。区块边缘的样式如何定义？区块与其他区块之间的距离怎么样？诸如此类的问题就引出了今天的话题——盒子模型的技术。页面上的每个元素都被浏览器看成一个矩形的盒子，这个盒子由元素的内容、填充、边框和边界组成。网页就是由许多个盒子通过不同的排列方式(上下排列、并列排列、嵌套排列)堆积而成。盒子模型主要适用于块级元素。

什么是CSS的盒子模型呢？为什么叫它盒子？先说说我们在网页设计中常听的属性名：content(内容)、padding(填充)、border(边框)、margin(边界)，CSS盒子模型都具备这些属性。

这些属性我们可以把它们转移到日常生活中的盒子(箱子)上来理解，日常生活中所见的盒子也具有这些属性，所以叫它盒子模型。内容content就是盒子里装的东西；而填充padding(也叫内边距，位于边框内部，是内容与边框的距离)就是怕盒子里装的东西(贵重的)损坏而填充的泡沫或者其他抗振的辅料；边框border就是盒子本身了；至于边界margin(也叫外边距，位于边框外部，是边框外面周围的间隙)则说明盒子摆放的时候不能全部堆在一起，要留一定空隙保持通风，同时也为了方便取出每一个盒子，如图8-1所示。在网页设计上，内容常指文字、图片等元素，但是也可以是小盒子（DIV 嵌套），与现实生活中的盒子不同的是，现实生活中的东西一般不能大于盒子，否则盒子会被撑坏，而 CSS 盒子具有弹性，里面的东西大过盒子本身时最多把它撑大，但它是不会损坏的。填充只有宽度属性，可以理解为生活中盒子里的抗震辅料厚度，而边框有大小和颜色之分，我们又可以理解为生活中所见盒子的厚度以及这个盒子是用什么颜色、材料做成的，边界就是该盒子与其他东西要保持多大距离。

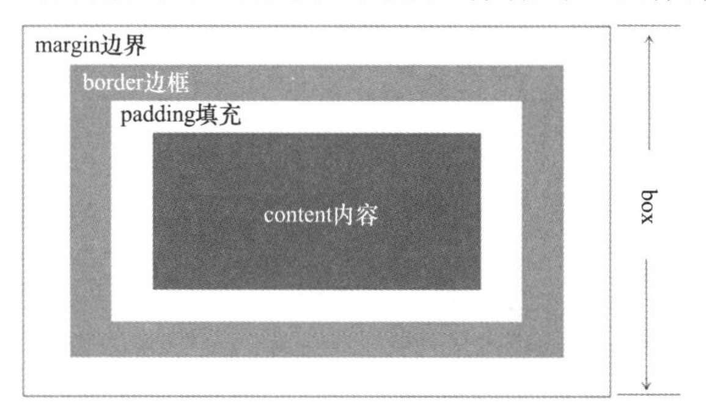

图 8-1 盒子模型平面结构 1

因为盒子是矩形结构，所以边框、填充（内边距）、边界（外边距）这些属性都分别对应上（top）、下（bottom）、左（left）、右（right）四个边，如图 8-2 所示，这四个边的设置可以不同。

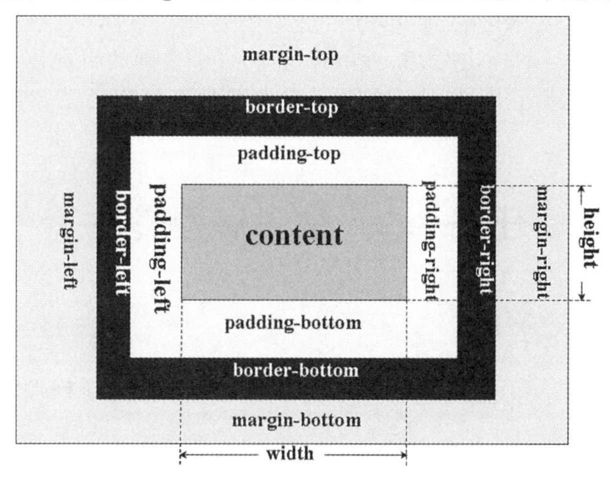

图 8-2 盒子模型平面结构 2

那么由图 8-2 可以看出，一个元素实际占据的宽度＝左边界＋左边框＋左填充＋内容宽度＋右填充＋右边框＋右边界，如图 8-3 所示，高度的计算与之相似。一个元素实际占据的高度＝上边界＋上边框＋上填充＋内容高度＋下填充＋下边框＋下边界。

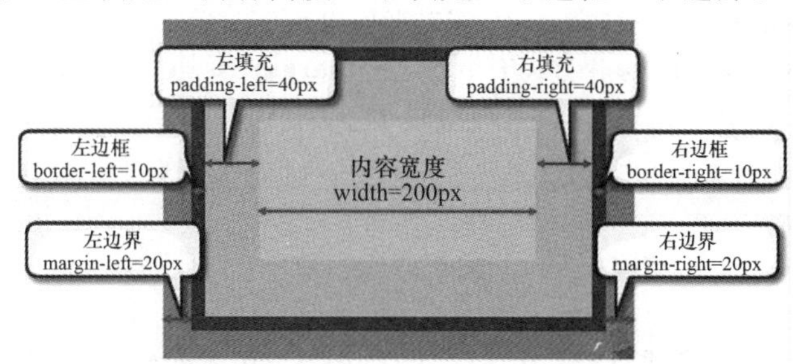

图 8-3 元素实际宽度

这几个参数是盒子模型的基本属性名，通过 CSS 技术给这些属性定义不同的属性值，就可以达到丰富的效果，盒子模型 3D 结构如图 8-4 所示。

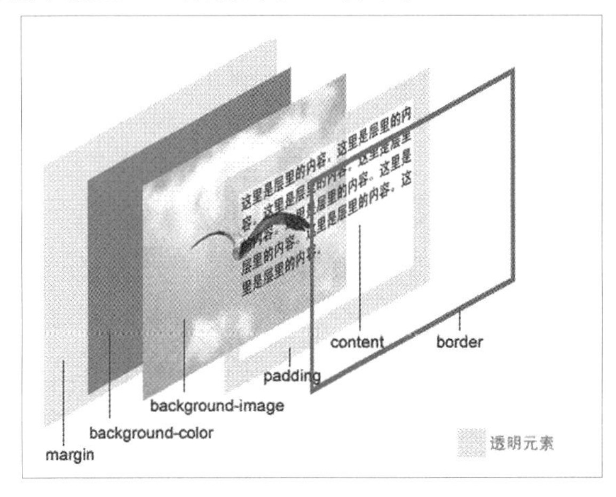

图 8-4　盒子模型 3D 结构

这里提供一张盒子模型的 3D 示意图，希望便于大家的理解和记忆。首先是盒子的边框(border)，位于盒子的第一层。其次是元素内容(content)、填充内边距(padding)，两者同位于第二层。再次是背景图(background-image)，位于第三层。背景颜色(background-colour)位于第四层，最后是整个盒子的外边距(margin)。在网页中看到的页面内容，即为图 8-4 多层叠加的最终效果，从这里可以看出，若对某个页面元素同时设置背景图和背景颜色，则背景图将在背景颜色的上方显示。

任务 8.2　盒子模型属性

任务需求

我们要把盒子模型的知识应用到网页的布局上，需要学习盒子模型的属性。

知识储备

盒子模型属性一般是指边界(外边距)、边框、填充(内边距)，下面具体介绍。

8.2.1　边界(margin)

margin 包括 margin-top、margin-right、margin-bottom、margin-left，控制块级元素之间的距离，它们是透明不可见的，如果上、右、下、左 margin 值均为 40px，代码可以为：

```
margin-top: 40px;
margin-right: 40px;
margin-bottom: 40px;
margin-left: 40px;
```

根据上、右、下、左的顺时针规则，可以简写为：margin: 40px 40px 40px 40px，为便于记忆，请参考图 8-5。

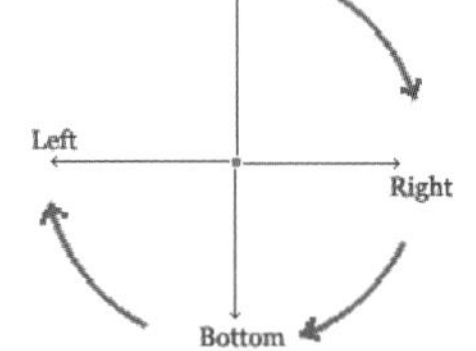

图 8-5　上、右、下、左的顺时针规则

说明如下：可以使用 margin 一次设置四个方向的属性，也可以分别设置上、右、下、左四个方向的属性，后续盒子其他属性同理；需要设为带单位的长度值，常用的长度单位一般是像素(px)。可以使用 margin 一次设置四个方向的值，但必须按顺时针方向依次代表上(top)、右(right)、下(bottom)、左(left)四个方向的属性值。如省略则按上下同值和左右同值处理，这些规则同样适用于后续讲解的边框、内边距。当上、下、左、右 margin 值均一致，可简写为：margin：40px。

如 margin:1px 2px 3px，等同于 1px 2px 3px 2px，就是采用的省略左值则按左右同值处理，左、右外边距各为 2px。

margin:1px 2px 等同于 1px 2px 1px 2px，道理同上。

margin:1px 等同于 1px 1px 1px 1px，表示 4 个都为 1px。

特殊位置：可以设置水平为 auto，表示让浏览器计算外边距，一般表现为水平居中效果，例如 margin:0px auto 表示在父级元素容器中水平居中(上、下外边距为 0px，左、右外边距自动计算)。

下面演示上、下、左、右外边距宽度相同的情况。

【例 8-1】 上、下、左、右外边距宽度相同的情况。

```
<!doctype html>
<head>
<meta charset="utf-8"/>
<title>CSS 外边距属性 margin</title>
<style type="text/css">
.d1{border:10px solid #FF0000;}
.d2{border:5px solid gray;}
.d3{margin:1cm;border:1px solid gray;}
</style>
</head>
<body>
<div class="d1">
<div class="d2">没有 margin</div>
</div>
<p>上面两个 div 没有设置边距属性(margin)，仅设置了边框属性(border)。外面那个 div 的 border 设为红色，里面那个 div 的 border 属性设为灰色。</p>
<hr/>
<p>和上面两个 div 的 CSS 属性设置唯一不同的是，下面两个 div 中，里面的那个 div 设置了边距属性(margin)，边距为 1 厘米，表示这个 div 上下左右的边距都为 1 厘米。</p>
<div class="d1">
<div class="d3">margin 设为 1cm</div>
</div>
</body>
</html>
```

CSS 外边距属性 margin 效果如图 8-6 所示。

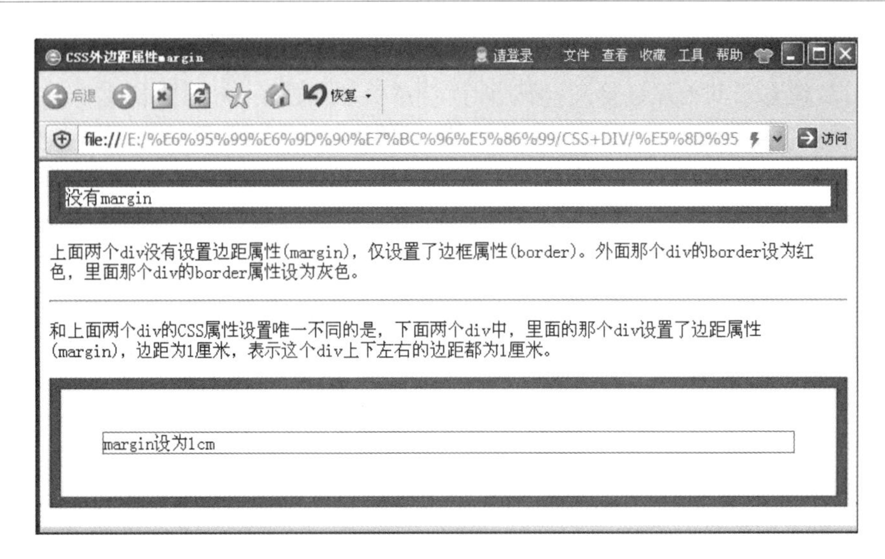

图 8-6 CSS 外边距属性 margin 效果

8.2.2 填充(padding)

padding 包括 padding-top、padding-right、padding-bottom、padding-left，控制块级元素内部 content 与 border 之间的距离，其代码与 margin 属性的写法比较类似。

至此，已经基本了解 margin 和 padding 属性的基本用法，但是，在实际应用中，却总是发生一些让人琢磨不透的事，而它们又或多或少与 margin 有关。当你想让两个元素的 content 在垂直方向(vertically)分隔时，既可以选择 padding-top/bottom，也可以选择 margin-top/bottom，建议尽量使用 padding-top/bottom 来达到目的，这是因为 CSS 中存在 collapsing margins(折叠的 margins)的现象。margin 折叠现象只存在于临近或有从属关系的元素并且是垂直方向的 margin。具体在此处不予说明，大家可以搜索资料查知相关知识。大家在网页布局时一定要注意，很多细节方面的东西都会成为大家设计网页时的困扰！大家可以找到相关的文章仔细研读。

下面演示上、下、左、右内边距宽度不同的情况。

【例 8-2】 上、下、左、右内边距宽度不同的情况。

```
<!doctype html>
<head>
<meta charset="utf-8"/>
<title>内边距属性 padding</title>
<style type="text/css">
    td {padding:0.5cm 1cm 4cm 2cm}
</style>
</head>
<body>
<table border= "1">
<tr>
<td>这个单元格设置了 CSS 间隙属性。上间隙为 0.5 厘米，右间隙为 1 厘米，下间隙为 4 厘米，左间
 隙为 2 厘米。
```

```
</td>
</tr>
</table>
</body>
</html>
```

CSS 内边距属性 padding 效果如图 8-7 所示。

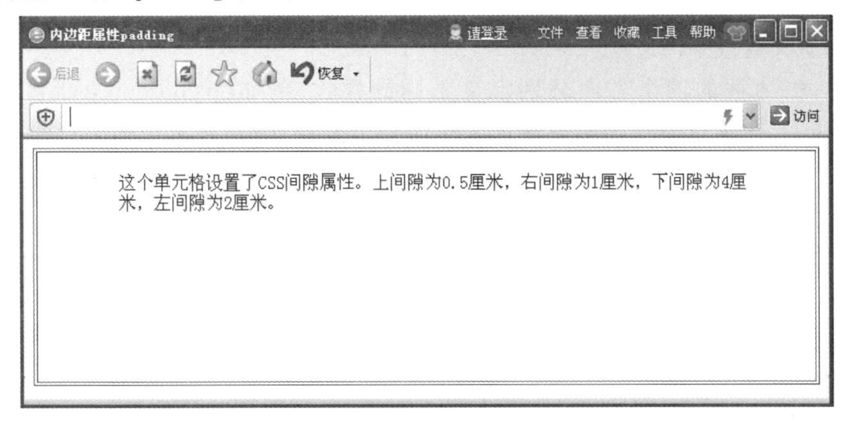

图 8-7　CSS 内边距属性 padding 效果

8.2.3　边框(border)

元素的边框(border)是围绕元素内容和内边距的一条或多条线。CSS border 属性允许规定元素边框的样式、宽度和颜色。CSS 规范指出，边框绘制在"元素的背景之上"。这很重要，因为有些边框是"间断的"(例如，点线边框或虚线框)，元素的背景应当出现在边框的可见部分之间。CSS2 指出背景只延伸到内边距，而不是边框。后来 CSS 2.1 进行了更正：元素的背景是内容、内边距和边框区的背景。大多数浏览器都遵循 CSS 2.1 定义，不过一些较老的浏览器可能会有不同的表现。边框的样式 border-style、宽度 border-width、颜色 border-color 其实都包括上、右、下、左四个方向的属性值，其写法和用法与 margin 相似。

(1)边框样式属性 border-style。

这个属性用来设定上、下、左、右边框的风格，样式是边框最重要的一个方面，这不是因为样式控制着边框的显示，而是因为如果没有样式，将根本没有边框。CSS 的 border-style 属性定义了 10 个不同的样式，包括 none，那么如果把 border-style 设置为 none 会出现什么情况呢？比如 p {border-style: none; border-width: 50px;}，尽管边框的宽度是 50px，但是边框样式设置为 none，在这种情况下，不仅边框的样式没有了，其宽度也会变成 0，边框消失了，为什么呢？这是因为如果边框样式为 none，即边框根本不存在，那么边框就不可能有宽度，因此，不论原先定义的是什么，边框宽度自动设置为 0。记住这一点非常重要。事实上，忘记声明边框样式是一个常犯的错误，根据上述陈述，如果有 h1{border-width: 20px;}，由于 border-style 的默认值是 none，如果没有声明样式，就相当于 border-style: none，所以 h1 元素就不会有任何边框，更不用说 20 像素宽了。因此，如果希望边框出现，就必须声明一个边框样式。它的值如下：

- none(没有边框，无论边框宽度设为多大)。
- dotted(点线式边框)。

- dashed(破折线式边框,即虚线边框)。
- solid(实线式边框)。
- double(双线式边框)。
- groove(槽线式边框)。
- ridge(脊线式边框)。
- inset(内嵌效果的边框)。
- outset(突起效果的边框)。

可以为一个边框的四个方向分别定义不同的样式,例如:p{border-style: solid dotted dashed double;},上面这条规则为段落定义了四种边框样式:实线上边框、点线右边框、虚线下边框和一个双线左边框。我们又看到了这里的值采用了 top-right-bottom-left 的顺序。

(2)边框宽度属性(border-width)。

这个属性用来设定上、下、左、右边框的宽度,包含 border-top-width、border-right-width、border-bottom-width,border-left-width。它的值如下:

- medium(是缺省值,含义是中间中等)。
- thin(比 medium 细)。
- thick(比 medium 粗)。
- 用长度单位定值。可以用绝对长度单位(cm、mm、in、pt、pc)或者用相对长度单位(em、ex、px)。

CSS 没有定义 3 个关键字的具体宽度,所以一个用户可能把 thin、medium 和 thick 分别设置为等于 5px、3px 和 2px,而另一个用户则分别设置为 3px、2px 和 1px。所以,我们可以这样设置边框的宽度:p{border-style: solid; border-width: 5px;}或者 p{border-style: solid; border-width: thick;}。

(3)边框颜色属性(border-color)。

这个属性用来设定上、下、左、右边框的颜色。默认的边框颜色是元素本身的前景色。如果没有为边框声明颜色,它将与元素的文本颜色相同。另一方面,如果元素没有任何文本,假设它是一个表格,其中只包含图像,那么该表的边框颜色就是其父元素的文本颜色(因为 color 可以继承)。这个父元素很可能是 body、div 或另一个 table。我们刚才讲过,如果边框没有样式,就没有宽度。不过有些情况下可能希望创建一个不可见的边框,CSS2 引入了边框颜色值 transparent。这个值用于创建有宽度的不可见边框,它本身的含义是透明的。请看下面的例子:

```
<a href="#">AAA</a>
<a href="#">BBB</a>
<a href="#">CCC</a>
```

为上面的链接定义如下样式:

```
a:link, a:visited {
    border-style: solid;
    border-width: 5px;
    border-color: transparent;
}
a:hover {border-color: gray;}
```

从某种意义上说,利用 transparent,使用边框就像是额外的内边距一样;此外还有一个好处，就是能在你需要的时候使其可见。这种透明边框相当于内边距，因为元素的背景会延伸到边框区域（如果有可见背景的话）。

(4)边框属性(border)。

这个属性是边框属性的一个快捷的综合写法，它包含 border-style、border-width 和 border-color。上、下、左、右四个边框不但可以统一设定，也可以分开设定。

设定上边框属性，可以使用 border-top、border-top-width、border-top-style、border-top-color。

设定右边框属性，可以使用 border-right、border-right-width、border-right-style、border-right-color。

设定下边框属性，可以使用 border-bottom、border-bottom-width、border-bottom-style、border-bottom-color。

设定左边框属性，可以使用 border-left、border-left-width、border-left-style、border-left-color。

大部分 HTML 元素的盒子属性(margin，padding)默认值都为 0；有少数 HTML 元素(margin，padding)浏览器默认值不为 0，例如：body、p、ul、li、form 等标记，因此有时有必要先设置它们的这些属性为 0。input 元素的边框属性默认不为 0，可以设置为 0 达到美化表单中输入框和按钮的目的。

下面看一个具体的例子，体会一下 margin 和 padding，部分代码和效果如下，为了让大家看清楚，分别为 body 和 div 加了不同的背景。在没有进行其他设置的情况下，效果如图 8-8 所示。

盒子模型属性设置

图 8-8　默认情况

可以看出块 div 并没有紧贴 body 的上和左右，原因是 body 标签默认有上、右、左外边距，将 body 的这些外边距设置为 0px，就可以紧贴 body 了，效果如图 8-9 所示。可能会有人想会不会是 div 有外边距或者内填充造成没有紧贴 body，默认情况下 div 是没有内外边距的，也就是它的内外边距均为 0，大家可以尝试设置，看一下效果。如果不设置 body 的 margin:0px，而是改成设置 div 的 margin:0px，效果与图 8-8 一样，没有任何变化，同理可以设置 div 的 padding:0px 去尝试，效果也与图 8-8 一样，说明默认情况下 div 是没有内外边距的。

```
<style type="text/css">
body{ background-color:#00FFFF;}
div{ background-color:#FF6699;}
</style>
<body>
<div>基本盒子模型</div>
</body>
```

图 8-9 body 的 margin 置 0

样式修改为如下代码：

```
<style type="text/css">
body{ background-color:#00FFFF; margin:0px;}
div{ background-color:#FF6699;}
</style>
```

如果给块一个宽度和高度，代码如下：

```
<style type="text/css">
body{ background-color:#00FFFF; margin:0px;}
div{ background-color:#FF6699;width:200px; height:200px;}
</style>
```

div 增加宽高属性效果如图 8-10 所示。

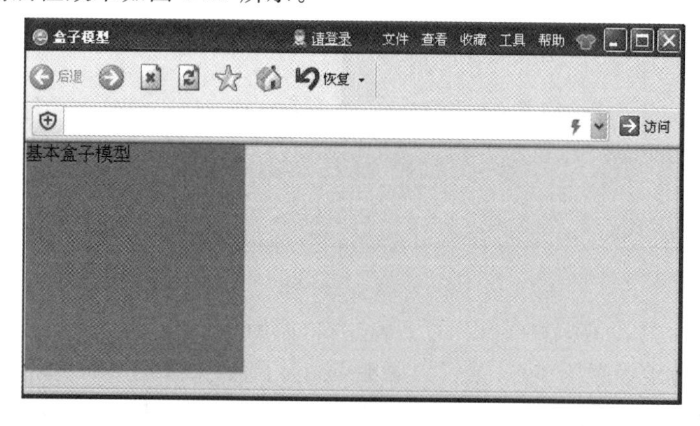

图 8-10 div 增加宽高属性效果

如果改变文字在 div 中的位置，就要使用 padding，代码如下：

```
<style type="text/css">
body{ background-color:#00FFFF; margin:0px;}
div{
    background-color:#FF6699;width:200px; height:200px;
    padding:10px;/*改变文字在 div 中的位置，就要使用 padding*/
}
</style>
```

效果如图 8-11 所示，文字在 div 中按照设置的 padding 值改变了位置，这时 div 块所占空间宽度增加 20px(左填充 10px+右填充 10px)，高度增加 20px(上填充 10px+下填充 10px)。

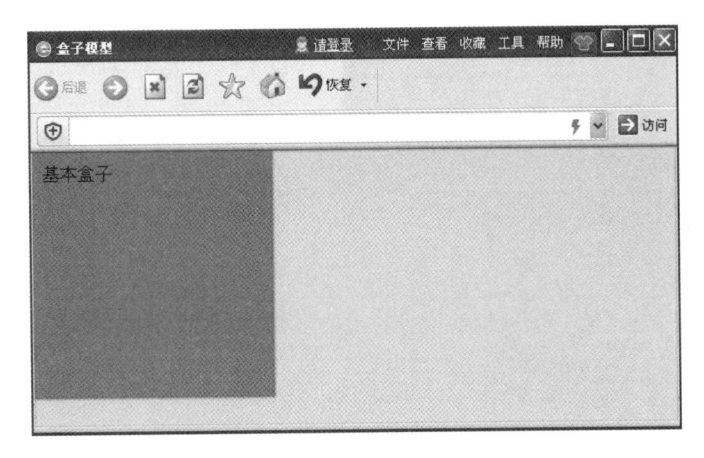

图 8-11　改变文字在 div 中的位置

上述过程虽然我们给定了 div 的宽和高，但是如果 div 的内容很多，盒子容纳不下时，就会出现如图 8-12 所示的情况。

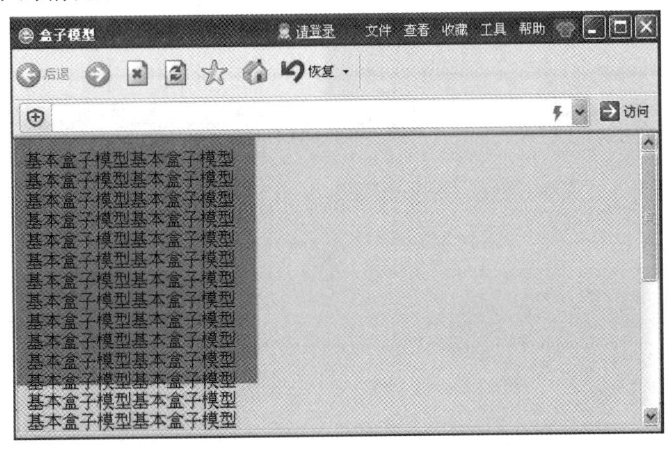

图 8-12　块中内容增加

当我们给容器 div 加上边框后，代码如下：

```
body{ background-color:#00FFFF; margin:0px;}
div{
    background-color:#FF6699;width:200px; height:200px;
    padding:10px;/*改变文字在 div 中的位置，就要使用 padding*/
    border:10px solid red;/*给 div 容器加边框*/
}
```

给 div 容器加边框效果如图 8-13 所示，这时 div 块所占空间宽度增加 20px(左边框 10px+右边框 10px)，高度增加 20px(上边框 10px+下边框 10px)。

如果想移动整个 div 容器，我们应该设置什么呢？当然是 margin，代码如下：

```
body{ background-color:#00FFFF; margin:0px;}
div{
    background-color:#FF6699;width:200px; height:200px;
    padding:10px;/*改变文字在 div 中的位置，就要使用 padding*/
    border:10px solid red;/*给 div 容器加边框*/
    margin:20px;/*移动整个 div 容器*/
}
```

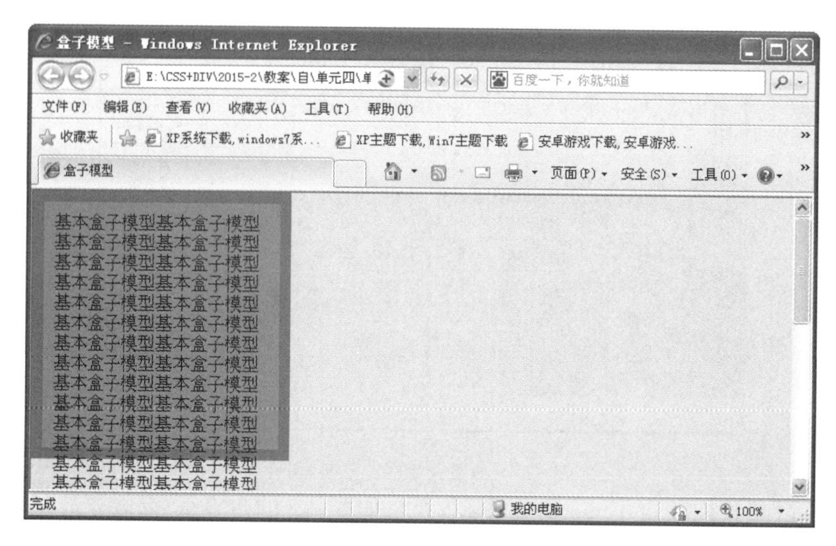

图 8-13 给 div 容器加边框效果

移动整个 div 容器的位置效果如图 8-14 所示，这时 div 块所占空间的宽度又增加了 40px（左外边距 20px＋右外边距 20px），高度又增加 40px（上外边距 20px＋下外边距 20px）。

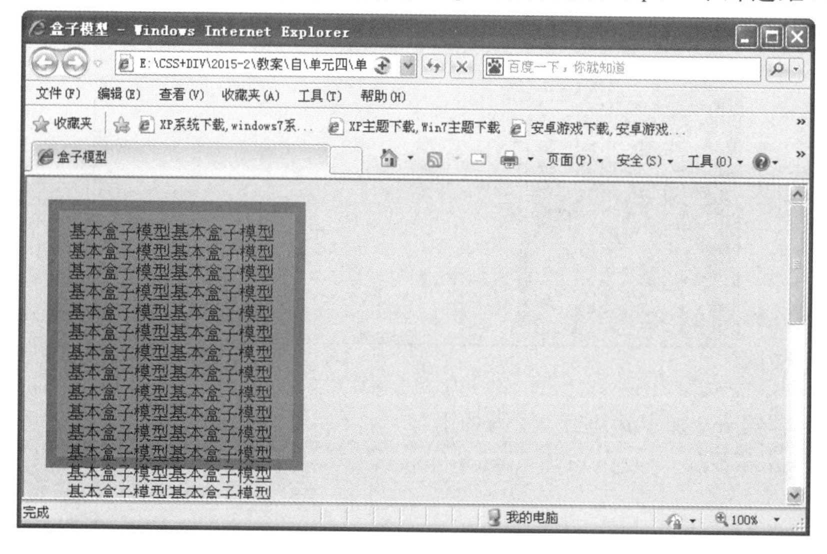

图 8-14 移动整个 div 容器的位置效果

如果有几个 div 块，都是上面的样式设置，会是什么效果？这里有 margin 重叠的现象，第一块的下 20 像素边距和第二块的上 20 像素边距重叠，所以呈现的就是 20px，而不是 40px，如图 8-15 所示。

边界重叠是指两个或多个盒子（可能相邻也可能嵌套）的相邻边界（其间没有任何非空内容、补白、边框）重合在一起而形成一个单一边界，即指两个垂直相邻的块级元素，当上下两个边距相遇时，其外边距会产生重叠现象，最终边界宽度是相邻边界宽度中最大的值。但是边界的重叠也有例外情况：

（1）水平边距永远不会重合。

（2）在规范文档中，两个或以上的块级盒模型相邻的垂直 margin 会重叠。最终的 margin 值计算方法如下：如果全部都为正值，取最大者；如果不全是正值，则都取绝对值，然后用正值减去最大值；若没有正值，则都取绝对值，然后用 0 减去最大值。

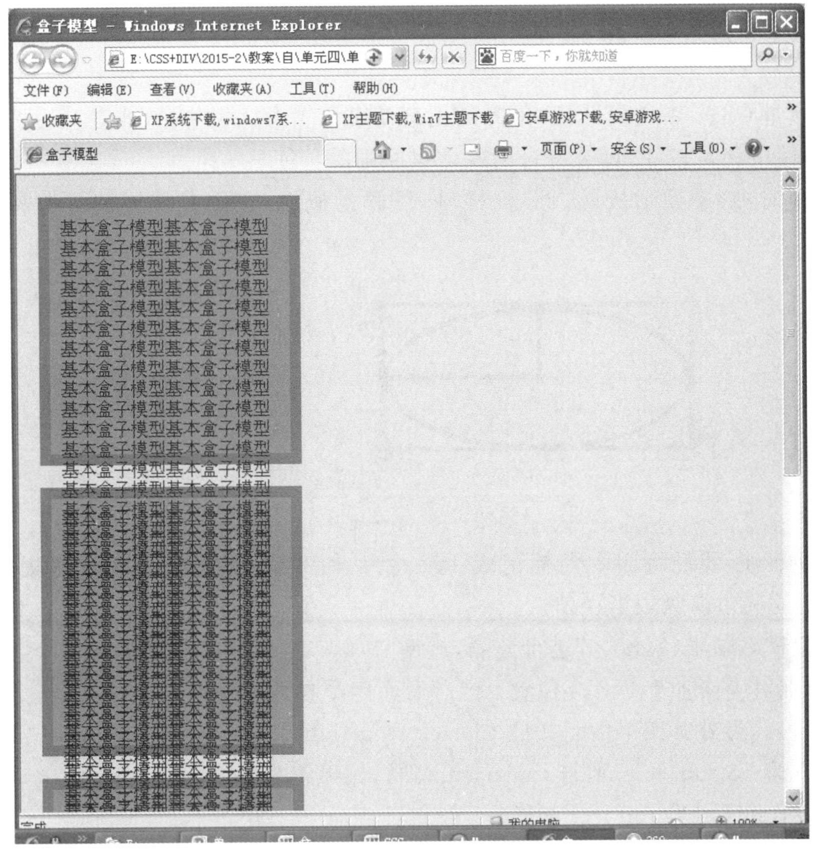

图 8-15 多个 div 垂直排列

如果设置 div 左浮动，效果如图 8-16 所示，可以看出两个或多个块级盒子的垂直相邻边界会重合，结果的边界宽度是相邻边界宽度中最大的值。但水平边距永远不会重合。

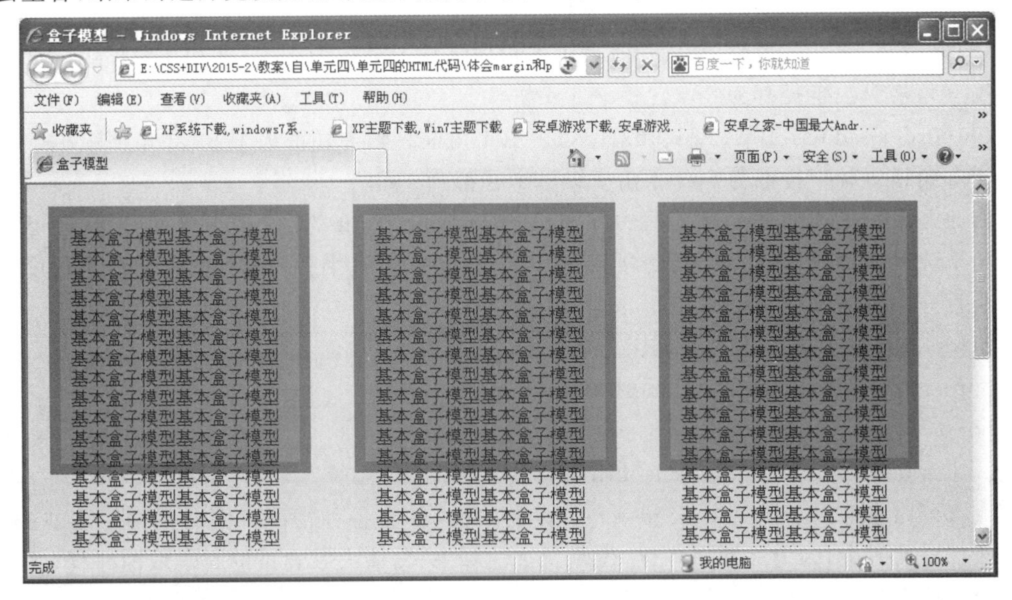

图 8-16 利用浮动效果

8.2.4 CSS3 新增圆角边框

圆角边框是 CSS3 新增属性，圆角边的出现降低了开发和维护的难度。边框圆角应用十分广泛，兼容性也相对较好，具有符合渐进增强原则的特征。

圆角处理时，脑中要形成圆、圆心、横轴、纵轴的概念，正圆是椭圆的一种特殊情况。如图 8-17 所示。

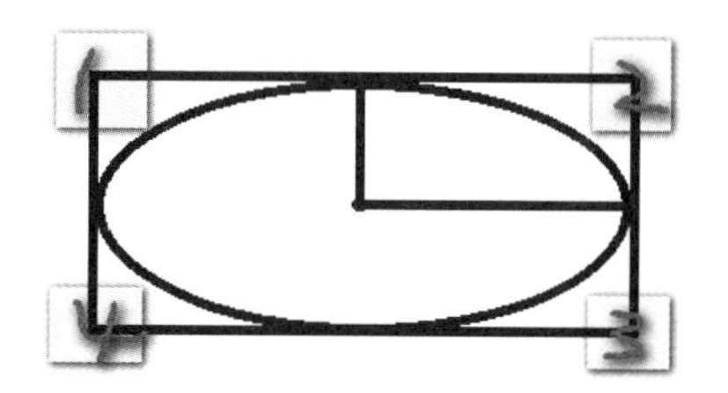
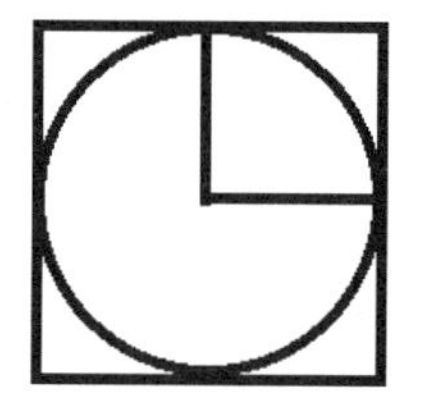

图 8-17 圆角处理

为了方便表述，我们将四个角标记成 1、2、3、4，如 2 代表右上角，CSS 里提供了 border-radius 来设置这些角横纵轴半径值。

分别设置横纵轴半径，以"/"进行分隔，遵循"1，2，3，4"规则，"/"前面的四个参数用来设置横轴半径（分别对应横轴 1、2、3、4 位置），"/"后面四个参数用来设置纵轴半径（分别对应纵轴 1、2、3、4 位置）。另外其四个值是按照 top-left、top-right、bottom-right、bottom-left 的顺序来设置。如果省略 bottom-left，则与 top-right 相同，如果省略 bottom-right，则与 top-left 相同，如果省略 top-right，则与 top-left 相同。

支持简写模式，具体如下：

（1）border-radius：10px；表示四个角的横纵轴半径都为 10px。

（2）border-radius：10px 5px；表示 1 和 3 角横纵轴半径都为 10px，2 和 4 角横纵轴半径为 5px。

（3）border-radius：10px 5px 8px；表示 1 角横纵轴半径都为 10px，2 和 4 角横纵轴半径都为 5px，3 角横纵轴半径都为 8px。

（4）border-radius：10px 8px 6px 4px；表示 1 角横纵轴半径都为 10px，2 角横纵轴半径都为 8px，3 角横纵轴半径都为 6px，4 角横纵轴半径都为 4px。

因此 border-radius 是一种缩写的方式，其实 border-radius 和 border 属性一样，还可以把各个角单独拆分出来，第一个值是水平半径，第二个值是垂直半径。属性的值可以是长度值也可以是百分比值，有以下四种写法：

```
border-top-left-radius: <length>  <length>        //左上角
border-top-right-radius: <length>  <length>       //右上角
border-bottom-right-radius:<length>  <length>     //右下角
border-bottom-left-radius:<length>  <length>      //左下角
```

大家可以参考以下代码中 border-radius 的写法，体会各种情况。同时说明一下，在教材的这一部分代码中，因为属性多样化，代码有被注释书写，请大家尝试的时候取消注释，进行各种情况的代码实践。

```
<! doctype html>
<html lang="en">
```

```
<head>
<meta charset="utf-8"/>
<title>CSS3 圆角边框</title>
<style>
body {
    margin：0；
    padding：0；
}
.yuanjiao{
    width：300px；
    height：300px；
    padding：10px；
    border：1px solid red；
    background-color：pink；
    margin：100px auto；
    /＊通过 CSS3 提供的属性 border-radius 可以设定盒子的圆角 ＊/
    /＊1.只有 1 个值是一种简写形式，相当于 4 个角圆半径相同＊/
    /＊表示四个角的横纵轴半径都为 50px＊/
    /＊border-radius：50px；＊/
    /＊2.设置 2 个值，第 1 个值表示左上和右下，第 2 个值表示右上和左下＊/
    /＊表示 1 和 3 角横纵轴半径都为 50px，2 和 4 角横纵轴半径都为 150px；＊/
    /＊border-radius：50px 150px；＊/
    /＊3.设置 3 个值，第 1 个值表示左上，第 2 个值表示右上和左下，第 3 个值表示右下＊/
    /＊表示 1 角横纵轴半径都为 50px，2 和 4 角横纵轴半径都为 80px，＊/
    /＊3 角的横纵轴半径都为 150px；＊/
    /＊border-radius：50px 80px 150px；＊/
    /＊4.设置 4 个值，表示＊/
    /＊1 角横纵轴半径都为 50px，2 角横纵轴半径都为 100px，＊/
    /＊3 角横纵轴半径都为 150px，4 角横纵轴半径都为 200px；＊/
    /＊border-radius：50px 100px 150px 200px；＊/
    /＊5.有/，/前边的值表示横轴半径，/后面的值表示纵轴半径＊/
    /＊表示 1 角、2 角、3 角、4 角横轴（水平）半径都为 100px，＊/
    /＊表示 1 角、2 角、3 角、4 角纵轴（垂直）半径都为 50px＊/
    /＊border-radius：100px 100px 100px 100px / 50px 50px 50px 50px；＊/
    /＊6.有/，/前、后各一个值＊
    /＊前面的值表示 4 个角的横轴半径，后面的值表示 4 个角的纵轴半径＊/
    /＊表示 1 角、2 角、3 角、4 角横轴（水平）半径都为 100px，＊/
    /＊表示 1 角、2 角、3 角、4 角纵轴（垂直）半径都为 50px＊/
    /＊border-radius：100px / 50px；＊/
    /＊7.可以使用百分比的写法＊/
    /＊border-radius：50％；＊/
}
</style>
<body>
```

```
<div class="yuanjiao"></div>
</body>
```

任务 8.3 CSS3 动画效果

任务需求

了解 CSS3 中过渡、2D 转换、3D 转换、动画等知识。通过这一部分知识的学习，完成旋转立方体动画。

知识储备

CSS3 中过渡、2D 转换、3D 转换、动画等知识，这里做一个简单介绍。

8.3.1 过渡

过渡是 CSS3 中具有颠覆性的特征之一，可以实现元素不同状态间的平滑过渡（补间动画），经常用来制作动画效果。CSS3 的过渡就是平滑地改变一个元素的 CSS 值，使元素从一个样式逐渐过渡到另一个样式。

帧动画：通过一帧一帧的画面按照固定顺序和速度播放，如图 8-18 所示，如电影胶片。

图 8-18 帧动画

补间动画：自动完成从起始状态到终止状态的过渡。

在 CSS3 里使用 transition 可以实现补间动画（过渡效果），并且当前元素只要有“属性”发生变化时即存在两种状态（我们用 A 和 B 指代），就可以实现平滑的过渡。为了方便演示，采用 hover 切换两种状态，但是并不仅仅局限于 hover 状态来实现过渡。

可以通过 all 设置所有属性的过渡效果，也可以分别设置某一属性的过渡效果。

可以将过渡属性 transition 设置在 A 或 B 状态，但是会有一些细节的差异。

transition 属性拆解见表 8-1。

表 8-1 transition 属性

属性	含义
transition-property	设置过渡属性
transition-duration	设置过渡时间
transition-timing-function	设置过渡速度
transition-delay	设置过渡延时

要实现这样的效果，必须规定两项内容：

(1)规定应用过渡的 CSS 属性名称。

(2)规定效果的时长。

CSS3 过渡使用 transition 属性来定义，transition 属性的基本语法格式如下：

transition: property duration timing-function delay;

transition 属性是个复合属性，它包括以下几个子属性：

property：规定设置过渡效果的 CSS 属性名称。

duration：规定完成过渡效果需要多少秒或毫秒。

transition-timing-function：指定过渡函数，规定速度效果的速度曲线。

transition-delay：指定开始出现的延迟时间，效果开始之前需要等待的时间。

四个子属性默认值分别为：all、0、ease、0。

为了方便大家进一步理解，下面以示例的方式进行演示。

1. 颜色过渡

```
<head>
<meta charset="utf-8"/>
<title>CSS 过渡</title>
<style>
body {
    margin: 0;
    padding: 0;
    background-color: #F7F7F7;
}
.transition {
    width: 200px;
    height: 200px;
    margin: 50px auto;
    background-color: green;
    transition: background-color 4s;
}
/* 需要了解过渡属性可以放到任意状态中，但是会有一些差别 */
.transition:hover {
    background-color: yellow;
}
</style>
</head>
<body>
<div class="transition"></div>
</body>
```

2. 宽高过渡

```
<head>
<meta charset="utf-8"/>
<title>CSS 过渡</title>
```

```
<style>
body {
    margin: 0;
    padding: 0;
    background-color: #F7F7F7;
}
/* A 状态 */
.transition {
    width: 200px;
    height: 200px;
    margin: 50px auto;
    background-color: green;
    /* 以动画的形式改变盒子的宽高 */
    /* transition: width 5s; */
    /* transition: height 5s; */
    /* transition: width,height 5s; */
    transition: all 5s;
}
.transition:hover {
    width: 400px;
    height: 600px;
}
</style>
</head>
<body>
<div class="transition"></div>
</body>
```

3. 位置过渡

```
<head>
<meta charset="utf-8"/>
<title>CSS 过渡</title>
<style>
body {
    margin: 0;
    padding: 0;
    background-color: #F7F7F7;
    position: relative;
}
.transition {
    width: 200px;
    height: 200px;
    background-color: green;
    position: absolute;
    top: 50px;
```

```
        left: 20px;
        transition: all 3s;
    }
    .transition:hover{
        left: 500px;
    }
    /* 过渡动画效果可以应用于宽高、颜色、位置、圆角等多种属性 */
    /* 但并不是所有属性都可以应用过渡,例如 z-index  */
    </style>
    </head>
    <body>
    <div class="transition"></div>
    </body>
```

transition 书写的位置,应该是状态的开始位置,演示放在状态的结束位置,有什么区别,自己尝试一下吧。

4. 过渡属性

```
<title>CSS 过渡</title>
<style>
body {
    margin: 0;
    padding: 0;
    background-color: #F7F7F7;
}
.box {
    width: 100%;
    height: 200px;
    position: relative;
    background-color: pink;
}
.transition {
    width: 200px;
    height: 200px;
    background-color: blue;
    /* 复合属性 */
    transition: all 6s 1s ease-out;
    /* transition: all 1s; */
    position: absolute;
    left: 0;
    top: 0;
}
/* 四个方面来定义过渡,其实 transition 是综合写法 */
/* 1. 过渡的属性 transition-property */
/* 2. 过渡的时长 transition-duration */
/* 3. 过渡的延时 transition-delay */
```

```
/ * 4. 过渡的方式 transition-timing-function  * /
/ *       a) linear 匀速过渡  * /
/ *       b) ease 默认值，慢速开始，然后变快，最后慢速结束 * /
/ *       c) ease-in 规定慢速开始 * /
/ *       d) ease-out 规定慢速结束 * /
/ *       e) ease-in-out 规定以慢速开始和结束 * /
. box:hover . transition {
    left: 1000px;
}
</style>
</head>
<body>
<div class="box">
<div class="transition"></div>
</div>
</body>
```

8.3.2 2D 转换

转换是 CSS3 中具有颠覆性的特征之一，可以实现元素的位移、旋转、缩放、倾斜，甚至支持矩阵方式，配合过渡和即将学习的动画知识，可以取代大量之前只能靠 Flash 才可以实现的效果。表 8-2 列出了 2D 转换的一些属性。

表 8-2　　2D 转换的一些属性

属性	描述	参数说明
rotate(angle)	旋转元素	angle 是度数值，代表旋转角度
skew(x-angle,y-angle)	倾斜元素	angle 是度数值，代表倾斜角度
skewX(angle)	沿着 x 轴倾斜元素	
skewY(angle)	沿着 y 轴倾斜元素	
scale(x,y)	缩放元素，改变元素的高度和宽度	代表缩放比例，取值包括正数、负数和小数
scaleX(x)	改变元素的宽度	
scaleY(y)	改变元素的高度	
translate(x,y)	移动元素对象，基于 x 和 y 坐标重新定位元素	元素移动的数值，x 代表左右方向，y 代表上下方向，向左和向上使用负数，反之用正数
translateX(x)	沿着 x 轴移动元素	
translateY(y)	沿着 y 轴移动元素	

1. 移动 translate

移动 translate 可以改变元素的位置，x、y 可为负值，移动位置相对于自身原来位置，x 轴正方向向右，y 轴正方向朝下，除了可以是像素值，也可以是百分比，表示相对于自身的宽度或高度。下面部分代码演示 translate(x, y)的应用。

```
<title>CSS 2D 转换</title>
<style>
body {
```

```
        margin：0；
        padding：0；
        background-color：＃F7F7F7；
    }
    /＊理解 2D 坐标 y 轴正方向朝下，x 轴正方向向右＊/
    .translate {
        width：200px；
        height：200px；
        /＊margin-top：100px；＊/
        background-color：blue；
        position：absolute；
        top：100px；
        transition：all 1s；
    }
    .translate：hover{
    /＊进行位置移动时，参照原来的位置 ＊/
    transform：translate(200px，－100px)；
    /＊1. translate(x，y)
       2. translateX(x)
       3. translateY(y)
       4. 百分比，相对于自身的宽度或高度
    x 值为 100％参照宽度，y 值为 100％参照高度 ＊/
    /＊transform：translate(100％，－50％)；＊/
    }
    </style>
    </head>
    <body>
    <div class="translate"></div>
    </body>
```

2. 缩放 scale

缩放 scale 可以对元素进行水平和垂直方向的缩放，x、y 的取值可为小数，比如 transform：scale(0.5)。在前面移动转换的代码中适当修改，演示元素缩放的效果。

```
    .scale：hover {
        /＊transform：scale(2，0.5)；＊/
        /＊transform：scale(0.5)；＊/
        /＊width：100px；
        height：100px；＊/
        /＊1. 比较一下直接写宽高数值，是原来的 2 倍，0.5 倍
         ＊ transform：scale(2)；
         ＊ transform：scale(0.5)；
         ＊ 变化是否有区别？ ＊/
        /＊2. transform：scale(2，0.5)；＊/
```

```
    /* 3. transform: scaleX(2); */
    /* 4. transform: scaleY(0.5); */
}
```

3. 旋转 rotate

旋转 rotate 可以对元素进行旋转，正值为顺时针，负值为逆时针，当元素旋转以后，坐标系也跟着发生转变，因此同时设置多种转化时，一般把旋转放到最后。读者可以利用前面的代码，设置 transform: rotate(−270deg)，自己尝试，看一下效果。

4. 倾斜 skew

下面的代码演示了倾斜的转换情况。

```
.skew:hover {
    transform:skew(30deg);
}
<body>
<div class="skew">skew(30deg)</div>
</body>
```

5. 综合：将缩放、旋转、位移综合在一起

```
<style>
.box {
    width: 400px;
    height: 400px;
    margin: 50px auto;
}
img {
    width: 100%;
    transition: all 1s;
}
.box:hover img {
    /* transform: rotate(360deg) scale(2); */
    /* transform: scale(2); */
    /* transform: translate(200px) rotate(360deg); */
    transform: rotate(360deg) translate(200px);
    /* 旋转操作会改变坐标系，所以在应用中一般将 rotate 放到最后 */
}
</style>
</head>
<body>
<div class="box">
<img src="./images/dfc.gif" alt=""/>
</div>
</body>
```

我们可以同时使用多个转换，其格式为：transform: translate() rotate() scale()等，其顺序会影响转换的效果。

6. transform-origin 可以调整元素转换的原点

元素的变形都有一个原点，元素围绕着这个点进行变形或者旋转，默认的起始位置是元素的中心位置。在没有使用 transform-origin 改变元素原点位置的情况下，CSS 变形进行的旋转、移位、缩放等操作都是以元素本身为中心（变形原点）位置进行变形的。但很多时候需要在不同的位置对元素进行变形操作，我们就可以使用 transform-origin 来对元素进行原点位置改变，使元素原点不在元素的中心位置，以达到需要的原点位置。CSS 变形使用 transform-origin 属性指定元素变形基于的原点，语法格式具体如下：

transform-origin：x-axis y-axis z-axis；

transform-origin 最多接受三个值，分别是 x 轴、y 轴和 z 轴的偏移量。2D 转换元素可以改变元素的 x 轴和 y 轴。3D 转换元素还可以更改元素的 z 轴。2D 变形中的 transform-origin 属性可以是一个参数值，也可以是两个参数值。如果是两个参数值时，第一个值设置水平方向 x 轴的位置，第二个值用来设置垂直方向 y 轴的位置。3D 变形中的 transform-origin 属性还包括了 z 轴的第三个值，见表 8-3。

表 8-3　transform-origin 属性

参数	描述	允许取值
x-axis	x 轴偏移量	left center right length %
y-axis	y 轴偏移量	top center bottom length %
z-axis	z 轴偏移量	length

transform-origin 属性值可以是百分比、em、px 等具体的值，也可以是 top、right、bottom、left 和 center 这样的关键词。

部分代码如下：

```
<style>
body {
    margin：0；
    padding：0；
}
.box {
    width：155px；
    height：219px；
    margin：200px auto；
    position：relative；
    background-color：pink；
}
```

```
.boximg {
    width: 100%;
    transition: all 1s;
    position: absolute;
    left: 0;
    top: 0;
    transform-origin: left top;
    /* transform-origin: right top; */
    /* transform-origin: 0 0; */
    /* transform-origin: 78px 0; */
    /* transform-origin: 50% 0; */
}
.box:hover img {
    /* transform: rotate(360deg); */
    /* 2D 转换的原点默认位于元素的中心 */
    /* transform-origin: center center; */
}
/* 转换原点不影响 translate 位移 */
</style>
</head>
<body>
<div class="box">
<img src="./images/pk1.png" alt=""/>
</div>
</body>
```

下面的示例演示了扑克牌以某一点为原点，进行排列的情况。效果如图 8-19 所示。部分代码如下：

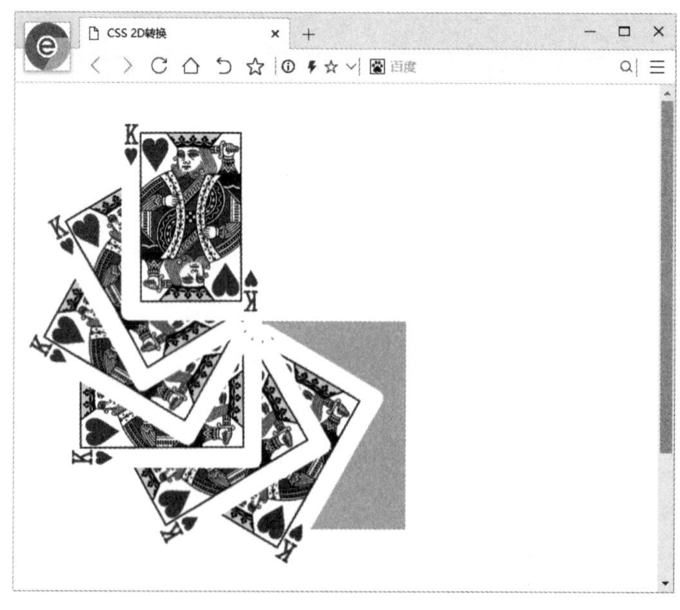

图 8-19 扑克牌绕左上角原点旋转

```
.boximg {
    width: 100%;
    transition: all 1s;
    position: absolute;
    left: 0;
    top: 0;
    transform-origin: left top;
    /* transform-origin: right top; */
    /* transform-origin: 0 0; */
    /* transform-origin: 78px 0; */
    /* transform-origin: 50% 0; */
}
.box:hover img {
    /* transform: rotate(360deg); */
    /* 2D 转换的原点默认位于元素的中心 */
    /* transform-origin: center center; */
}
.box:hover img:nth-child(1) {
    transform: rotate(30deg);
}
.box:hover img:nth-child(2) {
    transform: rotate(60deg);
}
.box:hover img:nth-child(3) {
    transform: rotate(90deg);
}
.box:hover img:nth-child(4) {
    transform: rotate(120deg);
}
.box:hover img:nth-child(5) {
    transform: rotate(150deg);
}
.box:hover img:nth-child(6) {
    transform: rotate(180deg);
}
/* 转换原点不影响 translate 位移 */
</style>
</head>
<body>
    <div class="box">
        <img src="./images/pk1.png"/>
        <img src="./images/pk1.png"/>
        <img src="./images/pk1.png"/>
        <img src="./images/pk1.png"/>
```

```
        <img src="./images/pk1.png"/>
        <img src="./images/pk1.png"/>
    </div>
</body>
```

8.3.3 3D 转换

1. 左手坐标系

伸出左手，让拇指和食指成“L”形，大拇指向右，食指向上，中指指向前方。这样我们就建立了一个左手坐标系，拇指、食指和中指分别代表 x、y、z 轴的正方向，如图 8-20 所示。

2. CSS3 中的 3D 坐标系

CSS3 中的 3D 坐标系与上述的 3D 坐标系是有一定区别的，相当于其绕着 x 轴旋转了 180 度，如图 8-21 所示。

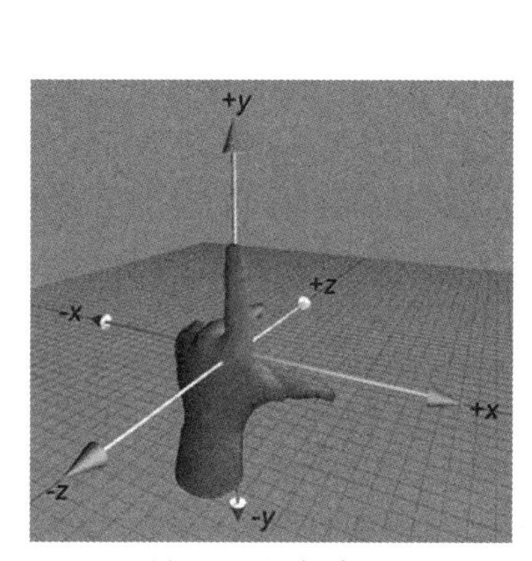

图 8-20 左手坐标系

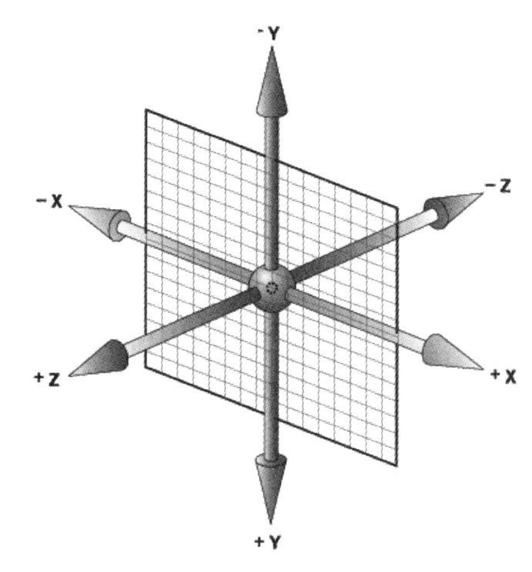

图 8-21 CSS3 的 3D 坐标系

3. 左手法则

左手握住旋转轴，竖起拇指指向旋转轴正方向，旋转的正向就是其余手指卷曲的方向。

4. 透视(perspective)

电脑显示屏是一个 2D 平面，图像之所以具有立体感(3D 效果)，其实只是一种视觉呈现，通过透视可以实现此目的。透视可以将一个 2D 平面，在转换的过程中，呈现 3D 效果。并非任何情况下都需要透视效果，根据开发需要进行设置。理解透视距离，透视会产生“近大远小”的效果。在给父元素加 perspective:800px;属性的时候，会以父元素的某个点为视点，看所有的子元素，所以看到的每个子元素的样式是不一样的，如图 8-22 所示。

5. 3D 呈现(transform-style)

设置内嵌的元素在 3D 空间如何呈现，这些子元素必须为转换元素。flat:所有子元素在 2D 平面呈现;preserve-3d:保留 3D 空间。3D 元素构建是指某个图形是由多个元素构成的，可以给这些元素的父元素设置 transform-style: preserve-3d 来使其变成一个真正的 3D 图形。

下面我们学习两种 3D 转换的方式:位置移动和旋转。

(1)位置移动

```
transform: translateX(300px)/ * x轴的正方向向右 * /
transform: translateY(400px) / * y轴的正方向朝下 * /
```

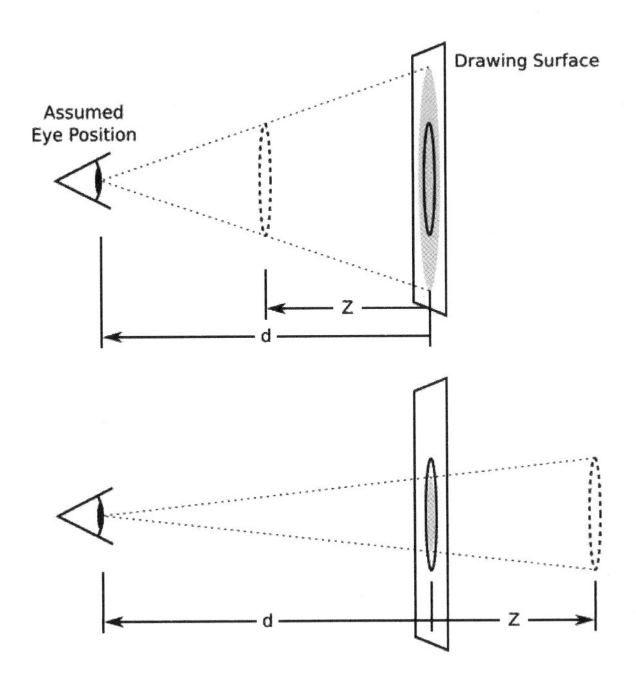

图 8-22 透视距离

```
transform: translateZ(400px); /* z 轴的正方向面向用户,值越大,越靠近用户 */
transform: translate3d(300px, 100px, 600px); /* 围绕 3 个轴进行移动的情况 */
```

(2)旋转

```
transform: rotateX(180deg)
transform: rotateY(180deg)
transform: rotateZ(180deg)
transform: rotate3d(1, 1, 1, 180deg)
```

四个参数,前三个分别对应 x、y、z,取值 1 或 0,当取值为 1 表示该轴发生旋转。下面以示例演示围绕坐标轴旋转的情况。

(1)围绕 x 轴旋转

```
<title>CSS 3D 转换</title>
<style>
body {
    margin: 0;
    padding: 0;
    background-color: #F7F7F7;
}
.rotateX {
    height: 226px;
    padding-top: 100px;
    text-align: center;
    /* perspective: 1000px; */
}
.rotateX img {
```

```
        transition: all 3s;
    }
    .rotateX:hover img {
        transform: rotateX(180deg);
    }
    </style>
    </head>
    <body>
    <div class="rotateX">
    <img src="./images/x.jpg"/>
    </div>
    </body>
```

(2)围绕 y 轴旋转

```
transform: rotateY(180deg);
<img src="./images/y.jpg"/>
```

(3)围绕 z 轴旋转

```
transform: rotateZ(180deg);
<img src="./images/z.jpg"/>
```

8.3.4 动　画

动画是 CSS3 中具有颠覆性的特征之一,可通过设置多个节点来精确控制一个或一组动画,常用来实现复杂的动画效果。使用 transition 属性也能够实现过渡动画效果,但是略显粗糙,因为不能更为精细地控制动画过程,比如只能在指定的时间段内总体控制某一属性的过渡,而 animation 属性则可以利用@keyframes 将指定时间段内的动画划分得更为精细一些。

语法结构:

@keyframes animationname {keyframes-selector {css-styles;}}

CSS3 的@keyframes 翻译成中文,是关键帧的意思,如果用过 Flash 应该对这个比较好理解,当然不会 Flash 也没有任何问题。

1. 参数解析

(1)animationname:声明动画的名称。

(2)keyframes-selector:用来划分动画的时长,可以使用百分比形式,也可以使用 from 和 to 的形式。from 和 to 的形式等价于 0%和 100%。建议始终使用百分比形式。

2. 必要元素

(1)通过@keyframes 指定动画序列。

(2)通过百分比将动画序列分割成多个节点。

(3)在各节点中分别定义各属性。

(4)通过 animation 将动画应用于相应元素。

3. 关键属性

(1)animation-name 设置动画序列名称。

(2)animation-duration 动画持续时间。

(3)animation-delay 动画延时时间。

(4)animation-timing-function 动画执行速度,linear、ease 等。

(5)animation-play-state 动画播放状态,running、paused 等。

(6)animation-direction 动画逆播,alternate 等。

(7)animation-fill-mode 动画执行完毕后状态,forwards、backwards 等。

(8)animation-iteration-count 动画执行次数,inifinate 等。

(9)steps(60)表示动画分成 60 步完成。

4. 参数值的顺序

参数中除了名字、动画时间、延时有严格顺序要求,其他随意。

下面几个示例帮助大家理解,一个是风车动画,另一个是小汽车动画。

风车动画的代码如下:

```
<!doctype html>
<html lang="en">
<head>
<meta charset="utf-8"/>
<title>CSS3 动画</title>
<style>
body {
    margin: 0;
    padding: 0;
    background-color: #F7F7F7;
}
.box {
    width: 400px;
    margin: 100px auto;
}
.boximg {
    width: 100%;
    /* 第 2 步使用定义好的动画序列
        * infinite 无限量一直转
        * linear 匀速 */
    animation: zhuan 2s infinite linear;
}
/* CSS 动画要执行有特定的步骤 */
/* 第 1 步定义一个动画序列 */
@keyframes zhuan {
    /* 动画序列帧 */
    /* 整个动画过程中,不同的阶段 */
    /* 可以使用百分比来表示不同阶段。参照动画执行的时长 */
    /* 0% {
        transform: rotateZ(0deg) scale(1);
    }
    50% {
```

```
            transform: rotateZ(360deg) scale(2);
        }
        100% {
            transform: rotateZ(0deg) scale(1);
        } */
        from {
            transform: rotateZ(0deg) scale(1);
        }
        to {
            transform: rotateZ(360deg) scale(2);
        }
    }
</style>
</head>
<body>
<div class="box">
<img src="./images/fengche.png"/>
</div>
</body>
</html>
```

风车动画效果如图 8-23 所示。

图 8-23 风车动画

下面演示小汽车动画，部分代码如下：

```
<!doctype html>
<html lang="en">
```

```
<head>
<meta charset="utf-8"/>
<title>CSS3 动画</title>
<style>
    html，body {
    height：100%；
}
body {
    margin：0；
    padding：0；
    position：relative；
}
.car {
    width：240px；
    position：absolute；
    /*这里是为了实现居中的效果*/
    top：50%；
    transform：translate(100px，-50%)；
    animation：run 2s forwards 2s infinite；
}
img {
    display：block；
    width：100%；
}
/*定义动画状态*/
@keyframes run {
    0% {
    }
    15% {
        /*往后撤,并倾斜*/
        transform：translate(0，-50%) skew(30deg)；
    }
    90% {
        /*往前跑,并倾斜*/
        transform：translate(800px，-50%) skew(-20deg)；
        /*速度函数*/
        animation-timing-function：ease-in；
    }
    100% {
        /*倾斜*/
        transform：translate(800px，-50%) skew(0deg)；
        /*改变转换原点*/
        transform-origin：right bottom；
```

```
    }
}
</style>
</head>
<body>
<div class="car">
<img src="./images/car.jpg" alt=""/>
</div>
</body>
</html>
```

小汽车动画效果如图 8-24 所示。

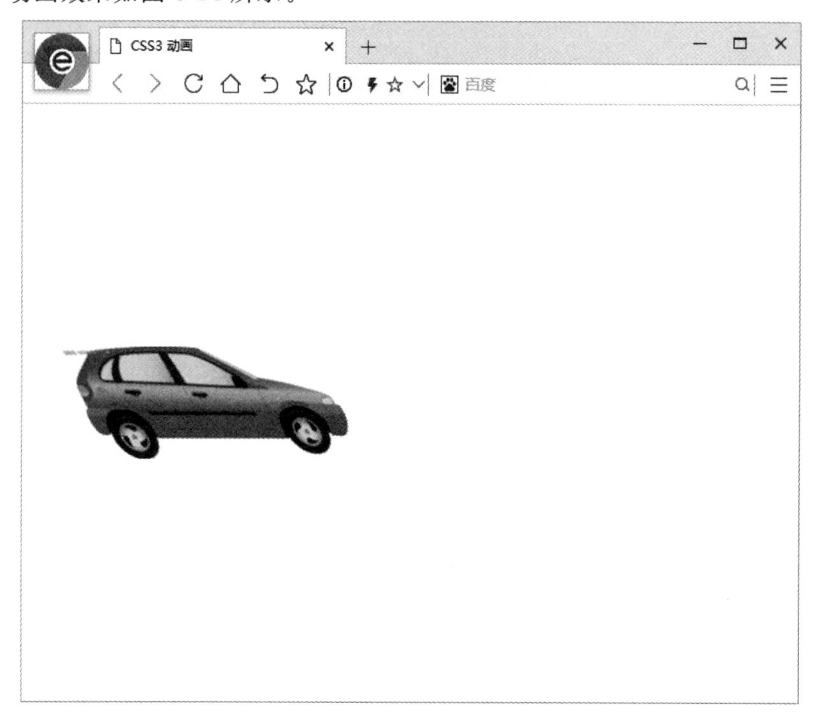

图 8-24　小汽车动画

任务实现

根据前面 2D、3D 转换、动画的知识准备，现在可以完成旋转的立方体这一任务。具体的思路和步骤以及部分代码如下：

第一步，6 个 div 块代表立方体 6 个面。

```
<body>
<div class="box">
<div class="front">front</div>
<div class="back">back</div>
<div class="left">left</div>
<div class="right">right</div>
<div class="top">top</div>
```

```
<div class="bottom">bottom</div>
</div>
</body>
```

第二步，设置 6 个面的基本样式。

```
<style>
body {
    margin: 0;
    padding: 0;
    background-color: #C8CACC;
}
.box {
    width: 300px;
    height: 300px;
    margin: 100px auto;
}
.box>div{
    width: 300px;
    height: 300px;
    text-align: center;
    line-height: 200px;
    font-size: 24px;
}
```

第三步，将 6 个面先定位，使其重合，然后再旋转或者移动，操作方便，尺寸好计算。

```
.box {
    position: relative;
}
.box>div{
    position: absolute;
    top: 0;
    left: 0;
}
```

第四步，对每个面进行旋转、移动等处理。

```
/*第 1 个处理的*/
.left {
    /*沿着 y 轴旋转 90 度，沿着 z 轴向上移动*/
    background-color: green;
    transform:  rotateY(-90deg) translateZ(150px);
}
```

然后 box 加上 perspective：1000px。

```
/*第 2 个处理的*/
.right {
    background-color: yellow;
```

```
        transform: rotateY(90deg) translateZ(150px);
    }
    /* 第 3 个处理的 */
    .top {
        background-color: red;
        transform: rotateX(90deg) translateZ(150px);
    }
    /* 第 4 个处理的 */
    .bottom {
        background-color: orange;
        transform:  rotateX(-90deg) translateZ(150px);
    }
    /* 第 5 个处理的 */
    .front {
        background-color: pink;
        transform: translateZ(150px);
    }
    /* 第 6 个处理的 */
    .back {
        /* 先沿着 y 轴向上移动,然后再沿着 z 轴向后移动 */
        background-color: blue;
        transform:  translateZ(-150px);
    }
    /* 6 个面设置好之后设置.box>div 半透明 */
    /* opacity: 0.5; */
```

第五步,实现真正的 3D 空间。

(1)box 父盒子以 3D 的形式来呈现:transform-style: preserve-3d。

(2)拿掉近大远小,去掉 perspective: 1000px。

(3)变平面,去掉透明 opacity: 0.5。

(4)让盒子转个角度,让我们看到更多面,可以看到 3 个面:transform: rotateY(30deg) rotateX(-30deg)。

第六步,加动画。

(1)定义动画序列

```
@keyframes rotate {
    from {
        transform: rotateX(0) rotateY(360deg);
    }
    to {
        transform: rotateX(360deg) rotateY(0);
    }
}
```

(2)在 box 使用动画

```
animation: rotate 8s linear infinite;
```

旋转的立方体效果如图 8-25 所示。

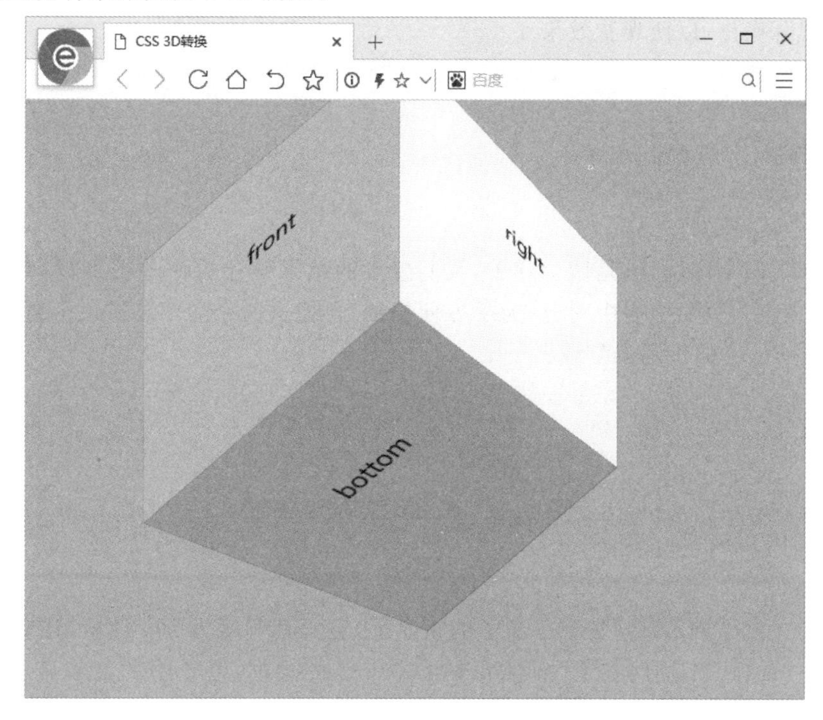

图 8-25　旋转的立方体

任务 8.4　网页版面分栏

任务需求

知道了盒子模型的概念和属性，进行页面的分栏结构设计。

知识储备

盒子模型的边界、边框、填充等。

任务实现

盒子模型用于页面布局，实现一个典型的版面分栏结构，即页头、导航栏、内容、版权，如图 8-26 所示，这种页面的布局类似于报纸的排版，通过将报纸的版面规划为几个版块，最终达到想要的效果。结合 W3C 提倡的结构和样式分离思想，页面布局的思路是：先对页面进行版块划分，并使用 HTML 描述内容结构，然后使用 CSS 样式描述各版块的位置尺寸等样式。CSS 具体的描述方法是将各版块看成一个盒子，利用盒子属性描述各版块的尺寸、外边距、内边距等样式。各版块采用表示“块”“分区”含义的＜div＞标签进行

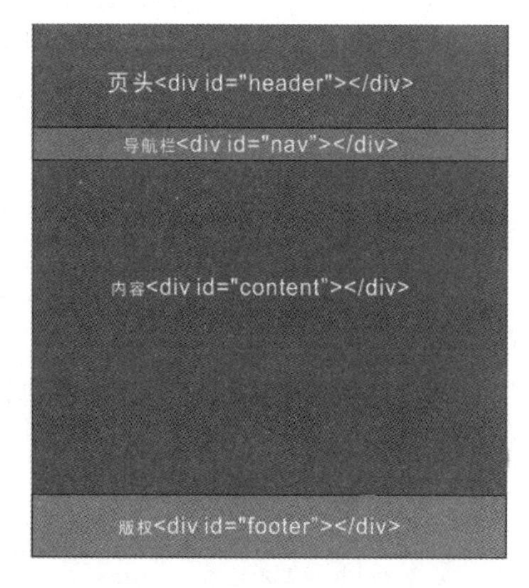

图 8-26　典型的版面分栏结构布局效果

描述。因此，国内很多教材也将此称为“CSS+DIV”布局或层布局。下面的讲解希望同学按照顺序进行实际操作，以便观看效果。

其结构代码如下：

```
<div id="header"></div>
<div id="nav"></div>
<div id="content"></div>
<div id="footer"></div>
```

上面定义了四个区块，也是四个盒子，我们想要的结果是让这些盒子等宽，并从上到下整齐排列，然后在整个页面中居中对齐，为了方便控制，再把这四个盒子装进一个更大的盒子，这个盒子就是 body，这样代码就变成：

```
<body>
<div id="header"></div>
<div id="nav"></div>
<div id="content"></div>
<div id="footer"></div>
</body>
```

最外边的大盒子即 body(装着小盒子的大盒子)定义其宽度为 760 像素，让它在页面水平居中 margin: 0px auto，同时加上 1px solid #006633 的边框，盒子中的文本显示为 12px、宋体，其样式代码为：

```
body {
    font-family: 宋体
    font-size: 12px;
    margin: 0px auto;
    height: auto;
    width: 760px;
    border: 1px solid #006633;
}
```

对于页头，为了简单起见，这里只要让它整个区块应用某种背景颜色，并在其下边界设计一定间隙 margin:0px 0px 3px 0px，目的是让页头不要和下面的导航栏连在一起，这样也是为了美观。宽度与容器一致，高度设成 100px。其样式代码为：

```
#header {
    height: 100px;
    width: 100%;
    background-color: #00FFFF;
    margin:0px 0px 3px 0px;
}
```

对于导航栏做成像一个个小按钮，鼠标移上去会改变按钮背景颜色和字体色，样式代码为：

```
#nav {
    height: 25px;
    width: 100%;
    font-size: 14px;
```

```
    list-style-type: none;
}
#nav li {
    float:left;
}
#nav li a{
    color: #000000;
    text-decoration:none;
    padding-top:4px;
    display:block;
    width:97px;
    height:22px;
    text-align:center;
    background-color: #009966;
    margin-left:2px;
}
#nav li a:hover{
    background-color: #006633;
    color: #FFFFFF;
}
```

上述代码中样式代码#nav li { float:left;}涉及浮动，今天我们暂且知道这样使用，具体介绍请参考下面项目中有关浮动的内容。

内容部分主要放入文章内容，有标题和段落，标题加粗。为了规范化，用 h 标签，段落要自动实现首行缩进 2 个字，同时所有内容看起来要和外层大盒子边框有一定距离，这里用填充。内容区块样式代码为：

```
#content {
    height:auto;
    width: 740px;
    line-height: 1.5em;
    padding: 10px;
}
#content p {
    text-indent: 2em;
}
#content h3 {
    font-size: 16px;
    margin: 10px;
}
```

版权栏，给它加个背景颜色，与页头相呼应，里面文字要自动居中对齐。有多行内容时，行间距合适，这里的链接样式也可以单独指定，这里不再阐述。其样式代码为：

```
#footer {
    height: 50px;
    width: 740px;
```

```
    line-height: 2em;
    text-align: center;
    background-color: #009966;
    padding: 10px;
}
```

最后回到样式开头，大家要增加这样的样式代码：

```
* {
    margin: 0px;
    padding: 0px;
}
```

这里使用了通配符初始化各标签边界和填充(因为有部分标签默认会有一定的边界，如form标签)，那么接下来就不用对每个标签再加以这样的控制，在一定程度上简化了代码。最终完成全部样式代码如下：

```
<style type="text/css">
* {
    margin: 0px;
    padding: 0px;
}
body {
    font-family: Arial, Helvetica, sans-serif;
    font-size: 12px;
    margin: 0px auto;
    height: auto;
    width: 760px;
    border: 1px solid #006633;
}
#header {
    height: 100px;
    width:100%;
    background-color:##009966;
    margin:0px 0px 3px 0px;
}
#nav {
    height: 25px;
    width:100%;
    font-size: 14px;
    list-style-type: none;
}
#nav li {
    float:left;
}
#nav li a{
    color:#000000;
```

```
        text-decoration:none;
        padding-top:4px;
        display:block;
        width:97px;
        height:22px;
        text-align:center;
        background-color: #009966;
        margin-left:2px;
}
#nav li a:hover{
        background-color: #006633;
        color: #FFFFFF;
}
#content {
        height:auto;
        width: 740px;
        line-height: 1.5em;
        padding: 10px;
}
#content p {
        text-indent: 2em;
}
#content h3 {
        font-size: 16px;
        margin: 10px;
}
#footer {
        height: 50px;
        width: 740px;
        line-height: 2em;
        text-align: center;
        background-color: #009966;
        padding: 10px;
}
</style>
```

结构代码如下：

```
<body>
<div id="header"></div>
<ul id="nav">
        <li><a href="#">首页</a></li>
        <li><a href="#">文章</a></li>
        <li><a href="#">相册</a></li>
        <li><a href="#">Blog</a></li>
```

```
        <li><a href="#">论坛</a></li>
        <li><a href="#">帮助</a></li>
    </ul>
    <div id="content">
    <h3>前言</h3>
    <p>第一段内容</p>
    <h3>理解 CSS 盒子模型</h3>
    <p>第二段内容</p>
    </div>
    <div id="footer">
    <p>关于我们 | 广告服务 | 公司招聘 | 客服中心 | Q Q 留言 | 网站管理 | 会员登录 | 购物车</p>
<p>Copyright &copy;2012 - 2013 Zhu Cuimiao. All Rights Reserved</p>
    </div>
    </body>
    </html>
```

典型的版面分栏结构效果如图 8-27 所示。

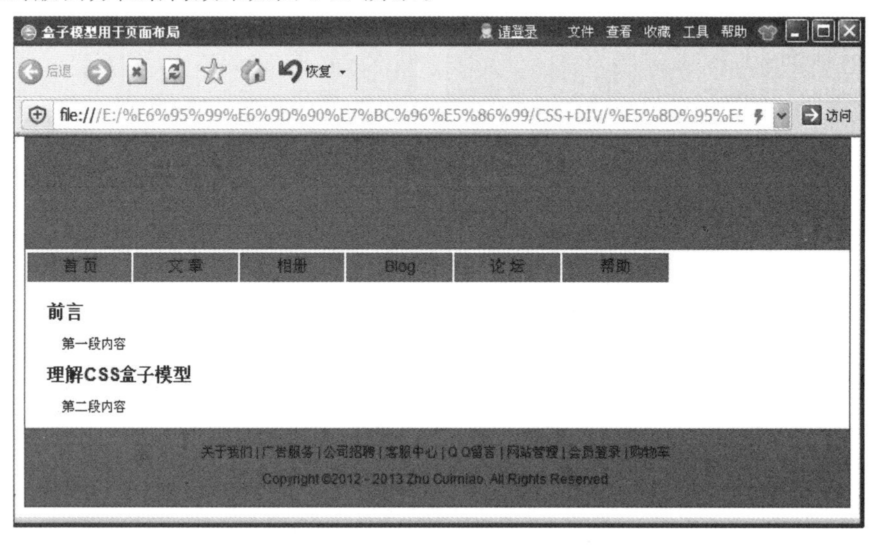

图 8-27　典型的版面分栏结构效果

项目小结

本项目介绍了网页设计中常见的属性名，如内容（content）、填充（padding）、边框（border）、边界（margin），这就是 CSS 盒子模型的属性。属性有点像我们日常生活中的盒子，所以叫它盒子模型。盒子属性一般是指边界（外边距）、边框、填充（内边距）。内容 content 就是盒子里装的东西。而填充 padding（也叫内边距，位于边框内部，是内容与边框的距离）就是填充在盒子内容盒子边界之间的泡沫或者其他抗振的辅料。边框 border 就是盒子本身。边界 margin（也叫外边距，位于边框外部，是边框外面周围的间隙）则是不同盒子之间的距离。除此之外，我们还介绍了 CSS3 新增的圆角边框，以及过渡、2D 转换、3D 转换、动画等知识。

习　题

一、案例分析题

1. 解释以下 CSS 样式的含义。

```
table{
    border：1px ＃333 solid；
    font：12px arial；
    width：500px
}
td,th{
    padding：5px；
    border：2px solid ＃EEE；
    border-bottom-color：＃666；
    border-right-color：  ＃666；
}
```

2. 解释以下 CSS 样式的含义。

```
form{
    border:1px dotted ＃AAAAAA；
    padding:3px 6px 3px 6px；
    margin:0px；
    font:14px Arial；
}
select{
    width:80px；
    background-color:＃ADD8E6；
}
```

3. 解释以下 CSS 样式的含义。

```
input{
    color:＃00008B；
}
input. btn{
    background-color:＃ADD8E6；
padding:1px 2px 1px 2px；
}
```

二、简单题

1. 在 CSS 中一个独立的盒子模型有哪几部分组成？
2. 举例说明什么是块级元素和行内元素？
3. 解释一下 div 标签的作用。

项目9

浮动与定位

项目要点

- CSS 中浮动样式的设置。
- CSS 中的定位机制。

技能目标

- 掌握 CSS 中 float 的应用。
- 掌握 CSS 中各种定位的使用。

任务9.1 浮 动

任务需求

前面曾经使用 float 浮动属性，将纵向排列的菜单项改为横向排列。现在我们将围绕页面布局，深入讲解浮动的含义及其在布局中的应用。

知识储备

9.1.1 为什么需要浮动

结合前面所讲的版面分栏示例，如果主体内容部分分成左右两块，那么我们怎样去完成。首先在 content 部分把原来的内容去掉，增加两个块，如图 9-1 所示。

代码如下：

```
<div id="content">
<div class="content_left">内容左侧</div>
<div class="content_right">内容右侧</div>
</div>
```

然后，把原来整个 content 的高度设置成 267px，再设置这两个块的样式，首先它们的宽度各占父元素的一半，高度与父元素相同，为了区分设置成不同背景颜色，所以设置为如下代码：

```
.content_left{ width:50%; height:100%;background-color:#996699}
.content_right{ width:50%; height:100%;background-color:#FF99CC}
```

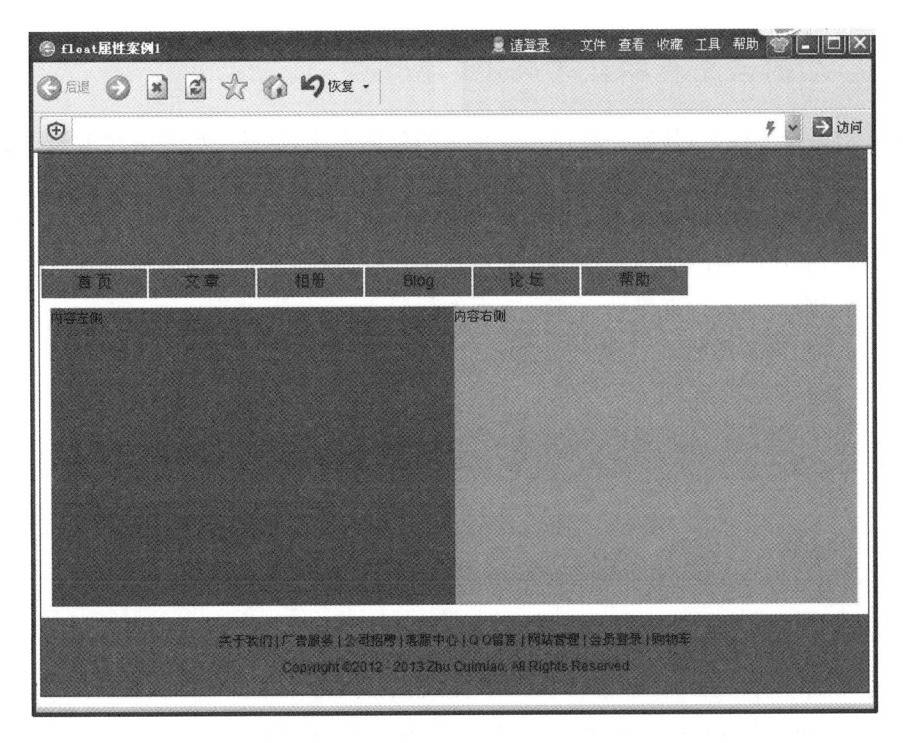

图 9-1　主体内容部分应用了 float

预览之后会看到，两个块是垂直显示的，如图 9-2 所示，各占一行，因为＜div＞属于块级标签，具有“换行”的特点。如何实现如图 9-1 所示的两个 div 块并排的效果呢？答案就是使用浮动，在这两个块的样式中添加“float:left”即可完成。有同学可能会问只让第二行的块左浮动可不可以，通过实践操作是不行的，这是什么原因呢？因为浮动的元素向左或向右移动，直到它的外边缘碰到它的父元素或另一个浮动元素的边框为止。只设置第二个块左浮动，那么它将会向左浮动碰到它的父元素就是它上一层的 div 就停了下来，它是在自己所在行进行浮动的，同样如果让第二行的块右浮动，它在自己所在行进行右浮动，碰到父元素就是它上一层的 div 就停下来，因此永远不可能和左边的块在一行，只有将这两块同时设置成左浮动才会实现如图 9-1 所示的效果。因为 content_left 块设置为左浮动后，它就会向左移动直到碰到它的父元素 content 块而停下来。content_right 块设置为左浮动后，也会向左移动直到碰到另一个浮动元素的边框为止，这里的“另一个浮动元素”就是 content_left 块，因此 content_right 碰到左浮动元素 content_left 块的边框而停下来。

图 9-2　未使用 float 效果

```
.content_left{ width:50%; height:100%;background-color:#996699; float:left}
.content_right{ width:50%; height:100%;background-color:#FF99CC; float:left}
```

9.1.2 浮动的含义及其在布局中的应用

关于文档流这个概念，其实一直没有一个很明确的定义，比较一致的看法就是指文档自上而下的书写顺序，将窗体自上而下分成一行行，并在每行中按从左至右的顺序排放元素，即为文档流。可以这样理解，就是从头到尾按照文档的顺序，该在什么位置就在什么位置，自上而下、自左到右的顺序。每个非浮动块级元素都独占一行，浮动元素则按规定浮在行的一端。若当前行容不下，则另起新行再浮动。来看下面的代码：

【例 9-1】 正常文档流。

```
<!doctype html>
<head>
<meta charset="utf-8"/>
<title>float 各种情况</title>
    <style type="text/css">
        .wai{ width:300px; height:300px; background-color: # # ccff00;
        border-style:solid; border-color: #000000}
        .nei1{ width:80px; height:80px; background-color: #ff0000}
        .nei2{ width:80px; height:80px; background-color: #00ff00}
        .nei3{ width:80px; height:80px; background-color: #0000ff}
    </style>
</head>
<body>
<div class="wai">
    <div class="nei1">块 1</div>
    <div class="nei2">块 2</div>
    <div class="nei3">块 3</div>
</div>
</body>
</html>
```

外层的框内有三个块：块 1、块 2、块 3，由于 div 是块级元素，所以三个块按照各占一行的方式垂直排列，如图 9-3 所示。当设置块 1 的 float 属性是 right 浮动的时候，块 1 脱离文档流，所以它不占据空间，按规定浮在右端，直到碰到它的父元素也就是它的上一级的 div 停止，而块 2 就像块 1 不存在一样保持它块级元素的性质，如图 9-4 所示。

图 9-3 三个块垂直排列

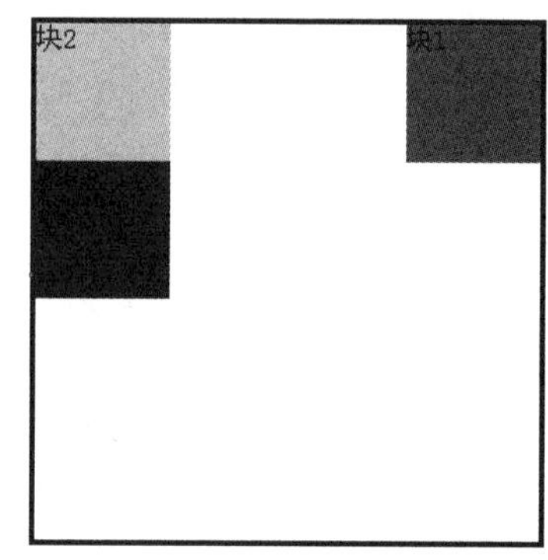

图 9-4 块 1 右浮动

当我们设置块1的float属性是left浮动的时候，块1脱离文档流，它不占据空间，按规定浮在左端，直到碰到它的父元素也就是它的上一级的div停止，而块2就像块1不存在一样保持它块级元素的性质，实际上块1覆盖住了块2，使块2从视图中消失，如图9-5所示。如果我们设置三个块都是左浮动，那么块1脱离文档流，按规定浮在左端，直到碰到它的父元素也就是它的上一级的div停止；而块2也脱离文档流，按规定浮在左端，直到碰到块1这个浮动元素的边框为止；同样块3脱离文档流，按规定浮在左端，直到碰到块2这个浮动元素的边框为止，如图9-6所示。

图9-5　块1左浮动

图9-6　三个块同时左浮动

相关样式代码如下：

```
<style type="text/css">
    .wai{ width:300px; height:300px; background-color:##CCFF00; border-style:solid; border-
        color:#000000}
    .nei1{ width:120px; height:80px; background-color:#FF0000; float:left}
    .nei2{ width:120px; height:80px; background-color:#00ff00; float:left}
    .nei3{ width:120px; height:80px; background-color:#0000ff; float:left}
</style>
```

如果包含框太窄，无法容纳水平排列的三个浮动元素，那么无法被容纳的浮动块向下移动，直到有足够的空间，如图9-7所示。如果浮动元素的高度不同，那么当它们向下移动时可能被其他浮动元素“卡住”，如图9-8所示。

图9-7　无法容纳水平排列的三个浮动元素

图9-8　浮动元素的高度不同下移时被“卡住”

样式如下：

```
<style type="text/css">
```

```
    .wai{ width:300px; height:300px; background-color:##CCFF00; border-style:solid; border-
        color: #000000}
    .nei1{ width:120px; height:120px; background-color:#FF0000; float:left}
    .nei2{ width:120px; height:80px; background-color:#00ff00; float:left}
    .nei3{ width:120px; height:80px; background-color:#0000ff; float:left}
</style>
```

如果在3个块都左浮动的情况下,如图9-6所示,我们在某一块的后面填充上内容如文字或图片,比如在块1的后面添加一个段落,观察有什么情况发生,文字环绕块1,这时候浮动元素块1变成行内元素,占据了行内元素的空间,所以形成了文字环绕,如图9-9所示。

【例9-2】 设置float左浮动的效果。

```
<!doctype html>
<head>
<meta charset="utf-8"/>
<title>float 各种情况</title>
<style type="text/css">
.wai{ width:300px; height:300px; background-color:##CCFF00; border-style:solid; border-color:
#000000}
p{ padding:0px; margin:0px;}
.nei1{ width:80px; height:80px; background-color:#FF0000; float:left}
.nei2{ width:80px; height:80px; background-color:#00ff00; float:left}
.nei3{ width:80px; height:80px; background-color:#0000ff; float:left}
</style>
</head>
<body>
<div class="wai">
<div class="nei1">块 1</div>
<p>浮动实现文字环绕,浮动实现文字环绕,浮动实现文字环绕,浮动实现文字环绕,浮动实现文字环
绕,浮动实现文字环绕,浮动实现文字
浮动实现文字环绕,浮动实现文字环绕,浮动实现文字环绕,浮动实现文字环绕。</p>
<div class="nei2">块 2</div>
<div class="nei3">块 3</div>
</div>
</body>
</html>
```

如果不想让文字环绕,就需要文字元素部分设置clear属性,规定元素的哪一侧不允许其他浮动元素。clear属性就是清除浮动,可取的值:

left:在左侧不允许浮动元素,如果左侧存在浮动元素,会换行到下一行重新显示。

right:在右侧不允许浮动元素。如果右侧存在浮动元素,会换行到下一行重新显示。

both:在左右两侧均不允许浮动元素,如果存在浮动元素,会换行到下一行重新显示。

none:默认值。允许浮动元素出现在两侧,不清除浮动元素。

所以我们要设置<p>标签的clear属性为left,不允许左侧有浮动,效果如图9-10所示。

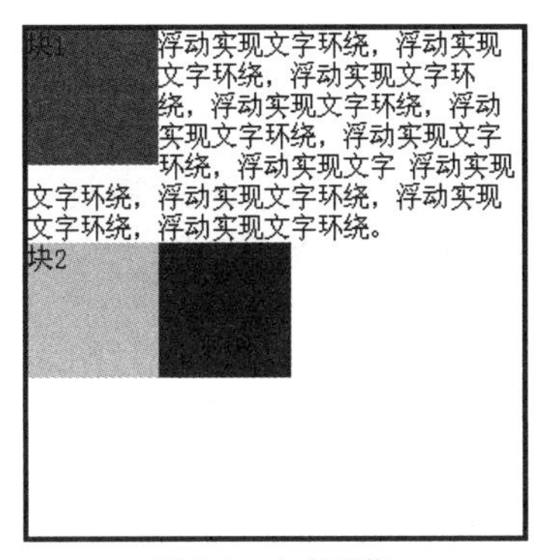

图 9-9　文字环绕

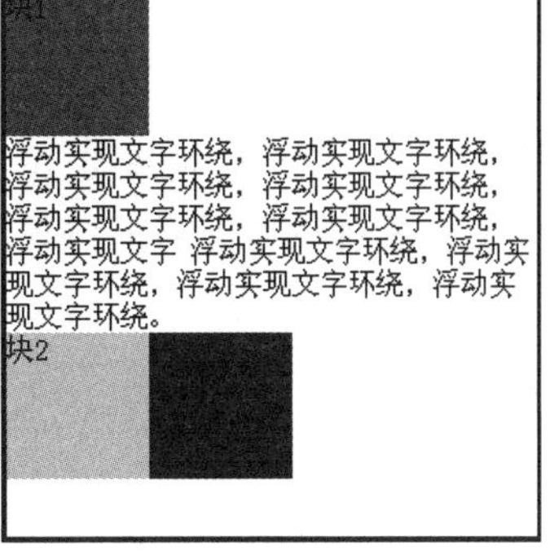

图 9-10　使用 clear 属性

在实际开发中，有时不知道上一个浮动元素的浮动方向，所以常用“clear：both”来替代，表示不管前一个浮动元素是左浮动还是右浮动，都进行换行区隔显示，这种用法更通用。

网页布局时的定位机制一般采用默认的普通文档流方式，除浮动外，偶尔还会使用绝对定位、相对定位的定位机制，它们都是偏移默认位置的定位方式，请在课下查阅相关资料自主学习相关内容。

任务 9.2　定位机制

任务需求

CSS 有三种基本的定位机制：普通流、浮动和绝对定位。定位的基本思想是允许元素相对于其正常位置应该出现的位置，或者相对于父元素、另一个元素甚至浏览器窗口本身的位置，进行位置的确定。

知识储备

除非专门指定，否则所有框都在普通流中定位。也就是说，普通流中的元素的位置由元素在 HTML 中的位置决定。块级元素（框）从上到下一个接一个地排列，框之间的垂直距离是由框的垂直外边距计算出来的。行内元素（框）在一行中水平布置，可以使用水平内边距、边框和外边距调整它们的间距。但是，垂直内边距、边框和外边距不影响行内框的高度。由一行形成的水平框称为行框（Line Box），行框的高度总是足以容纳它包含的所有行内框。不过，设置行高可以增加这个框的高度。

浮动在上一节进行了介绍，下面详细讲解相对定位和绝对定位。

前面项目学习的 div、h1 或 p 元素常常被称为块级元素，这意味着这些元素显示为一块内容，即“块框”。与之相反，像 span、img、a 等元素称为“行内元素”，这是因为它们的内容显示在行中，即“行内框”。您可以使用 display 属性改变生成的框的类型。这意味着，通过将 display 属性设置为 block，可以让行内元素（比如＜a＞元素）表现得像块级元素一样。还可以通过把 display 设置为 none，让生成的元素根本没有框，该框及其所有内容就不再显示，不占用文档中的空间。

9.2.1 CSS 的 position 属性

CSS 通过使用 position 属性精确定位元素的显示位置。然后通过边偏移属性 top、bottom、left、right 属性精确设置元素的位置。CSS 定位属性见表 9-1。

表 9-1 CSS 定位属性

属性	描述
position	把元素放置到一个静态的、相对的、绝对的或固定的位置中
top	定义了定位元素上外边距边界与其包含块上边界之间的偏移
right	定义了定位元素右外边距边界与其包含块右边界之间的偏移
bottom	定义了定位元素下外边距边界与其包含块下边界之间的偏移
left	定义了定位元素左外边距边界与其包含块左边界之间的偏移
vertical-align	设置元素的垂直对齐方式
z-index	设置元素的堆叠顺序

position 属性值有 4 种选择，对应 4 种不同类型的定位，position 属性值的含义如下：

- static：不定位，元素框正常生成。所有元素都显示为流动布局效果，是默认值。
- relative：相对定位，可以使用 left、right、top、bottom 属性指定元素在正常文档流中的偏移位置。元素仍保持其未定位前的形状，它原本所占的空间仍保留。
- absolute：绝对定位，强制元素从文档流中脱离，即元素框从文档流中完全删除，可以使用 left、right、top、bottom 属性指定其相对于其包含块定位，并使用 z-index 属性定义层叠顺序。包含块可能是文档中的另一个元素或者是初始包含块。元素原先在正常文档流中所占的空间会关闭，就好像元素原来不存在一样。元素定位后生成一个块级框，而不论原来它在正常流中生成何种类型的框。
- fixed：固定定位，根据浏览器窗口进行定位。元素框的表现类似于将 position 设置为 absolute，不过其包含块是视窗本身。

提示：相对定位实际上被看作普通流定位模型的一部分，因为元素的位置相对于它在普通流中的位置。

任何元素都可以定位，不过绝对或固定元素会生成一个块级框，而不论该元素本身是什么类型。相对定位元素会相对于它在正常流中的默认位置偏移。

9.2.2 CSS 静态定位

position 的值设置为 static，就是静态定位，也就是不进行定位的意思。static 静态定位中 left、right、top、bottom 属性不起作用，尝试下面主要代码，理解 static 静态定位。

```
<title>静态定位 static</title>
<style type="text/css">
body{
    margin: 0px;
}
.waibox{
    width: 100px;
```

```
    height: 100px;
    background-color: red;
    /* 默认的 position 是 static 方式
     * top、bottom、left、right 不起作用; */
}
</style>
</head>
<body>
<div class="waibox"></div>
</body>
```

9.2.3 CSS 相对定位

相对定位是一个非常容易掌握的概念,设置为相对定位的元素框会偏移某个距离,元素仍然保持其未定位前的形状,它原本所占的空间仍保留。如果对一个元素进行相对定位,它将出现在它所在的位置上。然后,可以通过设置垂直或水平位置,让这个元素相对于它的起点进行移动。如果将 top 设置为 20px,那么元素框将在原位置顶部下面 20 像素的地方。如果 left 设置为 30 像素,那么元素框将在其左边创建 30 像素的空间,也就是将元素向右移动。如果 top:20px;left:30px,就意味着元素框距离其包含块上部 20px,距离其包含块左部 30px,元素本身向下、向右移动了。

```
#box_relative {
    position: relative;
    left: 30px;
    top: 20px;
}
```

如图 9-11 所示。

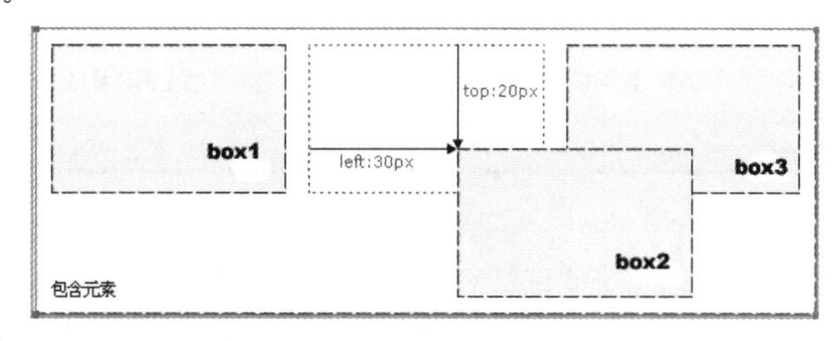

图 9-11 相对定位

注意:在使用相对定位时,无论是否进行移动,元素仍然占据原来的空间。因此,移动元素会导致它覆盖其他框。

下面是一个相对定位的示例,演示如何相对于一个元素的正常位置来对其进行定位。

【例 9-3】 相对于一个元素的正常位置来对其进行定位。

```
<!doctype html>
<head>
<meta charset="utf-8"/>
<meta charset="utf-8"/>
<title>相对定位</title>
<style type="text/css">
```

```
.position_left
{
    position:relative;
    left:-40px
}
.position_right
{
    position:relative;
    left:40px
}
</style>
</head>
<body>
<p>这是位于正常位置的段落</p>
<p class="position_left">这个段落相对于其正常位置向左移动样式"left:-40px"从元素的原始左侧位置减去 40 像素。</p>
<p class="position_right">这个标题相对于其正常位置向右移动样式"left:40px"向元素的原始左侧位置增加 40 像素。</p>
</body>
</html>
```

相对定位示例图效果如图 9-12 所示。

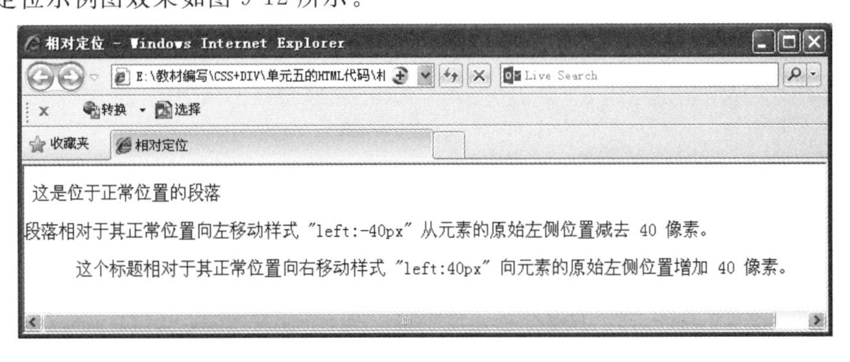

图 9-12 相对定位示例图效果

relative 相对定位是相对于(参照)自己在正常文档流中的偏移位置。用 top、bottom、left、right 设置相对于自己在正常文档流中的偏移位置,一定要弄清楚相对定位是相对于自己在正常文档流的位置。

1. 相对定位 relative——认识 top、bottom、left、right

用一个块进行演示,认识 top、bottom、left、right,演示顺序和演示的部分代码如下,注意观察 right:300px 与 right:30px、bottom:300px 与 bottom:30px、top:-30px 与 bottom:30px 时的区别。

top:30px,表示上边距离其原来正常位置的上边是 30px。

left:30px,表示左边距离其原来正常位置的左边是 30px。

right:300px,表示右边距离其原来正常位置的右边是 300px。

right:30px,表示右边距离其原来正常位置的右边是 30px。

bottom:300px,表示下边距离其原来正常位置的下边是 300px。

bottom:30px,表示下边距离其原来正常位置的下边是 30px。

top:－30px,表示上边距离其原来正常位置的上边是－30px。

bottom:30px,表示下边距离其原来正常位置的下边是 30px。

```
<title>相对定位 1-relative</title>
<style type="text/css">
body{
    margin: 0px;
}
.waibox{
    width: 100px;
    height: 100px;
    background-color: red;
    position: relative;
    /* 演示 top、bottom、left、right; */
}
</style>
</head>
<body>
<div class="waibox"></div>
</body>
```

2. 相对定位 relative——元素保留它原来所占的空间

用两个同一等级的块进行演示,说明元素保留它原来所占的空间,情况如图 9-13 所示。

图 9-13 相对定位元素保留它原来所占的空间

图 9-13 的最左边部分是两个平等块正常文档流的位置,左 2 部分是红块设置相对定位(它原来的位置还在)后的情况。

```
.waibox1{
    position: relative;
    top:100px;
    left:100px
}
```

这张图的左 3 部分是绿块设置相对定位(它原来的位置还在)后的位置情况。

```
.waibox2{
    position: relative;
    bottom:100px;(或者 top:－100px)
    left:100px
}
```

图的最右边绿块设置相对定位，演示它原来的位置还在，增加一个蓝块。

一个块如果有相对定位方式，它的水平居中的设置可以设置 margin：auto 或者 left：50％。思考一下，如果设置 right：50％是否可行，为什么？

9.2.4 CSS 绝对定位

设置为绝对定位的元素框从文档流完全删除，并相对于其包含块定位，包含块可能是文档中的另一个元素或者是初始包含块。元素原先在正常文档流中所占的空间会关闭，就好像该元素原来不存在一样。元素定位后生成一个块级框，而不论原来它在正常流中生成何种类型的框。绝对定位使元素的位置与文档流无关，因此不占据空间。这一点与相对定位不同，相对定位实际上被看作是普通流定位模型的一部分，因为元素的位置是相对于它在普通流中的位置。普通流中其他元素的布局就像绝对定位的元素不存在一样。

```
#box_relative{
    position:absolute;
    left:30px;
    top:20px;
}
```

绝对定位如图 9-14 所示。

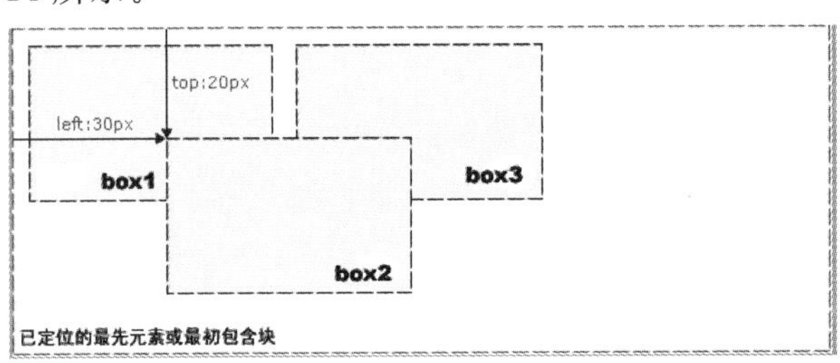

图 9-14 绝对定位

相对定位是相对于元素在文档中的初始位置，而绝对定位是相对于最近的已定位祖先元素，如果不存在已定位的祖先元素，那么相对于最初的包含块。因为绝对定位的框与文档流无关，所以它们可以覆盖页面上的其他元素。可以通过设置 z-index 属性来控制这些框的堆放次序。

1. body 是 absolute 元素的外层元素，且 body 没有设置定位。这时候元素是参照 body 进行定位的。同时将绝对定位改为相对定位再看结果，查看与 relative 的区别。部分代码如下：

```
<title>绝对定位-body 是 absolute 元素的外层元素，且 body 没有设置任何定位</title>
<style type="text/css">
body{
    margin: 0px;
    background:palegreen;
}
.waibox1{
    width: 200px;
    height: 200px;
    background-color: red;
    position:absolute;/*演示的时候改为相对定位再看结果*/
```

```
    left:50px;
}
<div class="waibox1">外层盒子的内容</div>
```

2. 元素绝对定位后，元素脱离文档流。

绝对定位使元素原先在正常文档流中所占的空间关闭，就好像该元素原来不存在一样。演示它与相对定位是有区别的。

```
<body>
<div class="waibox1">第一个外层盒子的内容</div>
盒子外其他内容
</body>
```

3. 增加一个内部块，为了演示内部块相对于谁进行定位，我们把外层块的定位方式先取消。设置内部块1的定位是绝对定位，观察它相当于谁进行定位。观察结果是：它的父元素没有定位方式，它就相对 body 定位，通过为父元素设置 margin-left 进行说明。

```
<title>绝对定位-absolute 元素有 2 个外层元素，且都没有设置任何定位</title>
<style type="text/css">
body{
    margin: 0px;
    background:palegreen;
}
.waibox1{
    width: 200px;
    height: 200px;
    background-color: red;
    margin-left: 200px;
}
.neibox1{
    width: 100px;
    height: 100px;
    background-color: green;
    position: absolute;
    left: 20px;
}
/* absolute 元素有 2 个外层元素，且都没有设置任何定位
    通过为最近的父元素设置 margin-left，可以看出它相对于 body 定位
*/
</style>
</head>
<body>
<div class="waibox1">
<div class="neibox1">内部</div>
</div>
</body>
```

4.我们再去嵌套一层,将最内部的元素设置为绝对定位,看它相对于(参照)谁进行定位?可以使用如下的演示顺序。

(1)都没有定位方式:正常文档流。

(2)最内部绝对定位,left:50px,所有祖先元素都不设置定位,50px是相对body的。

(3)最内部绝对定位,left:50px,父元素设置定位,它就相对于父元素进行定位。如果父元素设置样式为.zhongbox1{position:relative;margin-left:300px;},我们可以在浏览器查看它是相对于父元素进行定位的。

(4)最内部绝对定位,left:50px,父父元素设置定位,.waibox1{position:relative;},然后设置中间盒子margin-left:300px;,它就相对于父父元素。

(5)最内部绝对定位,left:50px,父元素和父父元素都设置定位,.waibox1{position:relative;},然后设置中间盒子margin-left:300px;,它参照父盒子,因此这时候的结论就是,它相对于最近的已定位元素进行定位。

下面是一个绝对定位的示例。

【例9-4】 绝对定位的应用。

```
<!doctype html>
<head>
<meta charset="utf-8"/>
<title>绝对定位</title>
<style type="text/css">
.position_absolute
{
    position:absolute;
    left:100px;
    top:100px
}
</style>
</head>
<body>
<p class="position_absolute">这是带有绝对定位的段落。</p>
<p>上面的段落通过绝对定位,将段落放置到距离页面左侧100px,距离页面顶部100px的位置。</p>
</body>
```

绝对定位示例图效果如图9-15所示。

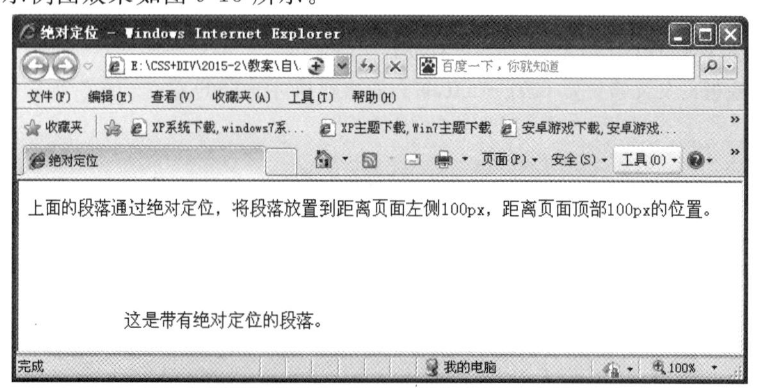

图9-15 绝对定位示例图效果

9.2.5　CSS 固定定位

固定定位 flex:参考的是浏览器窗口进行定位。

我们可以在网页中多放置一些内容,目的是出现滚动条,浏览发现它与浏览器的位置始终保持不变。如果定位不是 flex,而是 absolute,浏览发现它与 body 的位置保持不变。设置 bottom 0 right 0,它就在右下角保持与浏览器的位置不变,此固定定位 flex 参考的是浏览器窗口进行定位。

9.2.6　CSS 的 z-index 属性

所有主流浏览器都支持 z-index 属性。z-index 属性设置元素的堆叠顺序。如果为正数,则离用户更近,为负数则表示离用户更远。拥有更高堆叠顺序的元素总是会处于堆叠顺序较低的元素的前面。因此 z-index 可用于将一个元素放置于另一元素之后。不过 z-index 仅在定位元素上有效果。下面是 z-index 为－1 的示例,效果如图 9-16 所示。z-index 默认为 0,当它为 0 时,效果如图 9-17 所示,大家可以体会其中的变化。

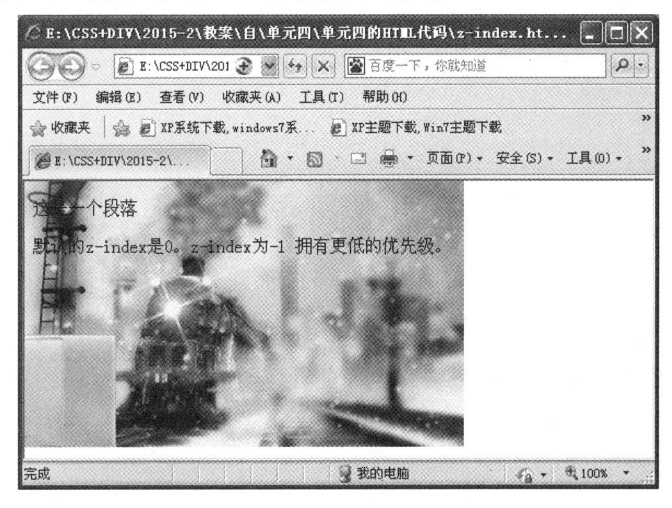

图 9-16　z-index 为－1 的情况

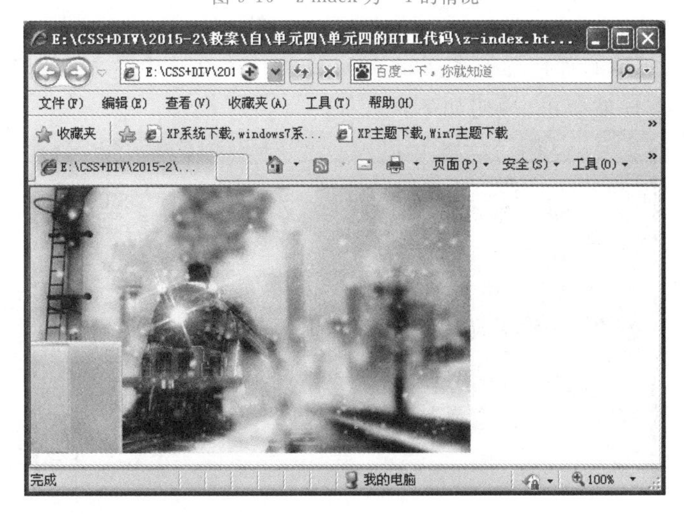

图 9-17　z-index 为 0 即默认的情况

【例 9-5】 z-index 属性的设置。

```
<! doctype html>
<head>
<meta charset="utf-8"/>
<style type="text/css">
.order
{
    position:absolute;
    left:0px;
    top:0px;
    z-index:-1
}
</style>
</head>
<body>
<p>这是一个段落</p>
<img class="order" src="images/libie.jpg"/>
<p>默认的 z-index 是 0。z-index 为-1 拥有更低的优先级。</p>
</body>
</html>
```

任务 9.3 制作垂直导航菜单和实现顶部布局

任务需求

我们通过一些综合性较强的任务实践上面的浮动、定位等知识。

任务实现

9.3.1 制作垂直导航菜单

制作如图 9-18 所示的垂直导航菜单的页面效果。在设计中主要利用列表、超链接、盒子模型等属性设计垂直导航菜单，说明如下：

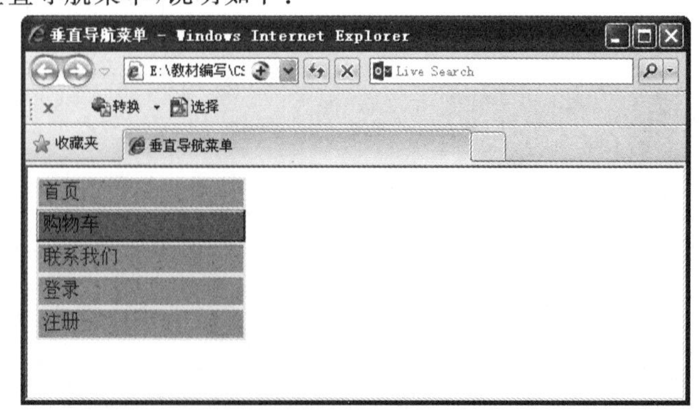

图 9-18 垂直导航菜单

- 使用 div-ul-li 编写组织结构。
- 整个区块的样式要求：清除外边距，内填充，清除项目符号，固定列表宽度为 180px。
- 超链接的样式要求：定义块状显示，增加内填充上下 2px，左右 4px，清除超链接的下划线，设置浅蓝色背景，并且定义边框 2px、solid、#FFF2BF。
- 实现动态效果显示，定义鼠标经过时的样式：字体颜色黑色、背景变为#0099FF，边框样式 outset，超链接被激活时边框改为 inset 的样式。

下面我们主要利用列表属性、盒子模型和超链接属性设计垂直导航菜单。

首先设计内容结构，利用 div-ul-li 结构来组织，之后设置样式。一般在垂直导航菜单设计中，总会隐藏列表结构的默认样式，取消列表的项目符号 list-style-type: none，取消列表缩进 margin: 0; padding: 0，然后固定列表项目的宽度和高度，这里设置块的宽度 width: 180px;，同时设置超链接以块显示 display: block，并定义对应的宽度和高度，最后借助背景颜色、字体颜色、边框颜色的变化来营造鼠标经过时的动态效果，具体实现步骤如下：

首先设计内容结构，代码如下：

```
<body>
<ul id="menu">
    <li><a href="#" title="">首页</a></li>
    <li><a href="#" title="">购物车</a></li>
    <li><a href="#" title="">联系我们</a></li>
    <li><a href="#" title="">登录</a></li>
    <li><a href="#" title="">注册</a></li>
</ul>
</body>
```

只有内容的垂直导航菜单效果如图 9-19 所示。

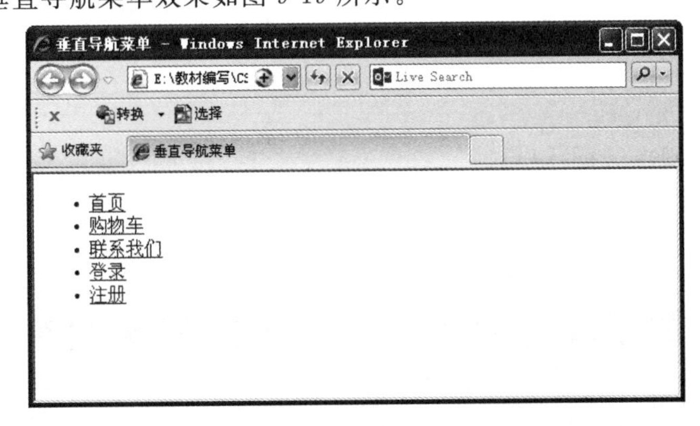

图 9-19 只有内容的垂直导航菜单

接着我们设置样式，清除项目符号，固定列表宽度，并且清除外边距，内填充。

```
<style type="text/css">
#menu {
    list-style-type: none;
    margin: 0;
    padding: 0;
    width: 180px;
}
</style>
```

在浏览器中看到的效果如图 9-20 所示。

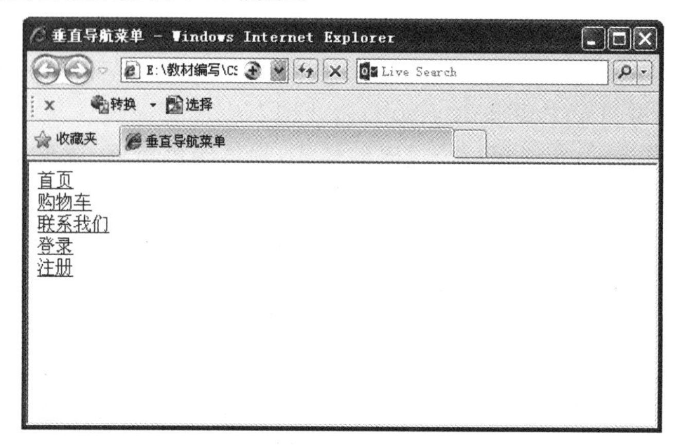

图 9-20 设置列表样式后垂直导航菜单

下面我们继续设置超链接的样式：定义块状显示，增加内填充上下 2px，左右 4px，清除超链接的下划线，设置浅蓝色背景，并且定义边框。

```
<style type="text/css">
#menu {
    list-style-type: none;
    margin: 0;
    padding: 0;
    width: 180px;
}
#menu li a {
    display: block;
    padding: 2px 4px;
    text-decoration: none;
    background-color: #00CCFF;
    border: 2px solid #FFF2BF;
}
```

设置超链接样式后垂直导航菜单效果如图 9-21 所示。

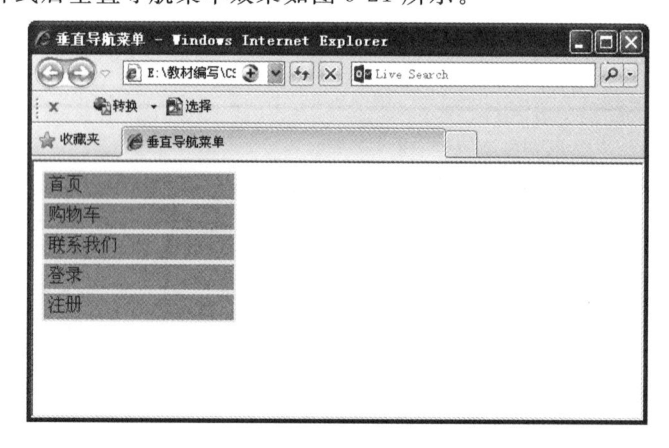

图 9-21 设置超链接样式后垂直导航菜单效果

最后为了实现动态效果显示，我们定义鼠标经过时的样式和超链接被激活时的样式。最后效果见图 9-18。

```
<style type="text/css">
#menu {
    list-style-type: none;
    width: 180px;
    margin: 0;
    padding: 0;
}
#menu li a {
    display: block;
    padding: 2px 4px;
    text-decoration: none;
    background-color: #00CCFF;
    border: 2px solid #FFF2BF;
}
#menu li a:hover {
    color: black;
    background-color: #0099FF;
    border-style: outset;
}
#menu li a:active {
    border-style: inset;
}
</style>
```

9.3.2　实现顶部布局

合理运用盒子模型知识以及 float 和 clear 属性，规划实现如图 9-22 所示的布局结构。

图 9-22　商城网站顶部

图 9-22 是商城的顶部，顶部可以划分为四块内容：左上部的 logo、右边的顶部菜单 menu 和欢迎词以及底部的导航部分，主体结构如图 9-23 所示。先为每一部分写上提示内容，以便后面样式化。

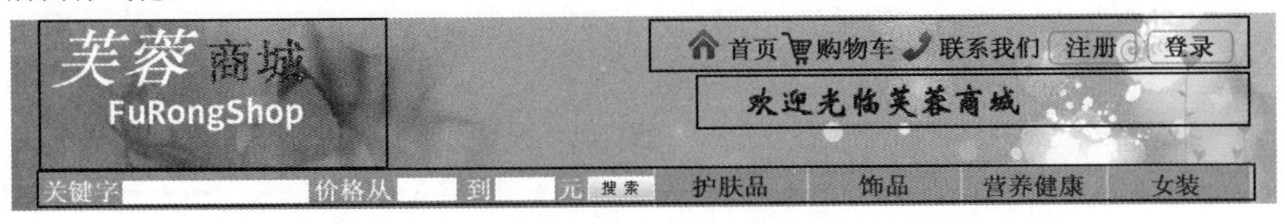

图 9-23　商城网站顶部主体结构

```
<body>
<div id="header">
<div id="logo">LOGO</div>
<div class="up_right_menu">顶部菜单</div>
<div class="up_right_hello">欢迎光临芙蓉商城!</div>
<div class="nav">导航条</div>
</div><!--header end-->
</body>
```

未使用样式的效果如图 9-24 所示。

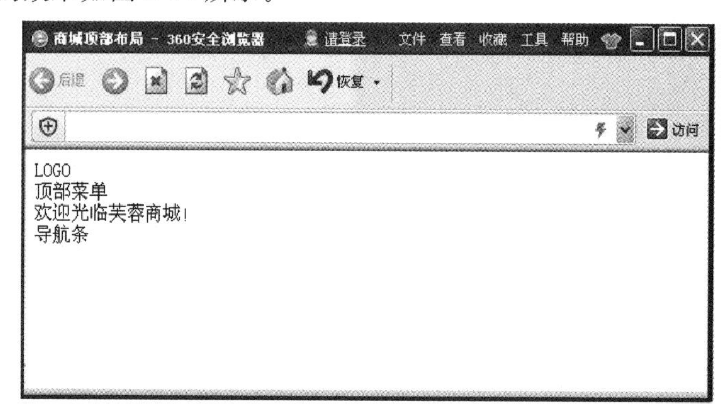

图 9-24 未使用样式的效果

然后我们利用图片处理工具测量出四部分中每一部分的宽和高，左上部的 logo:289px×116px，右边的顶部菜单 menu:490px×41px，欢迎词:450px×43px，底部的导航:985px×30px。为区分各个部分，为它们加上背景，对于它们的容器 header，设置其宽度为 1024px，高度测量出是 150px，并且水平居中。为了准确，去掉 body 的默认内外边距。设置代码如下：

```
<style>
body{ margin:0px; padding:0px;}
#header {width:1024px;height:150px; background-color:#CC0099; margin:0px auto;}
    .logo {
        width:289px;height:116px;
        background:#999;}
    .up_right_menu{
        width:490px;height:41px;
        background:#ccc;}
    .up_right_hello{
        width:450px;height:43px;
        background:#33FF33;}
    .nav{
        width:985px;height:30px;
        background:#3cc;}
</style>
```

设置各块大小之后的效果如图 9-25 所示。

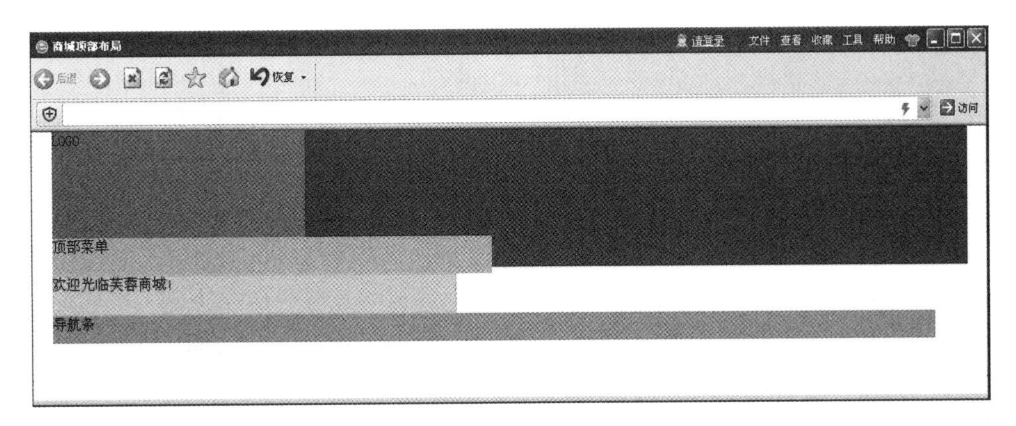

图 9-25　设置各块大小之后的效果

利用浮动设置 logo 左浮动，顶部菜单和欢迎词右浮动，导航条取消左右两侧的浮动元素，代码如下：

```
<style>
body{ margin:0px; padding:0px;}
#header {width:1024px;height:150px; background-color:#CC0099; margin:0px auto;}
    .logo {
        width:289px;height:116px;
        background:#999;
        float:left;}
    .up_right_menu{
        width:490px;height:41px;
        background:#ccc;
        float:right;}
    .up_right_hello{
        width:450px;height:43px;
        background:#33FF33;
        float:right;}
    .nav{
        width:985px;height:30px;
        background:#3cc;
        clear:both;}
</style>
```

设置浮动之后的效果如图 9-26 所示。

图 9-26　设置浮动之后的效果

项目小结

本项目主要讲解了浮动和定位。文档流就是指文档自上而下的书写顺序，将窗体自上而下分成一行行，并在每行中按从左至右的顺序排放元素流。每个非浮动块级元素都独占一行，浮动元素则按规定浮在行的一端。若当前行容不下，则另起新行再浮动。CSS有三种基本的定位机制：普通流、浮动和绝对定位。除非专门指定，否则所有框都在普通流中定位。也就是说，普通流中的元素的位置由元素在HTML中的位置决定。块级元素从上到下一个接一个地排列，行内元素在一行中水平布置。定位的基本思想很简单，它允许定义元素框相对于其正常位置应该出现的位置，或者相对于父元素、另一个元素甚至浏览器窗口本身的位置。position属性值有4种选择，对应4种不同类型的定位，static：不定位，元素框正常生成。所有元素都显示为流动布局效果，是默认值。relative：相对定位，可以使用left、right、top、bottom属性指定元素在正常文档流中的偏移位置。元素仍保持其未定位前的形状，它原本所占的空间仍保留。absolute：绝对定位，强制元素从文档流中脱离，即元素框从文档流中完全删除，可以使用left、right、top、bottom属性指定其相对于其包含块定位。并使用z-index属性定义层叠顺序。fixed：固定定位，根据浏览器窗口进行定位。

习　题

一、简答题

1. 解释盒子模型的float属性。

2. 解释盒子模型的display属性。

二、编程题

1. 写出下列要求的CSS样式表。

(1)设置页面背景图像为login_back.gif，并且背景图像垂直平铺。

(2)使用类选择器，设置按钮的样式，按钮背景图像：login_submit.gif；字体颜色：#FFFFFFF；字体大小：14px；字体粗细：bold；按钮的边界、边框和填充均为0px。

2. 写出下列要求的CSS样式表。

(1)使用<td>标签样式，设置字体颜色：#2A1FFF；字体大小：14px。内容与边框之间的距离：5px。

(2)使用超链接伪类：不带下划线；颜色：#333333；鼠标悬停在超链接上方时，显示下划线；颜色：#FF5500。

项目 10

典型页面局部布局

项目要点

- div-ul-li 实现导航菜单。
- div-dl-dt-dd 实现图文混编。
- 伪类样式控制超链接样式。

技能目标

- 使用 div-ul-li 实现导航菜单局部布局。
- 使用 div-dl-dt-dd 实现图文混编。
- 使用伪类样式控制超链接样式。

任务 10.1　div-ul-li 实现横向导航菜单

任务需求

大家通过前面项目的学习已经具有了一定的 HTML 和 CSS 的基础，接下来可以进一步学习 CSS+DIV 两种典型页面布局结构：用 div-ul(ol)-li 和 div-dl-dt-dd 结构实现局部布局。div-ul(ol)-li 常用于分类导航或菜单等场合，这个项目就是介绍分类导航和菜单制作的。

任务实现

利用 div-ul-li 来实现一个导航菜单。阅读完后，根据自己的需求加以改善，做出一个属于自己的导航。在这个制作过程中请注意每个步骤与上一步骤的区别。

(1)创建无序列表。

```
<div>
<ul>
    <li><a target="_blank" href="https://www.baidu.com">菜单一</a></li>
    <li><a target="_blank" href="https://www.sogou.com">菜单二</a></li>
    <li><a target="_blank" href="https://www.bing.com">菜单三</a></li>
    <li><a target="_blank" href="https://www.so.com">菜单四</a></li>
    <li><a target="_blank" href="https://www.soso.com">菜单五</a></li>
    <li><a target="_blank" href="https://www.youdao.com">菜单六</a></li>
</ul>
</div>
```

无序列表浏览图效果如图 10-1 所示。

图 10-1 无序列表浏览图效果

(2)将“li”默认样式“圆点”利用 CSS 隐藏。

```
<style type="text/css">
    .nav li{list-style:none}
</style>
<div class="nav">
    <ul>
        <li><a target="_blank" href="https://www.baidu.com">菜单一</a></li>
        <li><a target="_blank" href="https://www.sogou.com">菜单二</a></li>
        <li><a target="_blank" href="https://www.bing.com">菜单三</a></li>
        <li><a target="_blank" href="https://www.so.com">菜单四</a></li>
        <li><a target="_blank" href="https://www.soso.com">菜单五</a></li>
        <li><a target="_blank" href="https://www.youdao.com">菜单六</a></li>
    </ul>
</div>
```

去掉 li 的圆点效果如图 10-2 所示。

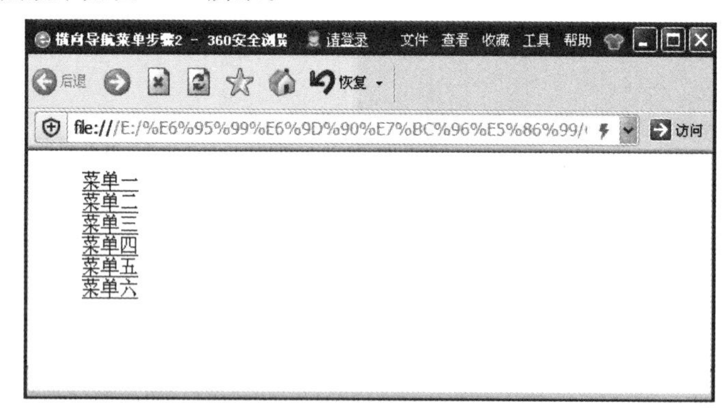

图 10-2 去掉 li 的圆点效果

(3)通过浮动使“li”元素横向排列。

```
<style type="text/css">
    .nav li{ list-style:none; float:left;}
</style>
```

通过浮动使“li”元素横向排列效果如图 10-3 所示。

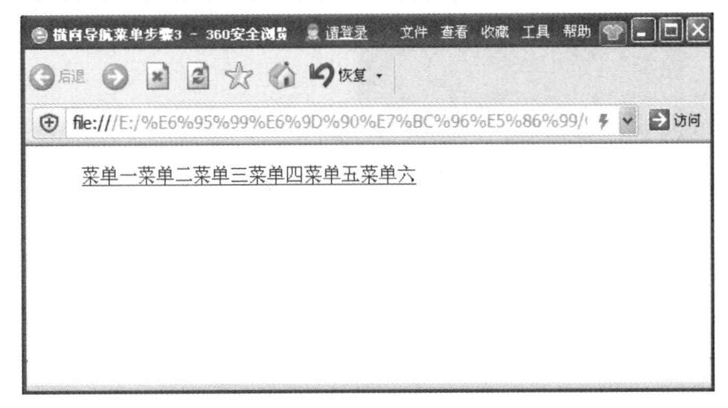

图 10-3　通过浮动使“li”元素横向排列效果

(4)调整“li”元素的宽度。

```
<style type="text/css">
    .nav li{ list-style:none;float:left; width:100px;}
</style>
```

调整“li”元素的宽度效果如图 10-4 所示。

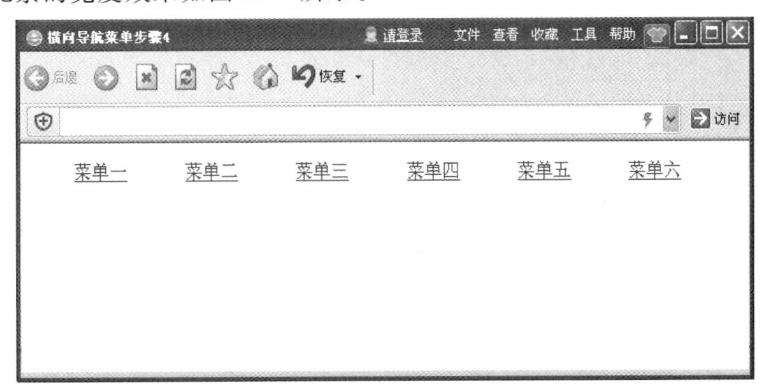

图 10-4　调整“li”元素的宽度效果

(5)通过 CSS 伪类设置菜单效果。

```
<style type="text/css">
    .nav li{ list-style:none;float:left; width:100px;}
    .nav a:link {color:pink; font-weight:bold; text-decoration:none; background:green;}
    .nav a:visited{color:pink; font-weight:bold; text-decoration:none; background:green;}
    .nav a:hover {color:green; font-weight:bold; text-decoration:none; background:yellow;}
</style>
```

CSS 伪类设置菜单效果如图 10-5 所示。

(6)将链接以块级元素显示并细微调整。

```
<style type="text/css">
    .nav li{ list-style:none;float:left; width:100px; margin-left:3px; line-height:30px;}
    .nav a:link {color:pink;font-weight:bold;
        text-decoration:none; background:green;}
    .nav a:visited{color:pink; font-weight:bold;
        text-decoration:none; background:green;}
```

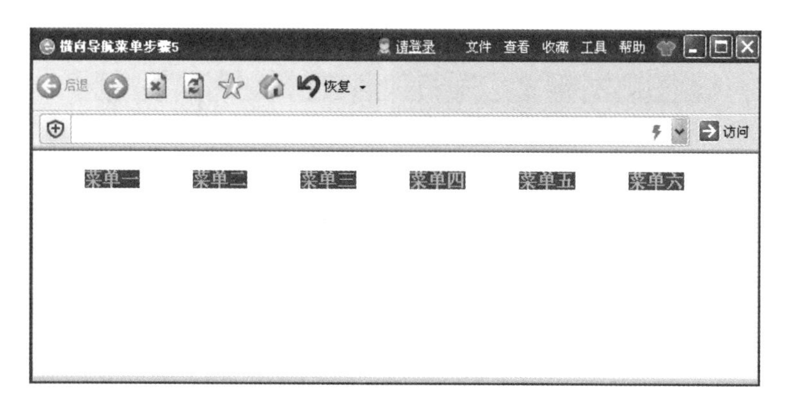

图 10-5　CSS 伪类设置菜单效果

```
    .nav a:hover {color:green; font-weight:bold;
        text-decoration:none; background:yellow;}
    .nav a {display:block; text-align:center; height:30px;}
</style>
```

CSS 调整解释：

- display:block，将超链接以块级元素显示。
- text-align:center，将菜单文字居中。
- height:30px，增加背景的高度。
- margin-left:3px，使每个菜单之间空 3px 距离。
- line-height:30px，定义行高，使之与 height:30px 一致，目的是使链接文字纵向居中。

链接以块级元素显示并细微调整效果如图 10-6 所示。

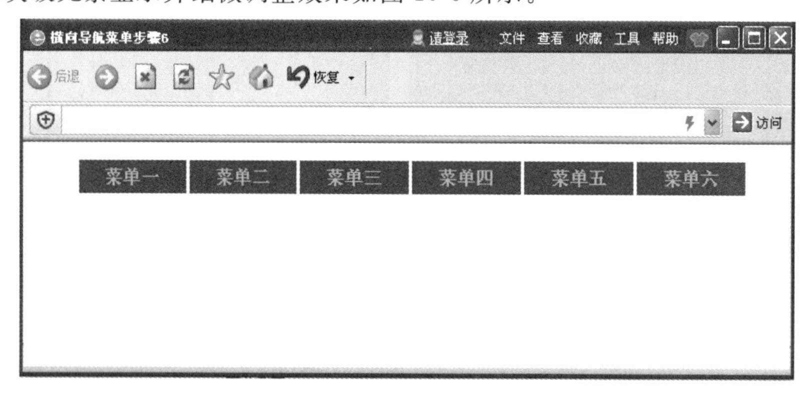

图 10-6　链接以块级元素显示并细微调整效果

(7)进一步调整，增加 nav 块的背景和块高度的设置。

```
<style type="text/css">
    .nav {height:30px;background:green;}
    .nav li{ list-style:none;float:left; width:100px; margin-left:3px; line-height:30px;}
    .nav a:link {color:pink; font-weight:bold; text-decoration:none; background:green;}
    .nav a:visited{color:pink; font-weight:bold; text-decoration:none; background:green;}
    .nav a:hover {color:green; font-weight:bold; text-decoration:none; background:yellow;}
    .nav a {display:block; text-align:center; height:30px;}
</style>
```

增加块背景效果如图 10-7 所示。

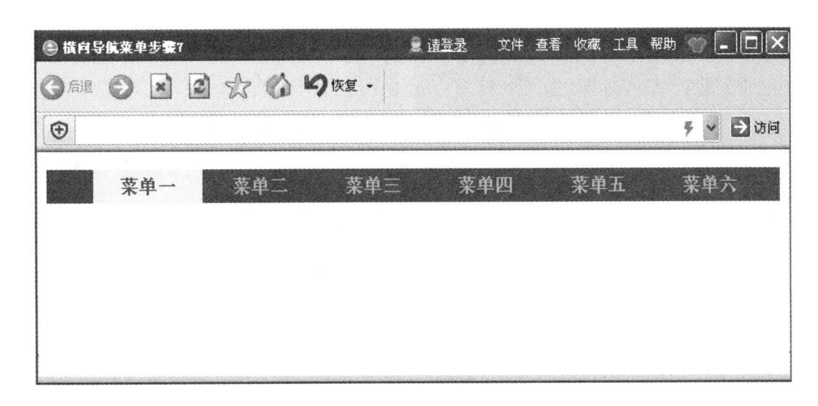

图 10-7　增加块背景效果

完整的代码如下：

```
<html>
<head>
<meta charset="utf-8"/>
<title>横向导航菜单</title>
<style type="text/css">
    .nav{height:30px;background:green;}
    .nav li{list-style:none;float:left; width:100px;margin-left:3px; line-height:30px; }
    .nav a:link {color:pink; font-weight:bold; text-decoration:none; background:green;}
    .nav a:visited{color:pink; font-weight:bold; text-decoration:none; background:green;}
    .nav a:hover {color:green; font-weight:bold; text-decoration:none; background:yellow;}
    .nav a {display:block; text-align:center; height:30px;}
</style>
</head>
<body>
<div class="nav">
    <ul>
        <li><a target="_blank" href="https://www.baidu.com">菜单一</a></li>
        <li><a target="_blank" href="https://www.sogou.com">菜单二</a></li>
        <li><a target="_blank" href="https://www.bing.com">菜单三</a></li>
        <li><a target="_blank" href="https://www.so.com">菜单四</a></li>
        <li><a target="_blank" href="https://www.soso.com">菜单五</a></li>
        <li><a target="_blank" href="https://www.youdao.com">菜单六</a></li>
    </ul>
</div>
</body>
</html>
```

有了前面的 div-ul-li 实现导航菜单的技术知识，我们应该较容易完成下面的项目，在此任务中完成护肤品、饰品、营养健康、女装菜单项的制作，主要任务就是将 nav 块放置在合适的位置，并且规划四个菜单项的分布。

为了准确设置，将 body 的内外边距置 0，header 的宽高与背景图片一致，设置 header 水平居中，其他内外边距置 0，为了更清晰地看到 nav 块，暂且给它加个背景。通过测量，设置

nav 的左外边距和上外边距，由于 div 嵌套引起的 margin-top 不起作用。有两个嵌套关系的 div，如果外层 div 的父元素 padding 值为 0，那么内层 div 的 margin-top 或者 margin-bottom 的值会“转移”给外层 div。这里可以把 margin-top 外边距改成 padding-top 内边距，或者父层 div 加 padding-top: 1px，这里选择后者。制作如图 10-8 所示右下部导航条的页面效果。

图 10-8 右下部导航条

内容结构代码如下：

```
<body>
<div id="header">
    <div class="nav">
        <ul>
            <li><a href="#">护肤品  </a></li>
            <li><a href="#">饰   品</a></li>
            <li><a href="#">营养健康</a></li>
            <li><a href="#">女   装</a></li>
        </ul>
    </div><!--nav 结束-->
</div><!--header 结束-->
</body>
```

样式参考代码如下：

```
<style>
    body{ margin:0px; padding:0px;}
    #header { width:1024px; height:150px;
        margin:0px auto;
        padding-top: 1px; padding-right:0px; padding-bottom:0px; padding-left:0px;
        background:url(images/header_bg8.png) no-repeat;
    }
    #header .nav{
        background-color: #33CCFF;
        width:485px; height:30px;
        margin-left:520px;margin-top:120px;}
</style>
```

菜单项未规划之前效果如图 10-9 所示。

下面就是分布这四个菜单项了，在图像处理工具中量得每一个菜单项的宽度是 121px，这样设置每个 li 宽度为 121px，左浮动，取消 nav 的背景颜色，设置 li 的行高与 nav 的高度一致，也就是文字垂直居中，同样设置 text-align:center 使文字水平居中，效果如图 10-10 所示。

之后设置超链接的伪类，样式代码如下：

```
.nav li a{text-decoration:none;font-size:18px; color: #333333; font-weight:bold;}
```

菜单项应用超链接伪类之后效果如图 10-11 所示。

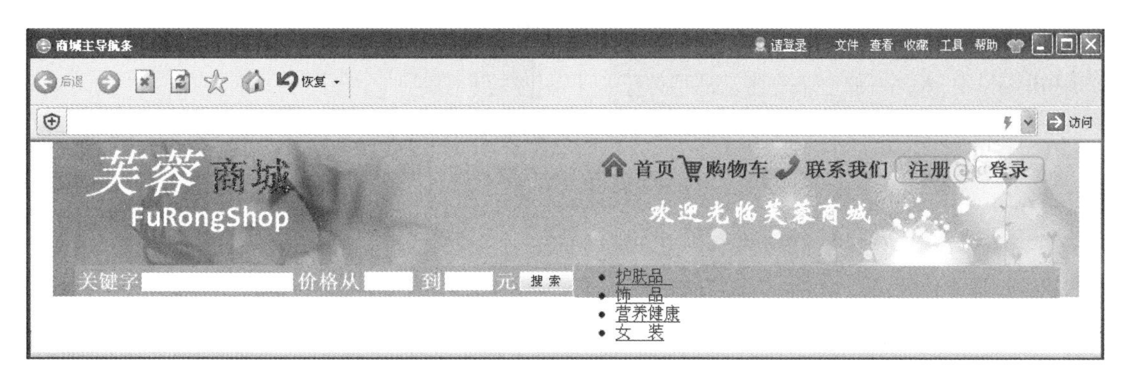

图 10-9　菜单项未规划之前效果

图 10-10　菜单项规划之后效果

图 10-11　菜单项应用超链接伪类之后效果

其他知识这里不再赘述。

任务 10.2　div-dl-dt-dd 实现图文混排

任务需求

在 CSS＋DIV 的典型布局中，div-dl-dt-dd 结构常用于图文混编场合。除此之外，还有 table-tr-td 常用于图文布局或显示数据的场合；form-table-tr-td 用于布局表单的场合。下面就介绍 div-dl-dt-dd 结构实现图文混排。

任务实现

div-dl-dt-dd 用于图文混排时，一般情况是＜dt＞放图片，＜dd＞放文字，＜dl＞做结构容器，方便扩展。把图片看作“标题”，将后续的文字看作“具体的描述”，因此，从语义的角度，应采用 div-dl-dt-dd 结构进行描述，下面就看一下具体的步骤。

(1)先建立图文布局结构，即先建立 HTML 标签组织结构。

```
<head>
<meta charset="utf-8"/>
<title>div-dl-dt-dd 实现图文混排 1</title>
</head>
<div class="sidebar_center">
    <dl>
        <dt><img src="images/show1.jpg" /></dt>
        <dd><a href="#" target="_top"><img src="images/top_icon.jpg" />已售出 988 件</a>
        </dd>
    </dl>
    <dl>
        <dt><img src="images/show2.jpg" /></dt>
        <dd><a href="#" target="_top"><img src="images/top_icon.jpg" />已售出 735 件</a>
        </dd>
    </dl>
    <dl>
        <dt><img src="images/show4.jpg" /></dt>
        <dd><a href="#"><img src="images/top_icon.jpg" />已售出 700 件</a></dd>
    </dl>
    <dl>
        <dt><img src="images/show5.jpg" /></dt>
        <dd><a href="#"><img src="images/top_icon.jpg" />已售出 657 件/a></dd>
    </dl>
</div>
```

HTML 标签组织结构效果如图 10-12 所示。

图 10-12 HTML 标签组织结构效果

(2)在图 10-12 中,<dd>内的文字和<dt>内的图片排列在同一行,所以应设置<dt>左浮动,实现图片和文字在同一行。

```
<style type="text/css">
    .sidebar_center dl dt{ float:left;}
</style>
```

第一个 dt 左浮动向左找到其父元素 dl 的边框而停下来,第一个 dt 左浮动后,它后面的第一个 dd 元素就像 dt 不存在一样移动到第一个 dt 所在的行。第二个 dt 左浮动向左找到前一个左浮动的 dt 的边缘而停止移动,第二个 dt 左浮动后,它后面的第二个 dd 元素就像 dt 不存在一样移动到第二个 dt 所在的行,后面 dt 与 dd 的移动规律与上述相同,呈现如图 10-13 所示的效果。

图 10-13　设置 dt 左浮动效果

(3)调整<dd>行高实现文字垂直居中,也就是设置<dt>的高度和<dd>的行高一致,以实现单行文字的垂直居中。通过查看,得知图片的高度是 46px,因此设置 dd 的行高为 46px。

```
<style type="text/css">
    .sidebar_center dt{ float:left;}
    .sidebar_center dl dd{ line-height:46px;}
</style>
```

设置<dt>的高度和<dd>的行高一致的效果如图 10-14 所示。

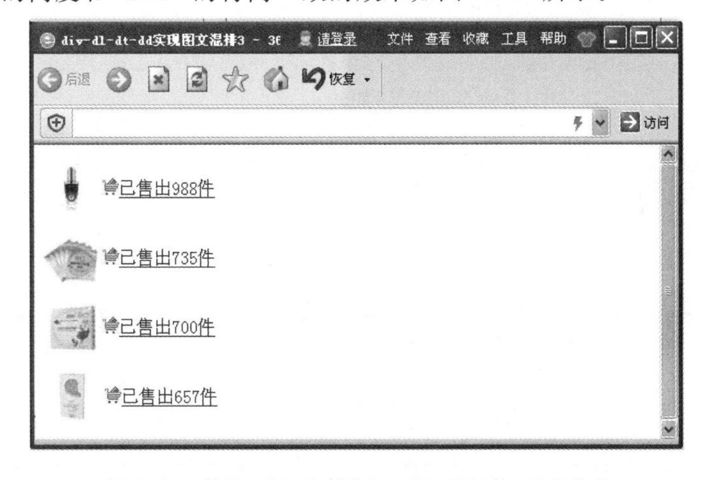

图 10-14　设置<dt>的高度和<dd>的行高一致的效果

如果没有进一步的美化要求，至此已经基本实现图文混排的效果。下面进一步美化，使之达到最终效果。

(4)为左边图片设置 1px、实线、#9ea0a2 颜色的修饰边框。

```
<style type="text/css">
    .sidebar_center dl dt{ float:left;}
    .sidebar_center dl dd{ line-height:46px;}
    .sidebar_center dl dt img{ border:1px solid #9ea0a2;/* border:1px solid 设置图片的外边框 */}
</style>
```

为左边图片设置修饰边框效果如图 10-15 所示。

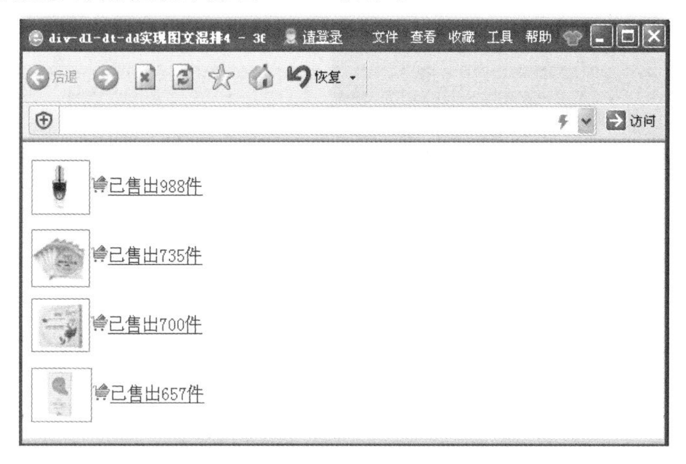

图 10-15　为左边图片设置修饰边框效果

(5)图片和文字分开一定的距离，增加美感。可以有多种设置方式，如可以设置左边 dt 图片的右边距，也可以设置右边 dd 文字的左边距。

```
<style type="text/css">
    .sidebar_center dl dt{ float:left; margin-right:10px;}
    .sidebar_center dl dd{ line-height:46px;}
    .sidebar_center dl dt img{ border:1px solid #9ea0a2;/* border:1px solid 设置图片的外边框 */}
</style>
```

图片和文字分开一定距离的效果如图 10-16 所示。

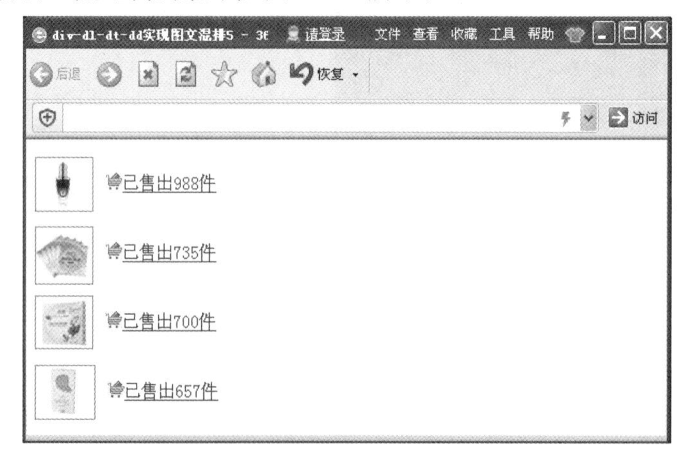

图 10-16　图片和文字分开一定距离的效果

如果设置右边 dd 文字的左边距为 10px，感觉没有分开，要用一个较大的数值，原因是 dd 本身就有一个默认的左外边距，所以可以先清除左外边距，再设置为 10px，效果如图 10-17 所示。

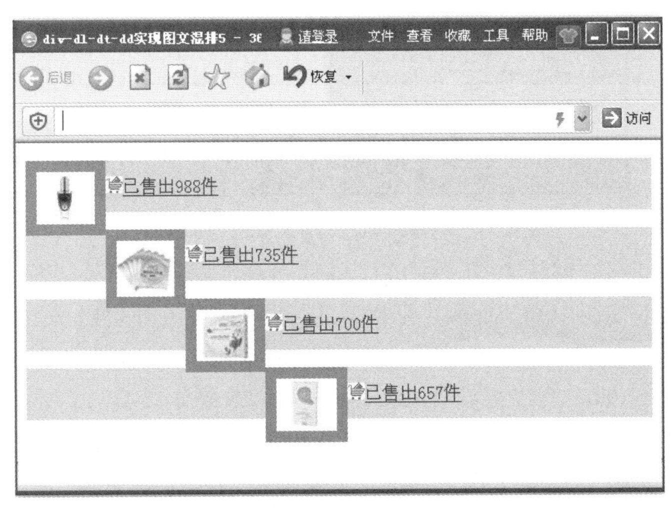

图 10-17　边框宽度值为 10px 的效果

在进行第 4 步时，如果图片的边框宽度设置不是 1px，而是一个较大的值，比如对此示例而言我们设置为 10px 的一个值，文字很显然不是垂直居中了，效果如图 10-17 所示，因为最初设置文字垂直居中是按照 dt 中的图片高度设置的，现在想要文字垂直居中，就要设置 dd 的高度和 dt 所占空间的高度一致，在这个示例中也就是图片本高度再加上上下边框的宽度值，这里就要设置 dd 的 line-height 为 46px＋10px＋10px＝66px。为了让大家看清楚，我们增加了 dl 的背景颜色，效果如图 10-18 所示。

图 10-18　重新设置 dd 的 line-height 之后的效果

在 div-dl-dt-dd 的结构中，dl 和 dd 都存在默认外边距。为了让大家看清楚，我们增加了 body 和 dl 的背景。我们知道 body 也有默认的外边距，将其 margin 设置成 0px 之后，显示效果如图 10-19 所示。

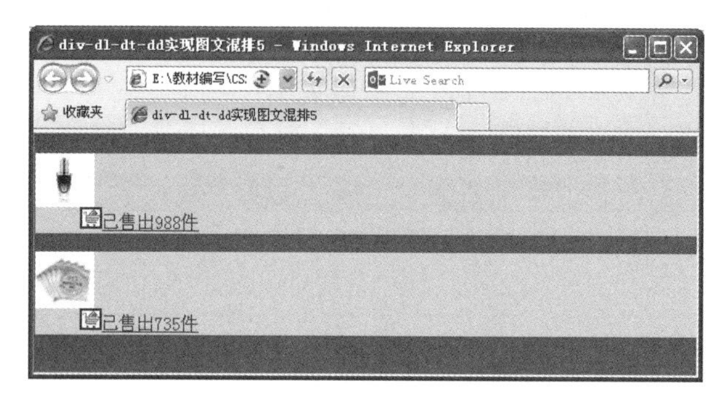

图 10-19　设置 body 外边距为 0px 的效果

这时可以看出 dl 存在默认上、下外边距，dd 标签存在默认的左外边距。我们先将 dl 上外边距置 0，看一下效果如图 10-20 所示。可以看出 dl 除了有上外边距，还存在下外边距，第一个 dl 的下边距和第二个 dl 的上边距重叠，虽然第二个 dl 的上边距为 0 了，但这两个重叠时的间距是第一个 dl 的下边距，所以再设置 dl 下边距为 0，效果如图 10-21 所示，这是取消了 dl 的上、下外边距之后的效果。之后我们把 dd 的左外边距置 0，效果如图 10-22 所示。

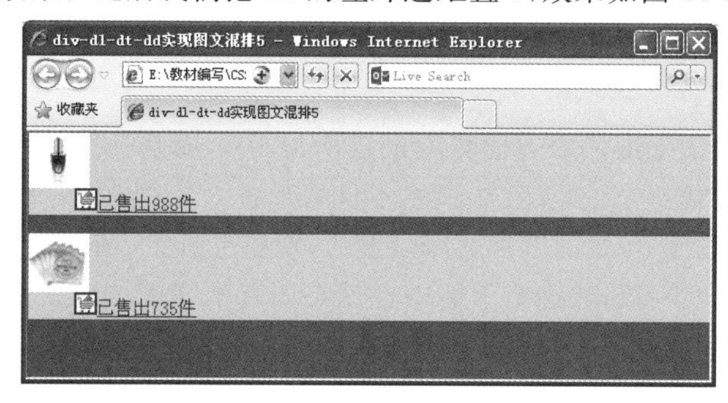

图 10-20　设置 dl 上外边距为 0px 的效果

图 10-21　设置 dl 下外边距为 0px 的效果

图 10-22　设置 dd 左外边距为 0px 的效果

为了准确起见，经常在布局前先设置 dl 和 dd 四个方向的内外边距都为 0，即{margin: 0px; padding:0px;}，当然一般也要设置 body{ margin:0px;padding:0px;}，这点在布局中非常重要。

参考代码如下：

```
<style type="text/css">
    body{ background-color: #3366FF; margin:0px;}
    .sidebar_center dl{ background-color: #00FF99; margin-top:0px; margin-bottom:0px;}
    .sidebar_center dl dd{margin-left:0px;}
</style>
<body>
<div class="sidebar_center">
    <dl>
        <dt><img src="images/show1.jpg" /></dt>
        <dd><a href="#" target="_top"><img src="images/top_icon.jpg" />已售出 988 件</a>
        </dd>
    </dl>
    <dl>
        <dt><img src="images/show2.jpg" /></dt>
        <dd><a href="#" target="_top"><img src="images/top_icon.jpg" />已售出 735 件</a>
        </dd>
    </dl>
</div>
</body>
```

如果把图文混排效果放在一张背景图片上，又需要设置什么呢？下面进行详细介绍。

在前面的技术知识准备中已经完成了一部分内容，现在设计制作如图 10-22 所示的效果，作为背景图片的宽和高分别是 233px、294px，从“TOP 本周热销榜”的下部开始显示图文，所以在图片处理软件中测量这部分的高度，设置块的 padding-top:50px，设置块的背景和背景图片不平铺后，效果如图 10-23 所示。

图 10-23　加背景效果

对上述效果进行微调，使所有 dl 容器向右移动大概 20 像素，需要设置. sidebar_center dl{ margin-left:20px;}，效果如图 10-24 所示。

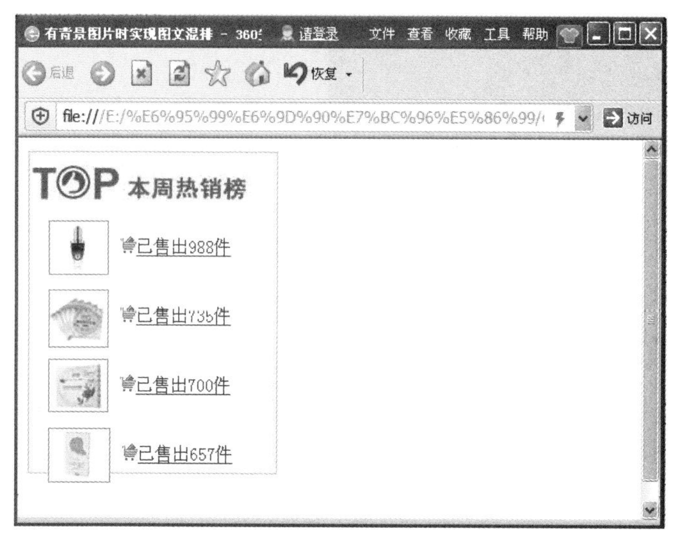

图 10-24 dl 右移效果

因为整个图文下部超出了背景框，所以根据实际情况可以将块的 padding-top 改小一些，设置为 40px，以适应背景框，效果如图 10-25 所示。

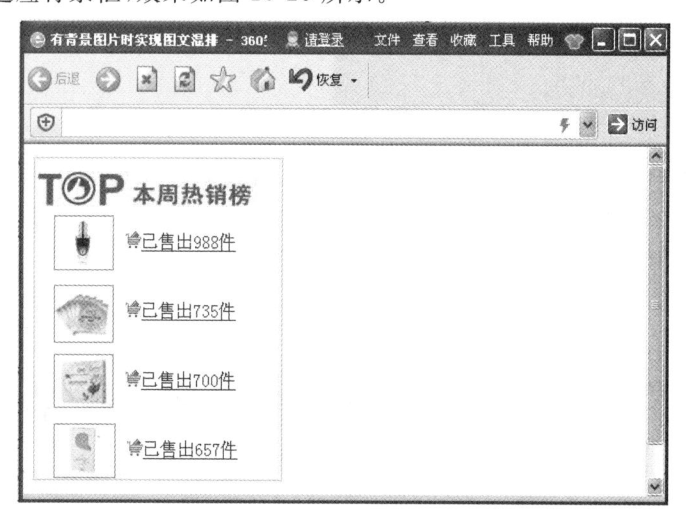

图 10-25 背景和块相适应

接下来可以设置伪类超链接，未访问时字颜色为黑色，无下划线，鼠标按下时出现下划线，访问过后字体颜色是#FF0066，效果如图 10-26 所示。

参考代码如下：

```
<html>
<head>
<meta charset="utf-8"/>
<title>有背景图片时实现图文混排</title>
<style type="text/css">
    .sidebar_center{ width:233px; height:294px; padding-top:40px;
```

图 10-26　使用超链接伪类的效果

```
        background-image:url(images/本周排行榜.jpg);
        background-repeat:no-repeat;}
    .sidebar_center dl{ margin-left:20px;}
    .sidebar_center dl dt{ float:left; margin-right:10px;}
    .sidebar_center dl dd{ line-height:46px;}
    .sidebar_center dl dt img{ border:1px solid #9ea0a2;/*设置图片的外边框*/}
    .sidebar_center a:link{ color:#000000; text-decoration:none;}
    .sidebar_center a:visited{color:#FF0066;}
    .sidebar_center a:hover{text-decoration:underline;}
</style>
</head>
<body>
<div class="sidebar_center">
<dl>
<dt><img src="images/show1.jpg" /></dt>
<dd><a href="#" target="_top"><img src="images/top_icon.jpg" />已售出 988 件</a></dd>
</dl>
<dl>
<dt><img src="images/show2.jpg" /></dt>
<dd><a href="#" target="_top"><img src="images/top_icon.jpg" />已售出 735 件</a></dd>
</dl>
<dl>
<dt><img src="images/show4.jpg" /></dt>
<dd><a href="#"><img src="images/top_icon.jpg" />已售出 700 件</a></dd>
</dl>
<dl>
<dt><img src="images/show5.jpg" /></dt>
<dd><a href="#"><img src="images/top_icon.jpg" />已售出 657 件</a></dd>
```

```
</dl>
</div>
</body>
</html>
```

项目小结

本项目要重点领会div-ul(ol)-li和div-dl-dt-dd结构使用的场合,div-ul(ol)-li常用于分类导航或菜单等场合;div-dl-dt-dd常用于图文混编场合,然后在实践中总结提升。本项目使用div-ul-li制作了导航菜单,用div-dl-dt-dd实现了图文混排,接下来的工作就是根据这些典型的应用来完成一个相对完整的静态网站的制作,这是下个项目要讲述和实践的内容。

习 题

1. 简述典型页面的布局结构。
2. div-ul-li经常用于哪种页面的布局结构?

项目11

个人博客制作

项目要点

- 综合运用 div-ul-li。
- 网页布局的概念。

技能目标

- 灵活使用 div-ul-li 结构。
- 灵活使用超链接样式。

任务11.1 利用 Dreamweaver 搭建站点

任务需求

从本项目开始将进入我们的实战课讲解。通过前面项目的学习,读者可能会感觉技术联系不到一块儿,感觉知识碎片化,现在我们就以直观的实战课形式将这些知识串联起来。我们先讲基础是因为前面的基础知识很重要,接下来把这些知识串起来做个项目。在这个过程中把我们之前学到的东西尽可能多地应用上。

这个实战课我们做一个个人博客。我们一开始做的这个项目不必太复杂。为什么要做博客,主要考虑两点,第一个原因是博客代码量少,结构简单,可以很快地把我们学过的知识串一遍,第二个原因就是博客中的内容是时间积累起来的东西,很真实,别人看你的博客,既可以了解你的专业技能,也可以了解你的生活态度。

制作个人博客,它有首页和分支页,因此我们首先利用 Dreamweaver 搭建站点。

知识储备

利用前面的知识技能,使用 Dreamweaver 编辑工具,创建网站的站点。

任务实现

静态的博客网站制作,利用 Dreamweaver 搭建站点,实现博客网首页和分支页的制作。我们学习的关键是多练,多动手操作,只有通过反复实践,才能深入理解所学知识,灵活应用各种技能。

当网页的美工人员按照客户需求制作好网站的效果，就会交给网页制作人员进行网页制作。网页制作人员拿到美工人员设计的效果，制作出与效果一致且兼容主流浏览器的标准页面即可。现在要制作的是个人博客网站，其首页效果如图 11-1 所示。

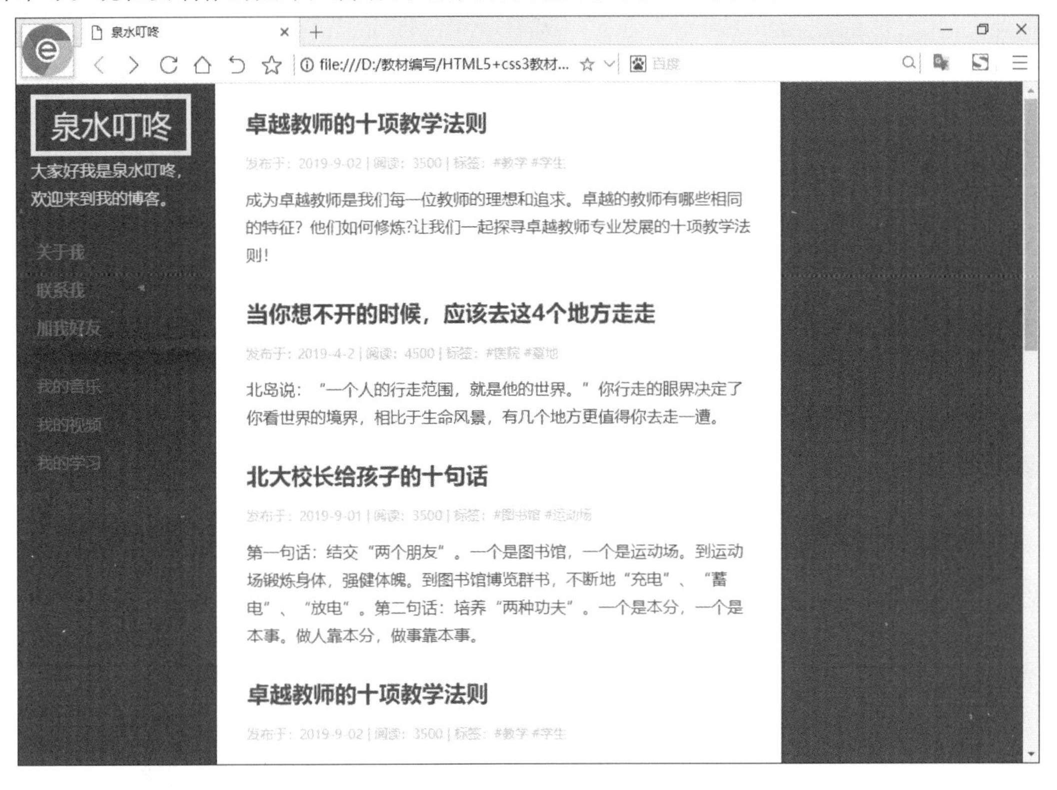

图 11-1　博客首页

在对效果进行分析得到页面结构后，就可以进行分块制作网页了。制作网页要按照从总体到部分、从上到下、从左到右的顺序。

下面使用 Dreamweaver 创建站点，其实站点就是我们硬盘上的一个文件夹。选择"站点→新建站点"命令，出现如图 11-2 所示的对话框，按照图示进行设置，然后单击"保存"按钮。

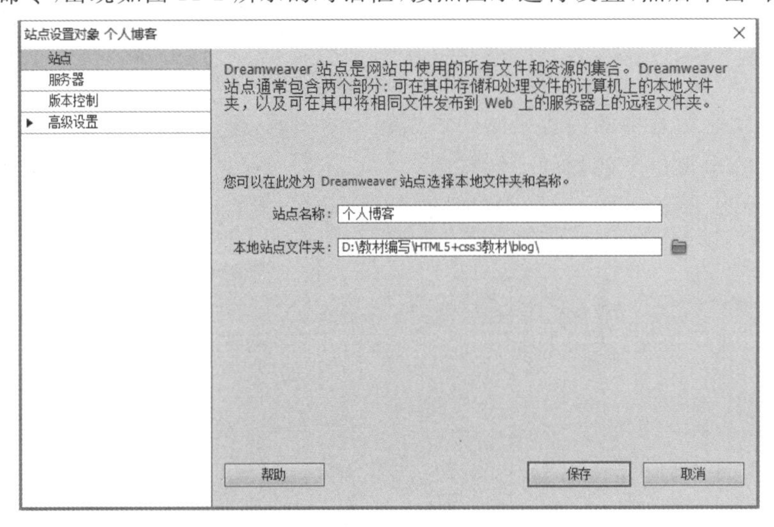

图 11-2　Dreamweaver 创建站点

我们把所有的文件都存放于站点文件夹下，其他跟网页相关的文件就存放在该目录下。在该站点下新建一个 images 文件夹，用于存放图片；新建一个 css 文件夹用于放置 CSS 文件，这样做是为了建立结构清晰的网站，然后建立一个文件 index. html，制作网站的首页。

使用 Dreamweaver 创建站点，要注意通用的文件夹命名，并且文件、文件夹命名要小写、有语义。网站的目录是指建立网站时创建的目录，目录结构的好坏对浏览者来说并没有什么太大的感觉，但是对于站点本身的上传维护、内容的扩充和移植有着重要的影响。下面是对于建立大型网站时建立目录结构的一些建议。

(1)不要将所有文件都存放在根目录下。

有时为了方便，将所有文件都存放在根目录下，这样做容易造成文件管理混乱，影响工作效率，另外也影响上传速度。服务器一般都会为根目录建立一个文件索引，当您将所有文件都放在根目录下时，即使只上传更新一个文件，服务器也需要将所有文件再检索一遍，建立新的索引文件。很明显，文件量越大，等待的时间也将越长，所以建议尽可能减少根目录的文件存放数，能用子文件夹的尽量用子文件夹。

(2)按栏目内容建立子目录。

子目录的建立，首先按主菜单栏目建立。例如，网页教程类站点可以根据技术类别分别建立相应的目录，如 Flash、DHTML、JavaScript 等；企业站点可以按公司简介、产品介绍、价格、在线订单、反馈联系等建立相应目录。像友情链接内容较多，需要经常更新的，可以建立独立的子目录。而一些相关性强，不需要经常更新的栏目，如关于本站、关于站长等可以合并放在一个统一目录下，所有需要下载的内容也最好放在一个目录下，便于维护管理。

(3)在每个主目录下建立独立的 images 目录。

通常一个站点根目录下都有一个 images 目录，刚开始学习主页制作时，习惯将所有图片都存放在这个目录里。可是后来发现很不方便，当需要将某个主栏目打包，或者将某个栏目删除时，图片的管理相当麻烦。经过实践发现：为每个主栏目建立一个独立的 images 目录是最方便管理的，而根目录下的 images 目录只是用来放首页和一些次要栏目的图片。

(4)目录的层次不要太多，建议不要超过 3 层。原因很简单，维护管理方便。

其他需要注意的还有：①不要使用中文目录；网络无国界，使用中文目录可能对网址的正确显示造成困难；②不要使用过长的目录；尽管服务器支持长文件名，但是太长的目录名不便于记忆；③尽量使用意义明确的目录。比如中小型网站，一般会创建如下的结构：可将图片放到 images 文件夹中，CSS 文件归放到 css 文件夹中，JS 文件存放到 javascript 文件夹中等。

任务 11.2　制作博客首页

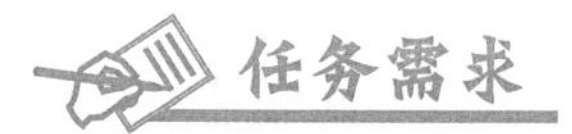

任务需求

站点搭建完成，需要制作博客网的首页。

知识储备

利用前面所学知识，以及标签 div、样式 CSS，搭建整体布局结构，同时需要浮动、超链接等知识。

任务实现

我们首先制作首页，然后制作文章内容的分支页。制作博客网首页首先从制作总体布局开始，一定要着眼于大局，然后再细分到每一个块区。我们可以把它分为两大块：左边和右边，左边是一个侧边栏，右边是主要的内容区。所以我们就可以写两块，一块是左边栏 side-bar，一块是主要内容 main，如图 11-3 所示。

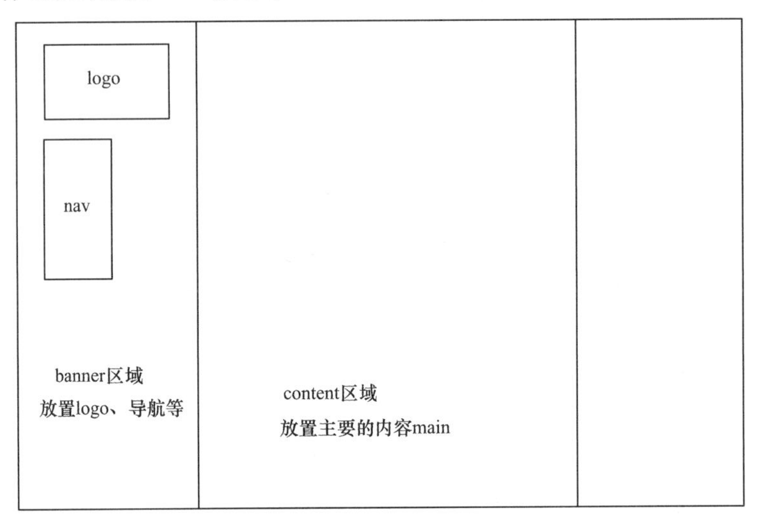

图 11-3 博客网首页布局

左边栏共三块内容：最上面是 header，有博主名称，也就是博主的 logo 和介绍，中间是导航 nav，下面是一些标签 tag_list。右边内容先给它一个容器 main，右边主要是文章列表 article-list，每篇文章 item，首先有文章的标题 title，然后是文章状态 status，当前的状态有多少人阅读，什么时候发的，标签是什么，等等，然后是文章的内容摘要 content。用<div>标签分区，使用 class 标识。所以 body 的结构如下：

```
<body>
    <div class="side-bar">
    <div class="header"></div>
    <div class="nav"></div>
    <div class="tag-list"></div>
    </div>
    <div class="main">
    <div class="article-list">
        <div class="item">
        <div class="title"></div>
        <div class="status"></div>
        <div class="content"></div>
        </div>
        <div class="item">
        <div class="title"></div>
        <div class="status"></div>
        <div class="content"></div>
```

```
        </div>
    </div>
    </div>
</body>
```

header 的两部分,一部分是博主的名字泉水叮咚,另外一部分是对博主的介绍。我们希望单击泉水叮咚的时候跳转到网站的首页,所以先建立一个超链接,同时泉水叮咚是我们的一个 logo,所以在建立超链接的同时,我们创建一个类 logo。博主的签名,也就是介绍部分,我们可以用一个类 intro。nav 部分主要是三个链接,tag-list 是填写标签的地方,可以根据需要填写右边的文章分类的标签。main 部分就是一篇一篇的文章。单击文章标题链接到不同的分支页 article.html,我们在这里完成了三个分支页面,因为结构相同,所以只讲解其中一个分支页。因此这一部分完成之后 body 的内容如下:

```
<body>
    <div class="side-bar">
    <div class="header">
        <a href="index.html" class="logo">泉水叮咚</a>
        <div class="intro">大家好我是泉水叮咚,欢迎来到我的博客。</div>
    </div>
    <div class="nav">
        <a href="#" class="item">关于我</a>
        <a href="#" class="item">联系我</a>
        <a href="#" class="item">加我好友</a>
    </div>
    <div class="tag-list">
        <a href="#" class="item">我的音乐</a>
        <a href="#" class="item">我的视频</a>
        <a href="#" class="item">我的学习</a>
    </div>
    </div>
    <div class="main">
    <div class="article-list">
        <div class="item">
        <a href="article1.html" class="title">卓越教师的十项教学法则</a>
        <div class="status">发布于:2019-9-02 | 阅读:3500 |标签:#教学 #学生</div>
        <div class="content">成为卓越教师是我们每一位教师的理想和追求。卓越的教师有哪些
        相同的特征?他们如何修炼?让我们一起探寻卓越教师专业发展的十项教学法则!
        </div>
        </div>
        <div class="item">
        <a href="article2.html" class="title">当你想不开的时候,应该去这 4 个地方走走</a>
        <div class="status">发布于:2019-4-2 | 阅读:4500 |标签:#医院 #墓地</div>
        <div class="content">
        北岛说:"一个人的行走范围,就是他的世界。"你行走的眼界决定了你看世界的境界,相比于
        生命风景,有几个地方更值得你去走一遭。
```

```
        </div>
        </div>
        <div class="item">
        <a href="article3.html" class="title">北大校长给孩子的十句话</a>
        <div class="status">发布于:2019-9-01 | 阅读:3500 |标签:#图书馆 #运动场</div>
        <div class="content">第一句话:结交“两个朋友”。一个是图书馆,一个是运动场。到运动
        场锻炼身体,强健体魄。到图书馆博览群书,不断地“充电”“蓄电”“放电”。第二句话:培养“两
        种功夫”。一个是本分,一个是本事。做人靠本分,做事靠本事。
        </div>
        </div>
……
</div>
</div>
<body>
```

未使用样式的博客首页效果如图 11-4 所示。

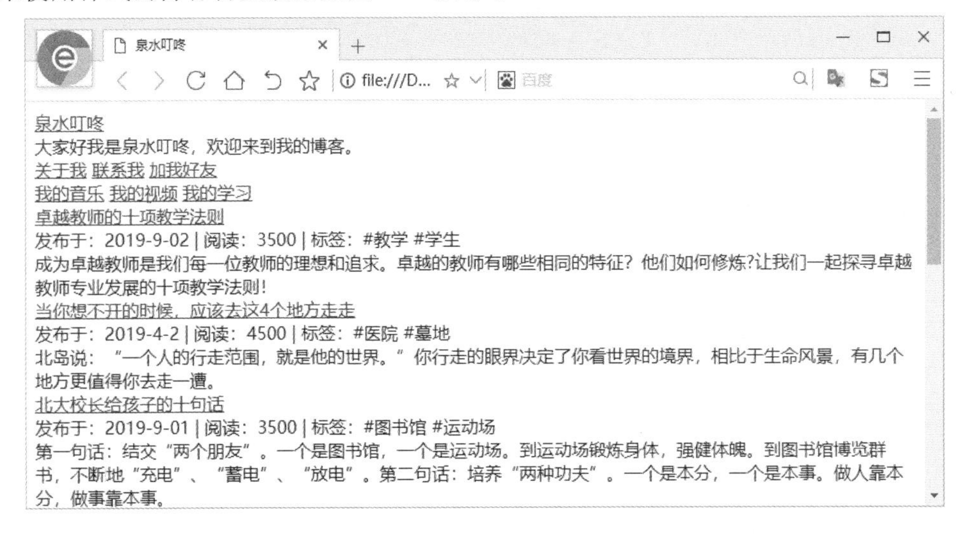

图 11-4 未使用样式的博客首页效果

下面的主要工作就是样式的设置。在样式表中首先设置全局的属性，使用全局选择器设置内外边距为 0，整个网页的超链接为不带下划线，超链接的字体颜色为＃eee，代码如下：

```
/* 设置整个网页的通用默认样式 */
*{margin:0px;padding:0px;}
a{ text-decoration:none; color: #eee;}
```

然后设置左右两块并列显示，不是垂直显示，所以要设置它们的浮动属性。把 side-bar 设置为左浮动，宽度 20％，main 设置成右浮动，宽度 80％。指定 body 的背景颜色为＃454545，字体颜色为＃eee。

```
/* 设置 body 样式 */
body {
    background: #454545;
    color: #eee;
}
```

```
.side-bar {
    float：left；
    width：20%；
}
.main {
    float：right；
    width：80%；
}
```

应用浮动样式后首页效果如图 11-5 所示。

图 11-5　应用浮动样式后首页效果

header 分成三部分，我们希望每一部分都向左下方移动一些，padding 上下设置为 10px，左右设置为 15px，可以这样书写样式：.side-bar> * { padding：10px 15px；}。设置 logo 的 padding 上下为 10 像素，左右为 15 像素，字体大小设置为 30 像素。显示属性设置为 inline-block，不但是流动的，还可以作用于 margin 和 padding。为了与下面的 nav 保持一定的距离，设置 margin-bottom 为 10px，同时为 logo 加边框 border，设置为 5 像素实线，颜色与字体颜色都为 #eee。整个页面的文本显示较为紧密，因此行高设置为 line-height：1.7，同时 logo 的行高不变。样式如下，效果如图 11-6 所示。

```
body {
    background：#454545；
    line-height：1.7；
}
.side-bar> * {
```

```
        padding: 10px 15px;
    }
    .header .logo{
        line-height: 1;
        padding: 10px 15px;
        font-size: 30px;
        display: inline-block;
        margin-bottom:10px;
        border: 5px solid #eee;
    }
```

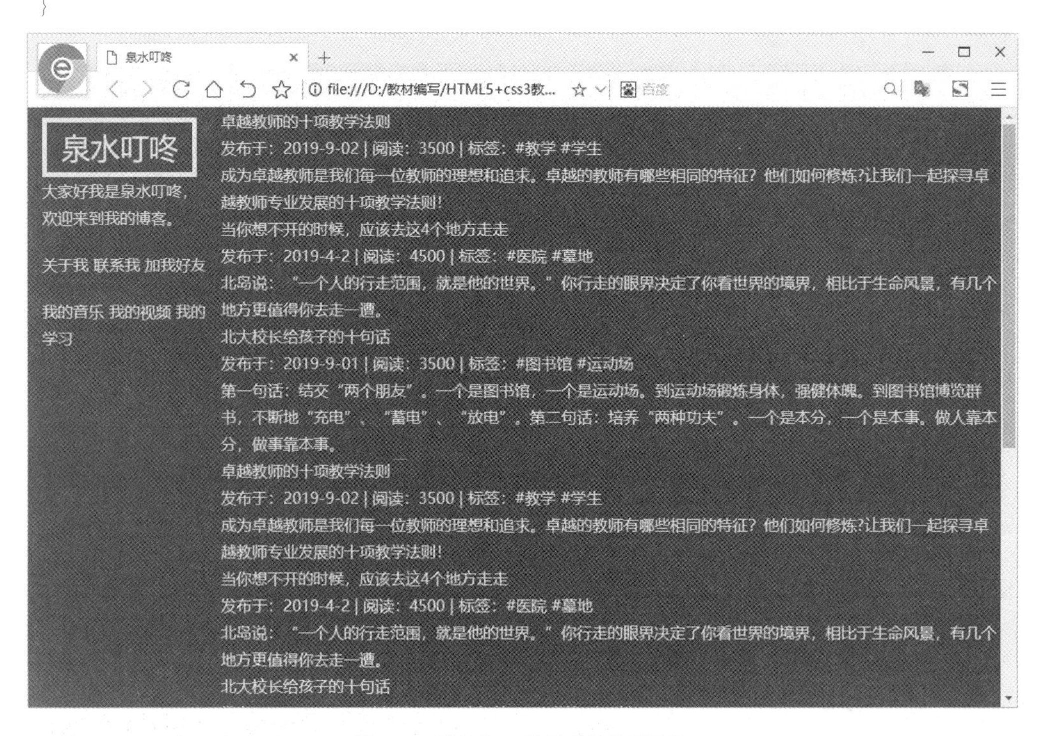

图 11-6 设置 logo 的样式后首页效果

nav 和 tag-list 中的内容也要垂直显示，所以我们要把其中的超链接的显示形式设置为 block，与父元素等宽，因此就会垂直显示。为了更为美观，我们设置 padding 上下为 5 像素。为了进一步更醒目地突出 logo，我们把下面这两部分的字体颜色设置为 #888。鼠标滑过的时候，字体颜色有一个变化，变为 #eee。为了使这一变化更为柔和，我们增加了一个 transition 属性。同时加粗 nav 的字体，表示比 tag-list 部分重要。效果如图 11-7 所示。

```
    .side-bar .nav a,
    .side-bar .tag-list a {
        display: block;
        padding: 5px;
        color: #888;
        -webkit-transition: color 200ms;
        -o-transition: color 200ms;
        transition: color 200ms;
    }
```

```
.side-bar .nav a:hover,
.side-bar .tag-list a:hover {
    color: #eee;
}
.side-bar .nav a {
    font-weight: 700;
}
```

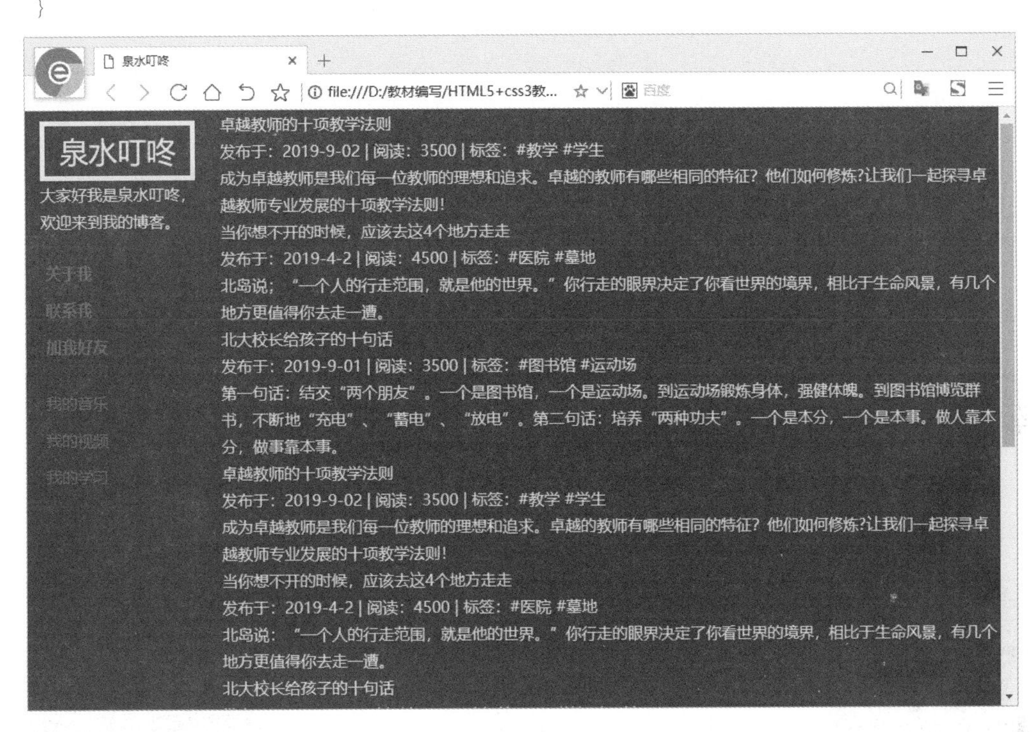

图 11-7　设置 nav 和 tag-list 样式后首页效果

接下来制作博客的右边主体内容部分，首先我们为文章内容部分 article-list 指定背景颜色为白色 background：#fff，文章的宽度不要与 main 同宽，就在我们的视野范围，设置 margin-right：30%，为了更美观，设置 padding：20px 30px;，并且增加一个 box-shadow 属性，设置一个阴影，阴影向外，水平垂直方向不偏移，阴影扩散。每一篇文章设置 .article-list .item {margin-bottom：25px;}。为了突出文章的标题，我们设置标题字的大小是 22px，加粗 700。标题与下面的状态间距设置为 10px，这个距离对于文章的状态与下面内容摘要有一样的距离要求，所以我们来统一进行设置：.article-list .item> * { margin：10px 0;}。然后是文章的状态信息，它并不是一个非常重要的内容，所以我们把它的字体大小设置为 font-size：13px，颜色 color：#ccc。

```
.article-list{
    margin-right: 30%;
    background: #fff;
    padding: 20px 30px;
    -webkit-box-shadow: 0 0 3px 2px rgba(0,0,0,.2);
    box-shadow: 0 0 3px 2px rgba(0,0,0,.2);
```

```
}
.article-list .item {
    margin-bottom: 25px;
}
.article-list .item> * ,
{
    margin: 10px 0;
}
.article-list .item .title,
{
    color: #454545;
    font-size: 22px;
    font-weight: 700;
}
.article-list .item .status,
{
    font-size: 13px;
    color: #ccc;
}
```

设置主体 main 的样式后首页效果如图 11-8 所示。

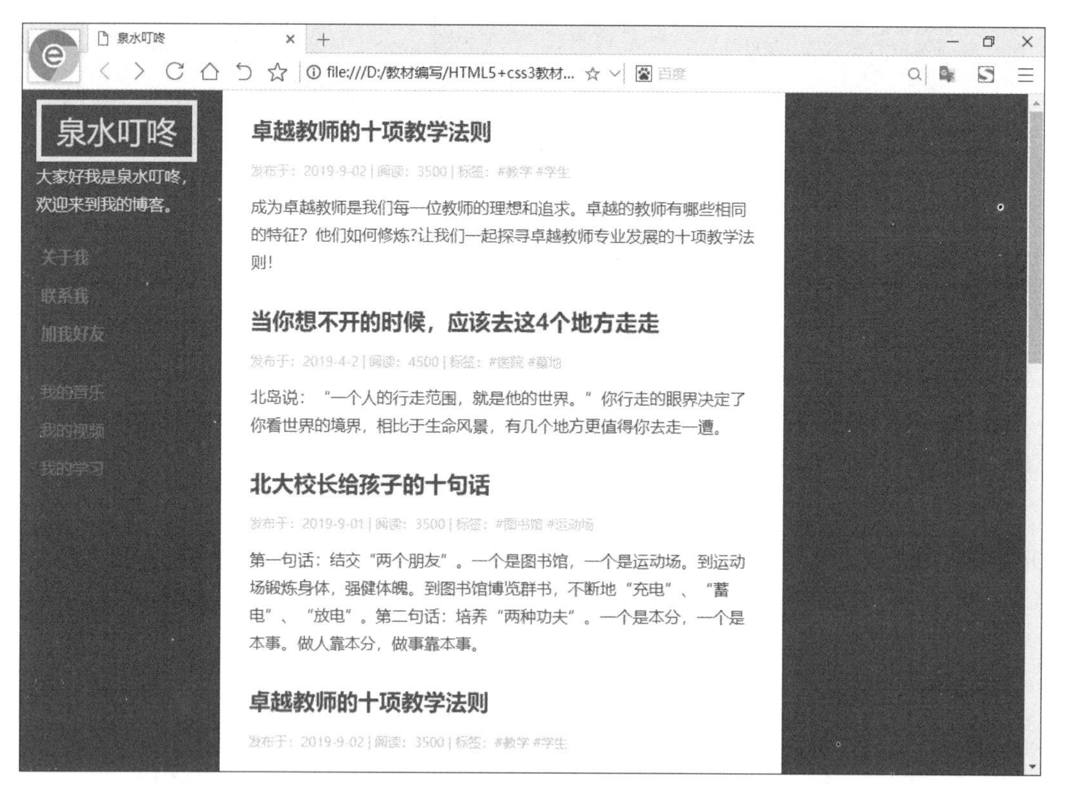

图 11-8 设置主体 main 的样式后首页效果

任务11.3 制作博客分支页

任务需求

博客网的首页完成之后，需要进行分支页的设计与制作。

知识储备

利用基本标签 div、div+css 布局方式、div-ul-li 结构等知识。

任务实现

下面我们来制作文章的具体内容页面 article. html，我们可以复制 index. html，然后修改文章列表这一部分内容。这一部分内容读者自己去完善。由于篇幅限制，这里只写了三篇博文，内容做了删减，只做简单演示。我们先来完成内容部分，效果如图 11-9 所示。

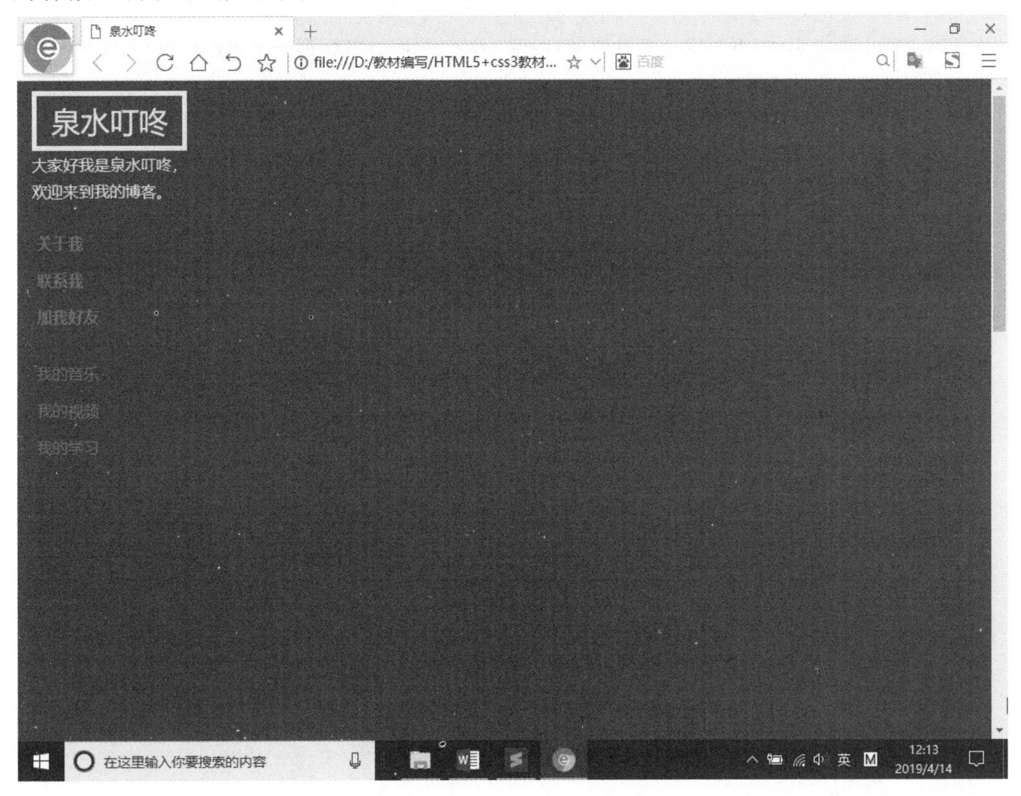

图 11-9 博客分支页未设置样式的效果

```
<div class="main">
    <div class="article">
        <h1 class="title">当你想不开的时候，应该去这 4 个地方走走</h1>
        <div class="status">发布于：2019-4-2 | 阅读：4500 |标签：#医院 #墓地</div>
        <div class="content">
        <div>北岛说："一个人的行走范围，就是他的世界。"你行走的眼界决定了你看世界的境界，
        相比于生命风景，有几个地方更值得你去走一遭。</div>
```

```
        <div><span>01 医院</span>
        著名作家张晓风在《这杯咖啡的温度刚好》中写道：如果容许我多宣布一天公定假日，我一定这样规定：这一天不能用来娱乐或旅行，而是强迫人们去医院参观一下人类的“生老病死”。在新西兰著名的林菲尔德初级中学就规定，每学期都组织学生到医院参观实习，从而感受健康和生命的意义。作家婉兮写道：“喜欢偶尔去医院走走，那里治身体的病，也抚慰焦虑躁动的心。因为强烈对比之下的心灵震动，总会让我有所感悟，猛然醒悟活在当下有多重要。”只有到了医院，你才会发现，能无痛无痒地坐在这里酣畅淋漓地表达自己的思想；能下班后自由欢快地行走在蓝天白云之下；能在八小时之外约上三五好友沏一壶香茗聊聊身边事是多么幸福、多么难得。去医院走走，你才会明白：和健康相比，人生没有什么是放不下的，利益可以、金钱可以、荣耀可以，哪怕天塌下来都可以置之不理。
</div>
<div><span>02 墓地</span></div>
<div><span>03 监狱</span></div>
<div><span>04 书店</span></div>
<div>行走的意义在于改变一成不变的思维，就像卢帧所说：“旅行其实不在于你走了多远，花了多少钱，拍了多少照片，而在于你改变了看问题的方式。”哪怕只是绕床一周，也能胜过徒步地球一圈。或许你真的应该出去走走了，不一定是名胜风景，医院、书店、墓园、监狱，都是不错的选择，也许一不小心，就改变了你看待人生的方式。
</div>
</div>
```

下面进行样式设置，该页面.article 类与首页的 item 类设置相同，样式如下：

```
.article{
    margin-right: 30%;
    background: #fff;
    padding: 20px 30px;
    -webkit-box-shadow: 0 0 3px 2px rgba(0,0,0,.2);
    box-shadow: 0 0 3px 2px rgba(0,0,0,.2);
}
.article .title {
    color: #454545;
    font-size: 22px;
    font-weight: 700;
}
.article .status {
    font-size: 13px;
    color: #ccc;
}
.article> * {
    margin: 10px 0;
}
```

需要特殊强调的地方，使用 span 标签，然后设置字体大小、字体加粗、字体颜色以及显示为块状。

```
span{
    color: #454545;
```

```
        font-size：22px；
        font-weight：700；
        display：block；
    }
```

三篇博文的效果分别如图 11-10、图 11-11、图 11-12 所示。

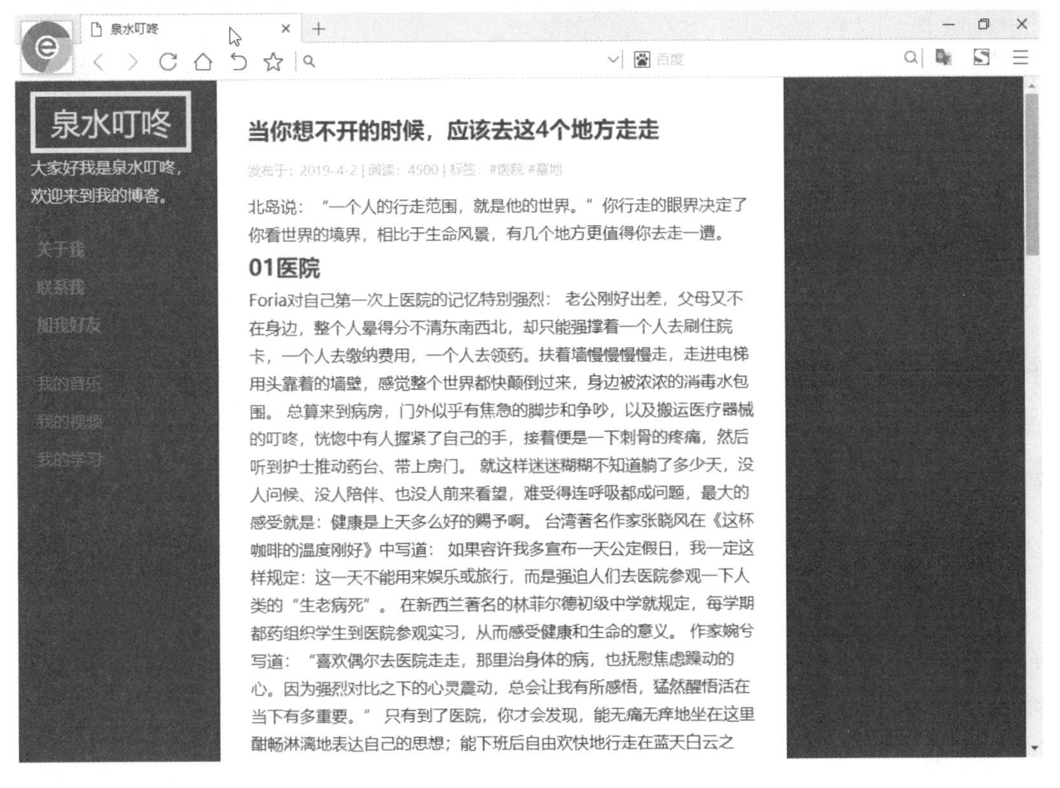

图 11-10　博文 article 分支页面效果 1

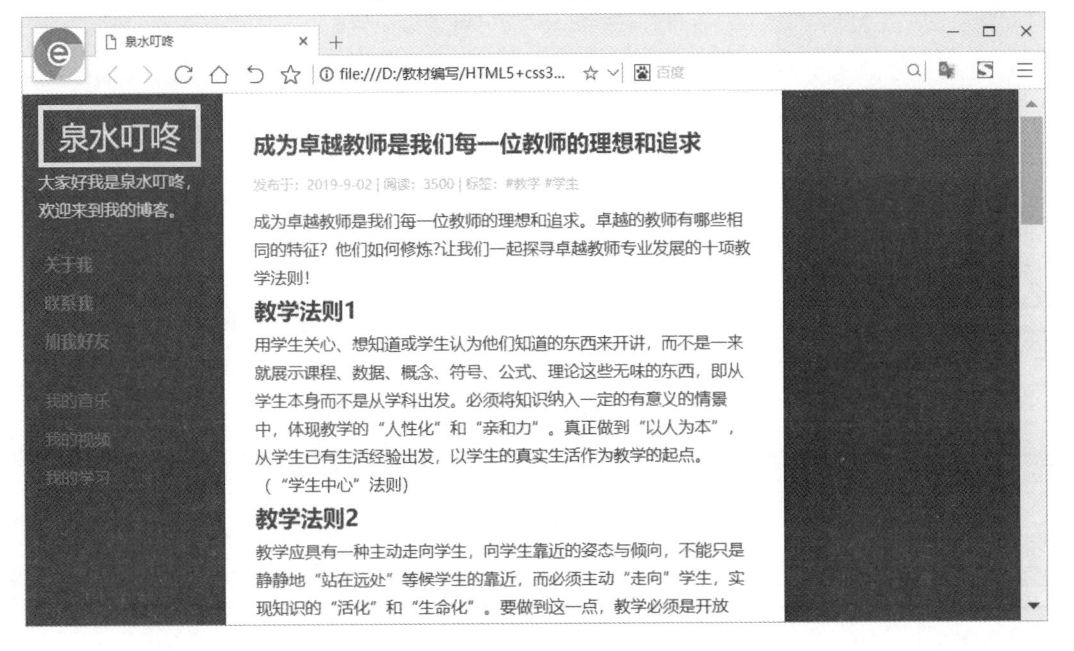

图 11-11　博文 article 分支页面效果 2

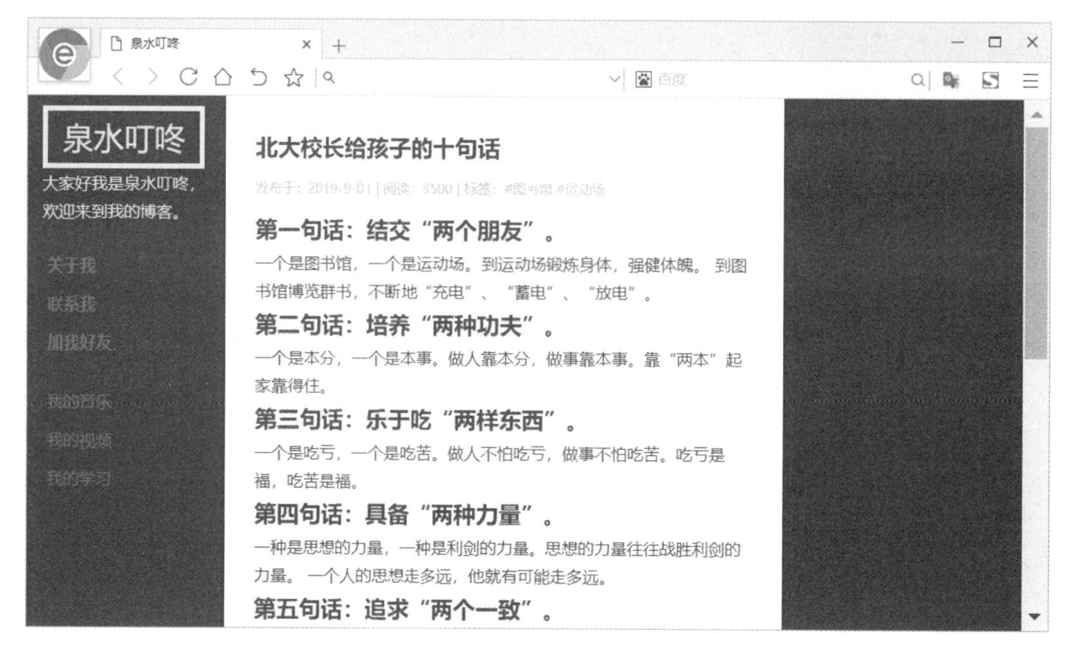

图 11-12　博文 article 分支页面效果 3

项目小结

本项目通过一个项目实战个人博客的制作，学习了如何使用 Dreamweaver 创建站点，如何根据网页内容总结提炼网页的总体布局，搭建整体布局结构，同时会设置浮动、会利用超链接等知识。

习　题

1. 简述利用 Dreamweaver 搭建站点的过程。
2. 简述建立大型网站时建立目录结构的注意事项。

项目 12

购物街网站制作

项目要点

- 网页结构的设置。
- 内容和样式分离。

技能目标

- 会设置通用样式。
- 能灵活运用浮动。

任务 12.1　设置通用样式

任务需求

这个任务还是做实战项目。与前面的个人博客相比,这个更复杂一些,是一个电商网站,做好之后的页面效果如图 12-1 所示。我们侧重结构,细节部分可以根据需要进行完善。

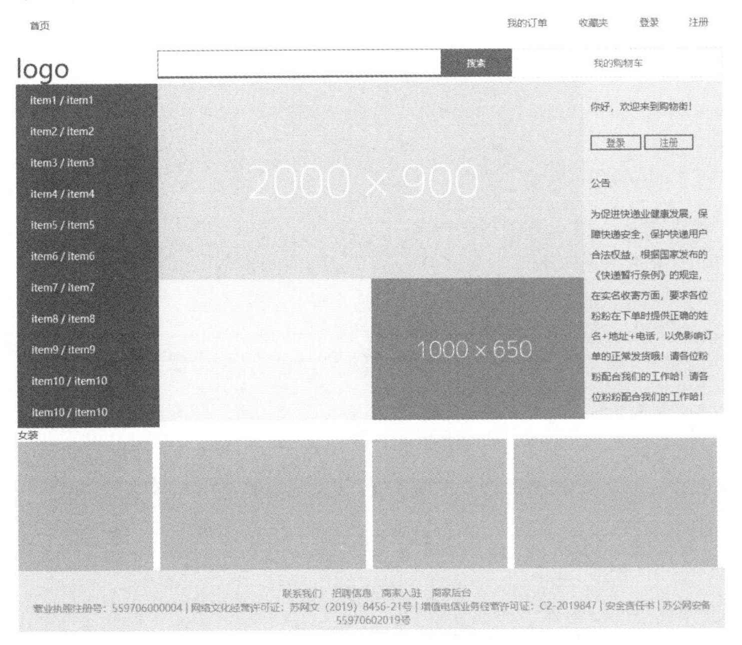

图 12-1　购物街网页效果

知识储备

需要具备如下知识：文本样式、字体样式、列表样式、盒子模型、浮动、display 等相关知识。

任务实现

首先我们要建立一个网站。站点文件夹名字为 shopping，然后在站点文件夹创建首页 index. html，创建文件夹 css，放置我们的样式表文件 main. css，创建文件夹 image，放置我们所用到的网页图片。

我们首页的内容在浏览器里是水平居中的。我们来设置一个外层容器 container，将它的 max-width 设置为 1080px。如果浏览器窗口的宽度大于 1080px，那么就显示为 1080。如果浏览器的宽度小于 1080，就以浏览器窗口大小进行显示。然后设置外层容器 container 的 margin：0 auto，这样网页内容水平居中。同时设置 body 的字体大小和颜色为 body{font-size：14px；color：#444；}。

首页中导航栏左边有一部分内容，右边有一部分内容，因此我们可以设置左浮动和右浮动。在页面中其他地方也有可能会用到左右浮动，所以我们作为通用样式设置放在样式的前面进行设置，. fl{float：left；}. fr{float：right；}。然后我们进行预览，在浏览器中右击并选择“检查”，发现外层容器 container 的高度变为零，是什么原因呢？主要是因为 container 容器的高度是由它内子元素的高度确定的。现在的两个元素都设置为浮动，因此高度就为零了。这个问题怎么解决呢？那就是清除浮动。如何清除呢？我们可以在 fl 的前面和 fr 的后面进行浮动元素的清除。也就是在第一个浮动元素之前和最后一个浮动元素之后进行浮动元素的清除，这时我们可以使用 CSS 当中的伪类的概念设置. clear-f：after，. clear-f：before{display：block；clear：both；}。

```
body{
    font-size: 14px;
    color: #444;
}
.container{
    max-width: 1000px;
    margin: 0 auto;
    background-color: pink;
}
.fl{
    float: left;
}
.fr{
    float: right;
}
.clearf:before,.clearf:after {
    display: block;
    clear: both;
}
```

我们来观察分析首页，可以看到有很多元素是水平并列排列的，假设并列排列的元素有四个，它们平均分配我们的浏览器宽度的话，每一个就占25%，如果并列排列的元素是两个，平均分配总宽，每一个占50%。按照这个思路，我们可以定义column类，使其显示为块级元素，进行相对定位，最小高度是1像素，并且左浮动，之后分别定义col-1到col-9类，它们分别占总宽度的10%，20%，……，90%等。

```
.col-1,
.col-2,
.col-3,
.col-4,
.col-5,
.col-6,
.col-7,
.col-8,
.col-9{
    display: block;
    position: relative;
    min-height: 1px;
    float: left;
}
.col-1{
    width: 10%;
}
.col-2{
    width: 20%;
}
.col-3{
    width: 30%;
}
.col-4{
    width: 40%;
}
.col-5{
    width: 50%;
}
.col-6{
    width: 60%;
}
.col-7{
    width: 70%;
}
.col-8{
    width:80%;
}
```

```
.col-9{
    width: 90%;
}
```

任务 12.2 设计网页结构

任务需求

购物街通用样式设置完成，接下来需要设计、制作网页结构。

知识储备

需要具备如下知识：CSS3 的伪元素，利用百分比进行相对定位，设置有一定透明度的背景颜色，布局网页结构。

任务实现

准备工作完成之后，我们来分析页面的结构。最上面是一个导航栏，导航栏下面是一个搜索栏，搜索栏中有 logo、搜索、购物车等内容。下面是主体内容区：主体的左边分类，中间轮播，轮播的下面是小广告，主体区的右边是登录注册以及公告等信息。主体区下面是不同区的促销，比如女装促销区、鞋帽促销区、化妆品的促销等，网页的最下面就是页脚部分。这个实战我们没有添加具体图片，我们主要进行布局的设计，大家可以根据自己的需要进行实际图片的添加。

```
<body>
<div class="container">
    <div class="top-nav ">
        <div class="fl"></div>
        <div class="fr"></div>
    </div>
    <div class="header "></div>
    <div class="main-promote ">
        <div class="col-2"></div>
        <div class="col-6"></div>
        <div class="col-2"></div>
    </div>
    <div class="cat-promote"></div>
    <div class="footer "></div>
</div>
</body>
```

为了能更为清楚和方便地分析每个元素的位置，我们可以为每一个元素添加一个带有一定透明度的背景颜色。

```
*{
    -webkit-box-sizing:border-box;
    box-sizing: border-box;
```

```
    background:rgba(0,0,0,.1);
}
```

下面我们将导航栏当中的内容写入，并且应用 clearf 类清除左右浮动，将搜索栏中的内容也写入，并且应用前面定义的 col 类，按宽度的百分比进行设置 20%，50%，30%。同理设置主体部分和分类促销部分以及页脚部分的内容。部分代码如下，效果如图 12-2 所示。

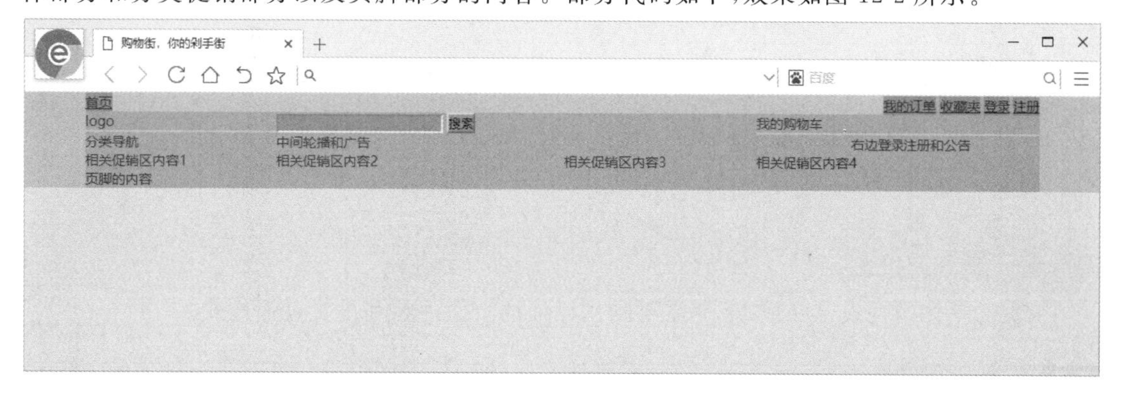

图 12-2　网页结构

```
<body>
<div class="container">
<div class="top-nav clearf">
<div class="fl">
<a href="#">首页</a>
</div>
<div class="fr">
<a href="#">我的订单</a>
<a href="#">收藏夹</a>
<a href="#">登录</a>
<a href="#">注册</a>
</div>
</div>
<div class="header clearf">
<div class="col-2">logo</div>
<div class="col-5">
    <input type="text"/>
    <button>搜索</button>
</div>
<div class="col-3"></div>
</div>
<div class="main-promote clearf">
<div class="col-2">分类导航</div>
<div class="col-6">中间轮播和广告</div>
<div class="col-2">右边登录注册和公告</div>
</div>
<div class="cat-promote clearf">
<div class="col-2">相关促销区内容 1</div>
```

```
<div class="col-3">相关促销区内容 2</div>
<div class="col-2">相关促销区内容 3</div>
<div class="col-3">相关促销区内容 4</div>
</div>
<div class="footer clearf">页脚的内容</div>
</div>
</body>
```

任务 12.3 设计页面内容和样式

任务需求

网页的整体结构设计完成，下面需要制作详细的页面内容和设置页面样式。

知识储备

需要具有如下知识：背景设置、超链接伪类样式、典型的内容结构、padding、float 属性等知识。

任务实现

上面的结构建好之后下面就按部就班、从上到下完成每一部分的内容和样式的设计。

我们现在可以把背景颜色都去掉，然后设置. top-nav 的背景颜色为浅灰色. top-nav { background：#eee;}，设置超链接的样式无下划线 a { text-decoration：none;}，页面其他位置也会出现其他链接，因此我们把 top-nav 块中的链接定义为. item，超链接本来是 inline 元素，将其设置为 inline-block，然后设置 padding，颜色为#666。鼠标移到超链接上颜色设置为#333，也就是颜色设置深一点，有一个视觉反馈。

```
.top-nav .item {
    display: inline-block;
    color: #666;
    padding: 6px 20px;
}
.top-nav .item:hover{
    color: #333;
}
```

样式效果如图 12-3 所示。

top-nav 的下面是 header 部分，现在设置这一部分的样式。最左边是一个 logo，我们定义一个类名叫 logo，里边放置 LOGO 图片，也可以是文字，我们把文字设置为 35px，它的 padding 设置为上下 20 像素，左右 0 像素。搜索栏的边框设置类名 search-bar，为其加一个边框：#dd182b，2px，solid，背景颜色也设置为#dd182b。input 宽度占 80%，button 宽度占 20%，各自显示 block，左浮动。隐藏 input 和 button 的边框，将其属性 border 设置为 0。设置 button 的背景颜色为#dd182b。

部分代码如下：

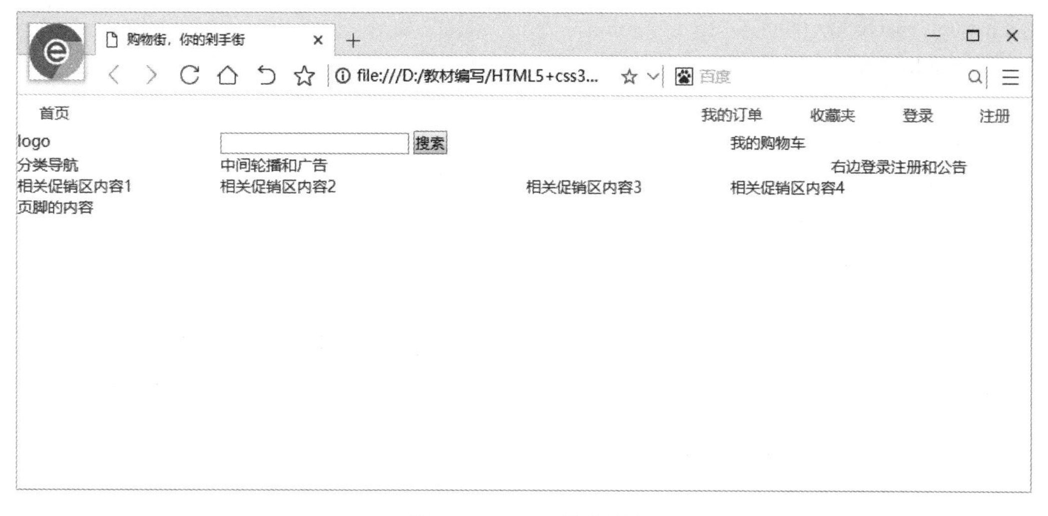

图 12-3 top-nav 样式效果

```
<div class="header clearf">
    <div class="col-2 logo">logo</div>
    <div class="col-5 search-bar">
        <input type="text"/>
        <button>搜索</button>
        </div>
    <div class="col-3">
        <a href="#">我的购物车</a>
    </div>
</div>
```

样式代码如下：

```
.header {
    padding: 20px 0;
}
.header .logo {
    font-size: 35px;
}
.header .search-bar {
    border: 2px solid #dd182b;
    background: #dd182b;
}
.header .search-bar input,
.header .search-bar button {
    display: block;
    float: left;
    padding: 10px;
    border: 0;
    outline: 0;
}
```

```
.header .search-bar input{
    width: 80%;
}
.header .search-bar button {
    width: 20%;
    background: #dd182b;
    color: #fff;
}
```

购物车类名设置为 cart，为“我的购物车”加上超链接，并且将超链接的属性设置为 padding:10px，background:#fff，border:1px solid #eee，文字水平居中。结构代码如下：

```
<div class="col-3 cart">
    <a href="#">我的购物车</a>
</div>
```

样式代码如下：

```
.header .cart a{
display: block;
    padding: 10px;
    background: #fff;
    color: #dd182b;
    text-align: center;
    border: 1px solid #eee;
}
```

header 样式效果如图 12-4 所示。

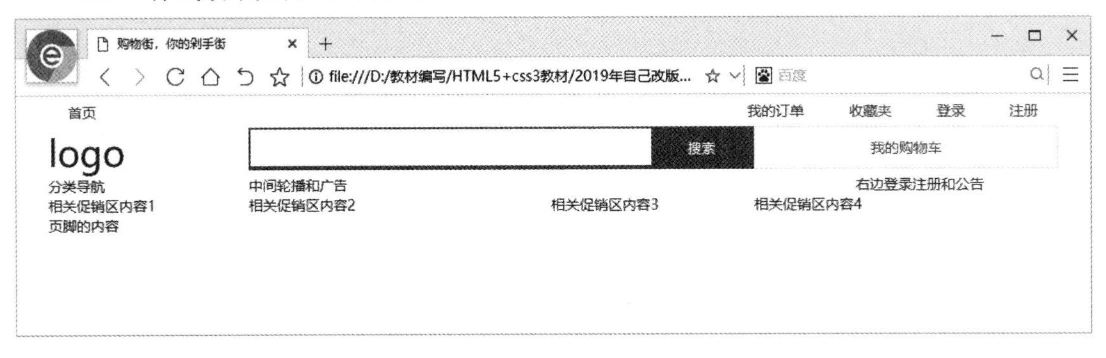

图 12-4　header 样式效果

下面是主促销区 main-promote，分为左中右三块。左边 cat 类，cat 类的背景颜色为 #6e6568，文本颜色为 #fff。原来的内容“分类导航”使用下面的内容取代，类 item 的 padding: 12px 20px;，鼠标移上去的时候，添加一个深颜色类似遮罩的背景。部分代码如下：

```
<div class="col-2 cat">
    <div class="item">item1 / item1</div>
    <div class="item">item2 / item2</div>
    <div class="item">item3 / item3</div>
    <div class="item">item4 / item4</div>
    <div class="item">item5 / item5</div>
```

```
    <div class="item">item6 / item6</div>
    <div class="item">item7 / item7</div>
    <div class="item">item8 / item8</div>
    <div class="item">item9 / item9</div>
    <div class="item">item10 / item10</div>
    <div class="item">item10 / item10</div>
</div>
```

样式代码如下：

```
.main-promote .cat {
    background: #6e6568;
    color: #fff;
}
.main-promote .cat .item{
    padding: 12px 20px;
}
.main-promote .cat .item:hover {
    background: #5d5558;
}
```

主促销区 main-promote 的中间部分是轮播广告区，因为我们还没有学习 JavaScript，因此这里先放一张图片，等学习 JavaScript 之后，放置三张图片轮播显示。图片大小 2000×900，因为图片比较大，所以设置其样式为：

```
img {
    max-width: 100%;
    display: block;
}
```

接下来是轮播广告图片下面的两张广告图片，图片大小 1000×650。因为我们用了百分比，所以可能会出现参差不齐的情况，选取的图片大小尽量使其合适。现在大部分电商网站是严格规定尺寸的，不会出现这种参差的情况，但灵活性稍差一些。

部分代码如下：

```
<div class="col-6">
    <div class="slider">
        <img src="image/slider_01.png" alt=""/>
    </div>
    <div class="sub-promote">
        <div class="col-5">
            <img src="image/001.png" alt=""/>
        </div>
        <div class="col-5">
            <img src="image/002.png" alt=""/>
        </div>
    </div>
</div>
```

主促销区 main-promote 右面这一部分我们给个类名 info，设置一个浅灰色的背景，padding 上、下、左、右设置为 10px，内容有欢迎词、注册登录、公告等。分成上下两部分，上面类 auth 包含欢迎词和登录注册按钮，下面类 auth 的内容就是公告。类 auth 的行高设置为 50px。按钮的设置与前面类似。title 公告的上下 padding 设置为 20px，content 内容区的文字设置为 2 倍的行高。

部分代码如下：

```
<div class="col-2 info">
            <div class="auth">
                你好，欢迎来到购物街！
                <button>登录</button>
                <button>注册</button>
            </div>
            <div class="notice">
                <div class="title">公告</div>
                <div class="content">
                为促进快递业健康发展，保障快递安全，保护快递用户合法权益，根据国家发布的《快递暂行条例》的规定，在实名收寄方面，要求各位粉粉在下单时提供正确的姓名+地址+电话，以免影响订单的正常发货哦！请各位粉粉配合我们的工作哈！请各位粉粉配合我们的工作哈！
                </div>
            </div>
        </div>
```

样式代码如下：

```
.main-promote .info {
    background: #eee;
    padding: 10px;
}
.main-promote .info .auth {
    line-height: 50px;
}
.main-promote .auth button {
    border: 2px solid #dd182b;
    background: transparent;
    color: #dd182b;
    width: 40%;
}
.main-promote .notice .title{
    padding-top: 20px;
    padding-bottom: 20px;
}
.main-promote .info .content{
    line-height: 2.0
}
```

main-promote 效果如图 12-5 所示。

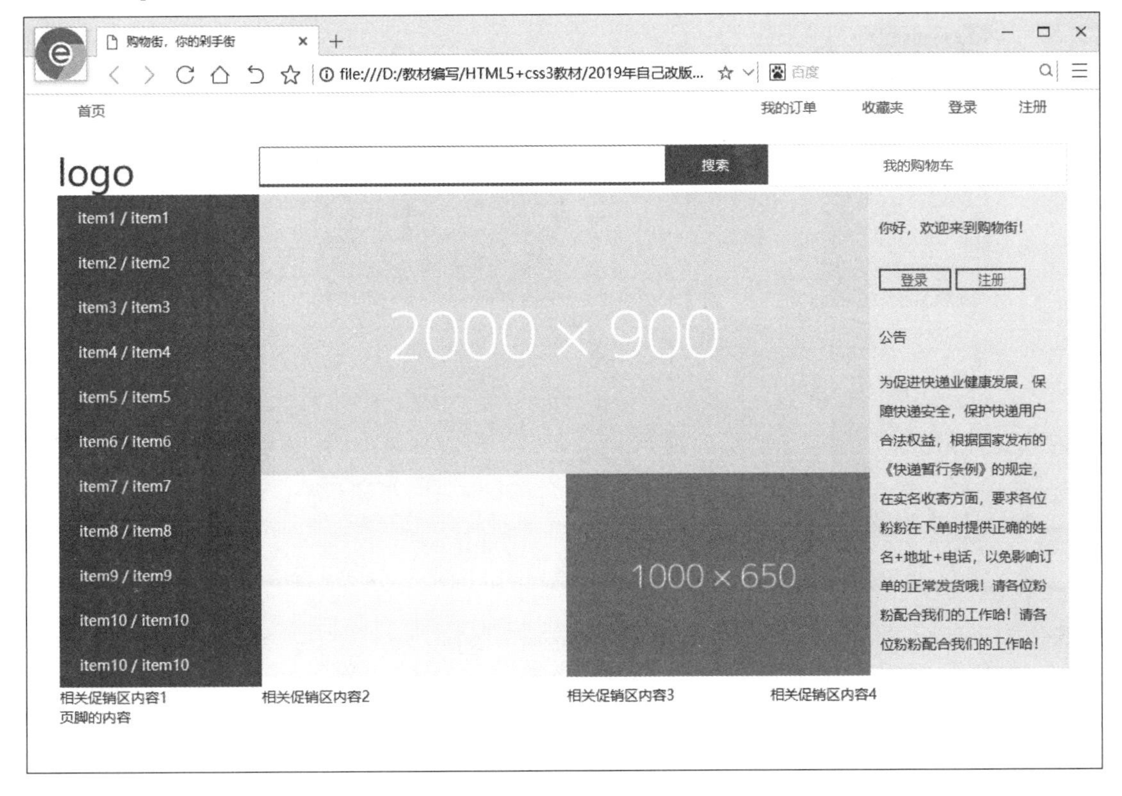

图 12-5　main-promote 效果

接下来是分类促销版块 cat-promote，我们把结构进一步合理化，每个分类促销版块包含一个标题，标题下面就是促销内容，所以这部分的结构如下：

```
<div class="cat-promote clearf">
    <div class="title">女装</div>
    <div class="content">
        <div class="col-2 item"><div class="card"></div></div>
        <div class="col-3 item"><div class="card"></div></div>
        <div class="col-2 item"><div class="card"></div></div>
        <div class="col-3 item"><div class="card"></div></div>
    </div>
</div>
```

样式设置如下：

```
.cat-promote .item{
    padding-right: 10px
}
.cat-promote .card{
    height: 300px;
    background: #ccc;
}
```

cat-promote 效果如图 12-6 所示。

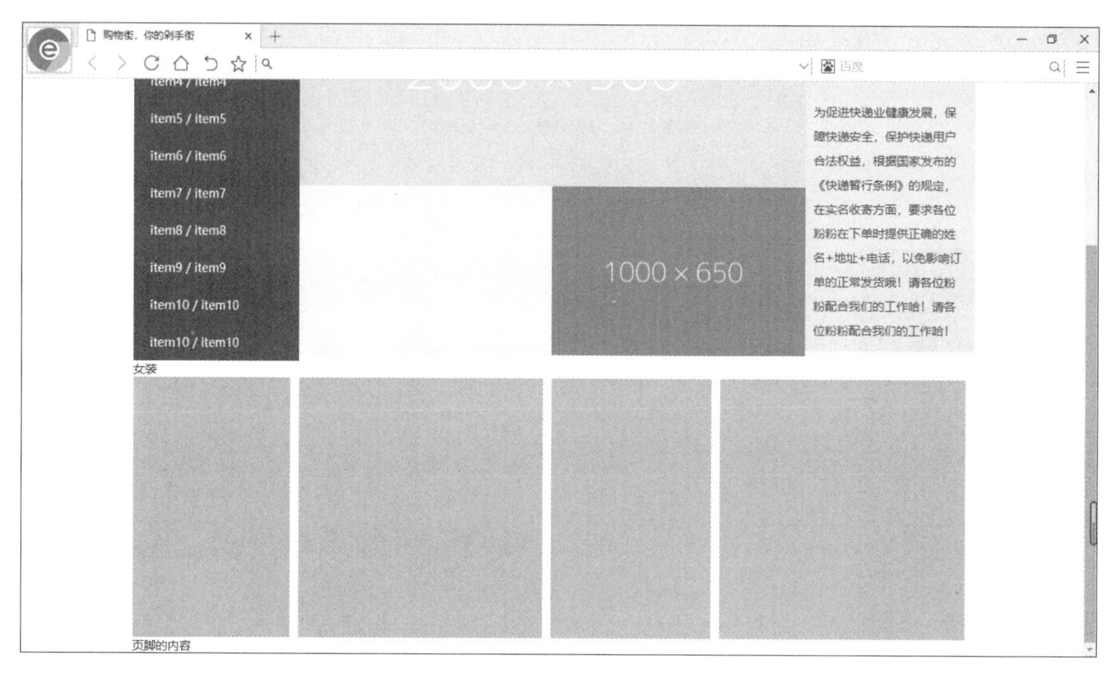

图 12-6　cat-promote 效果

下面整个页面就是页脚部分了，这一部分文字水平居中，设置 margin-top 使其与上面的元素隔开一定的距离，设置其中的超链接样式。

```
<div class="container">
    <a href="#">联系我们</a>
    <a href="#">招聘信息</a>
    <a href="#">商家入驻</a>
    <a href="#">商家后台</a>
    <div>
    营业执照注册号：559706000004 | 网络文化经营许可证：苏网文(2019)8456-21 号 | 增值电信业务经营许可证：C2-2019847 | 安全责任书 | 苏公网安备 55970602019 号
    </div>
</div>
```

样式如下：

```
.footer {
    text-align: center;
    margin-top: 30px;
    background: #eee;
    padding: 50px 0;
    color: #999;
}
.footer a {
    color: #999;
    margin-left: 10px;
}
```

footer 效果如图 12-7 所示。

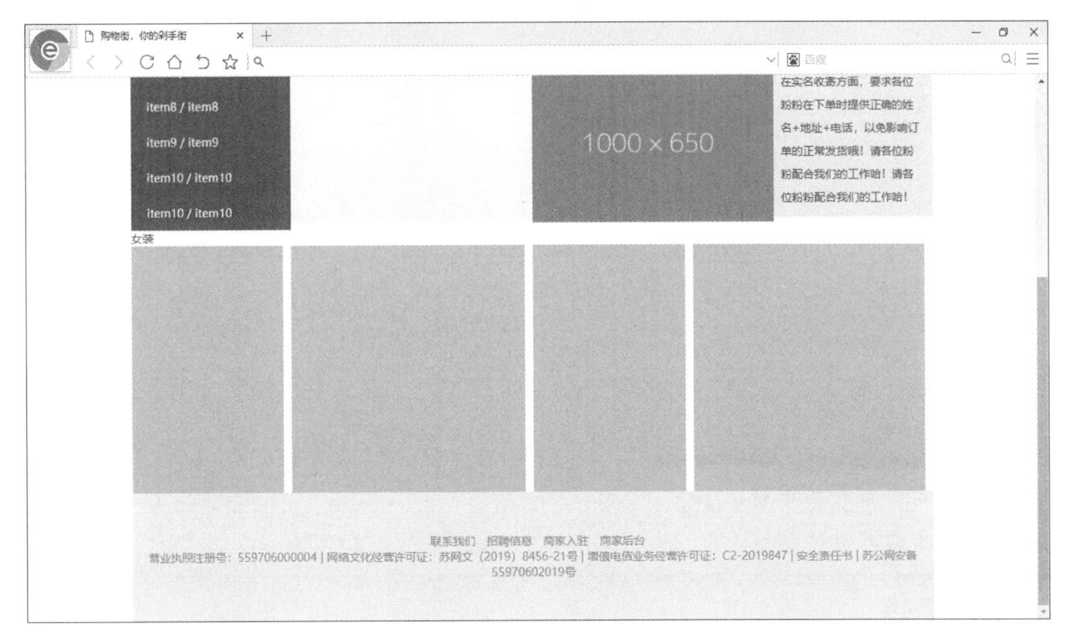

图 12-7　footer 效果

项目小结

本项目通过一个实战项目购物街的制作，学习了如何设置通用样式，设置网页结构、设置各部分的内容和样式。

习　题

按照如图 12-8 所示的效果完成网页制作。

图 12-8　作业效果

项目 13

芙蓉商城制作

项目要点

- 典型局部布局的结构。
- 整体布局网页的结构。

技能目标

- 能灵活运用 div-ul-li。
- 能灵活运用 div-dl-dt-dd。
- 能灵活运用 form-table-tr-td。

任务 13.1 分块制作商城网站首页

任务需求

本任务是开发一个静态的商城网站，利用 Dreamweaver 搭建站点，实现商城网站首页和各个分支页的布局。

任务实现

现在要制作的是商场网站，其首页的效果如图 13-1 所示。

在对首页进行分析得到页面结构后，就可以进行分块制作网页了。制作网页要遵循从总体到部分、从上到下、从左到右的顺序。

13.1.1 利用 Dreamweaver 搭建站点

下面使用 Dreamweaver 创建站点，其实站点就是我们硬盘上的一个文件夹。选择"站点→新建站点"命令，出现如图 13-2 所示的对话框，按图进行设置，然后单击"下一步"按钮。

因为制作的是静态网页，在弹出的如图 13-3 所示的对话框中选择"否，我不想使用服务器技术"，然后单击"下一步"按钮。

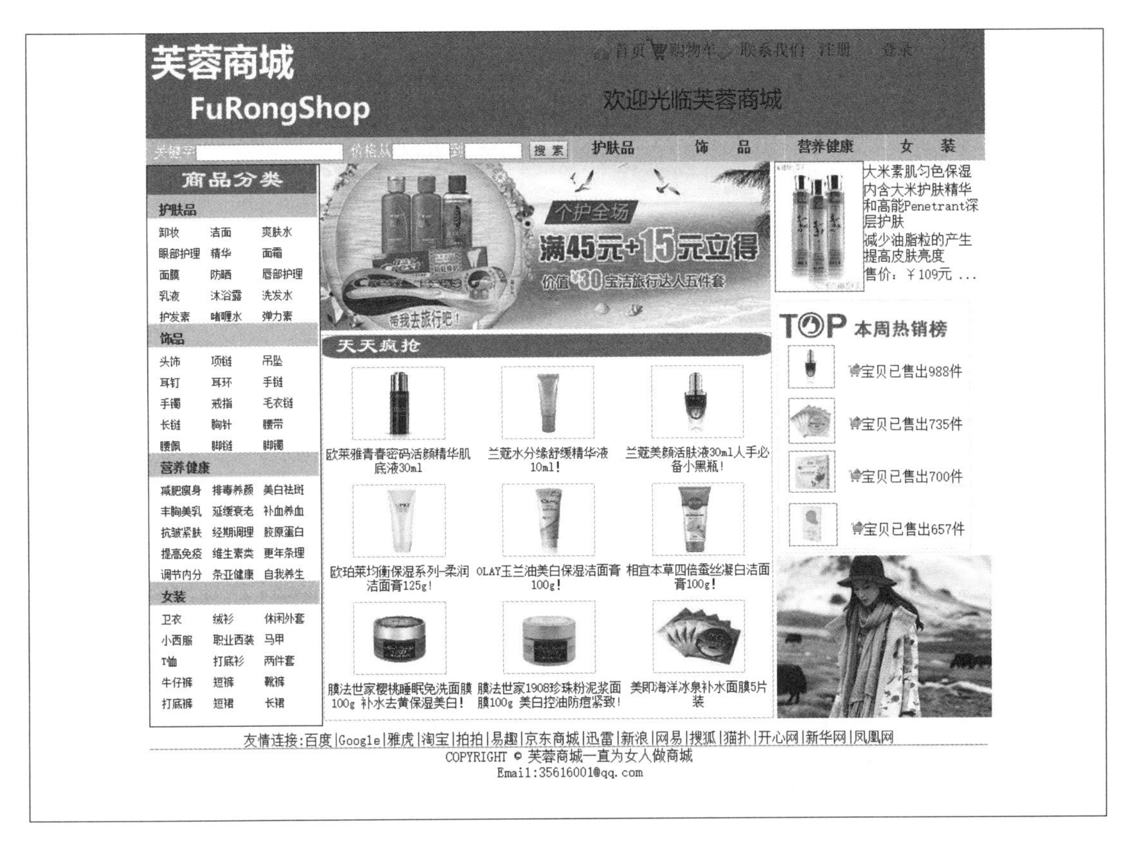

图 13-1 商城首页

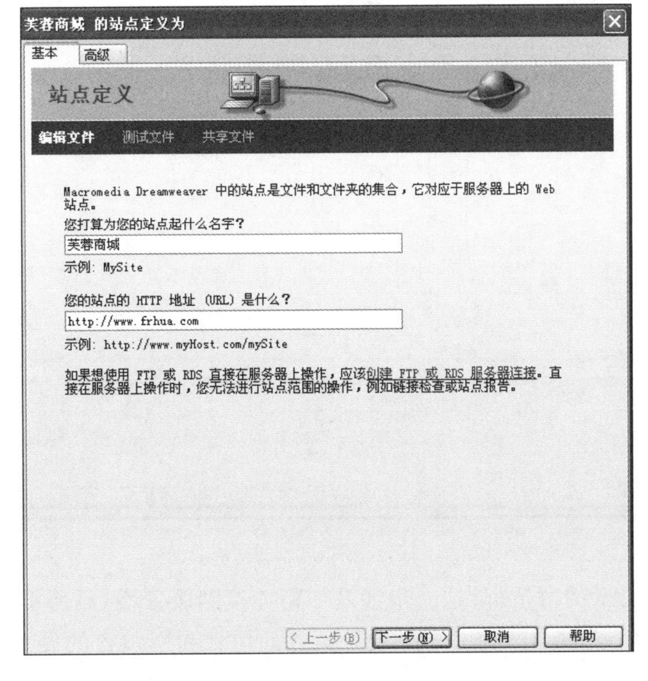

图 13-2 Dreamweaver 搭建站点步骤 1

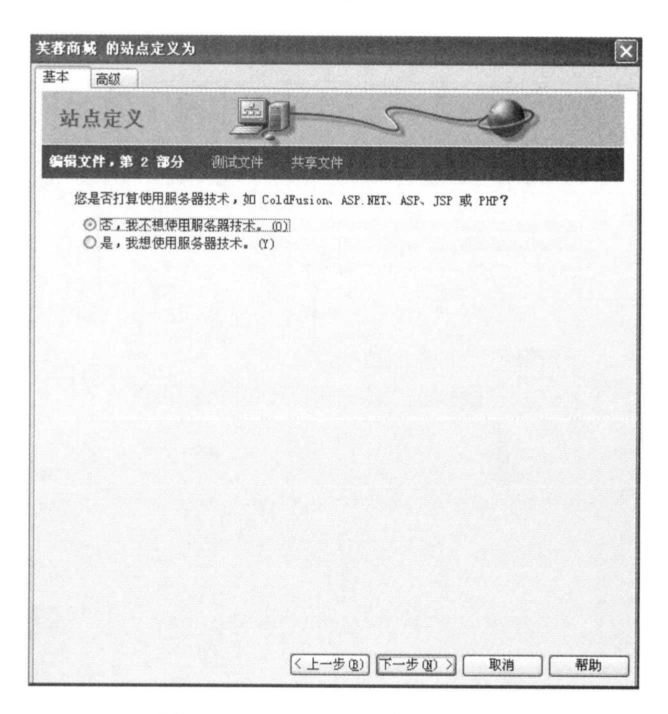

图 13-3 Dreamweaver 搭建站点步骤 2

弹出如图 13-4 所示的对话框，选择文件的存储位置，我们把所有的文件都存放于站点文件夹下，因此选取想存放站点的位置，然后单击“下一步”按钮。

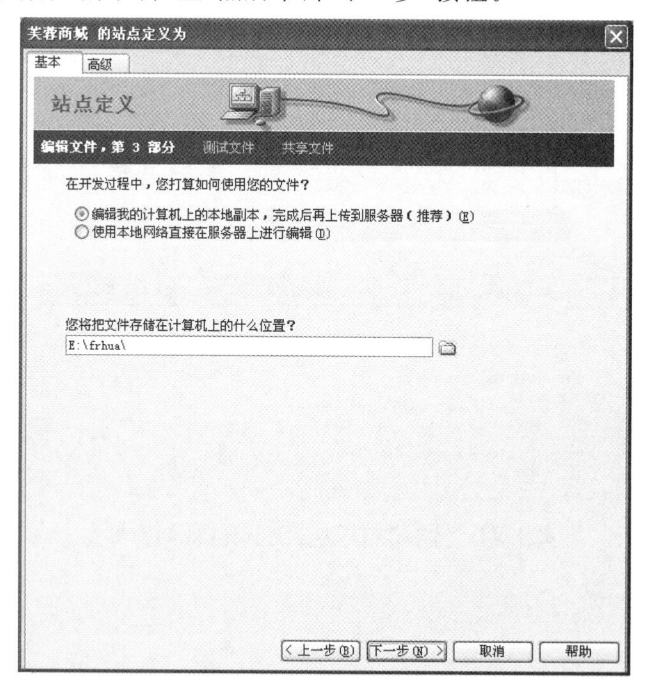

图 13-4 Dreamweaver 搭建站点步骤 3

弹出如图 13-5 所示的对话框，这一步涉及如何连接到服务器，目前不使用服务器，所以选择“无”，单击“下一步”按钮，进入图 13-6，展示站点的信息和所包含的设置，即 E:\frhua，其他跟网页相关的文件就存放在该目录下，然后再单击“完成”按钮，至此，站点就建好了。在该站点下新建一个 images 文件夹，用于存放图片；新建一个 css 文件夹用于放置 CSS 文件，这样做是为了建立结构清晰的网站，然后建立一个文件 index.html 制作网站的首页。

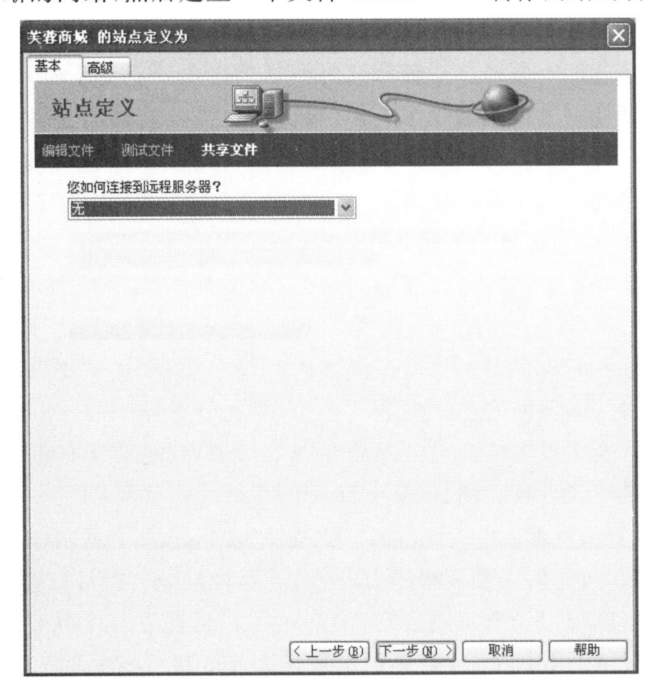

图 13-5　Dreamweaver 搭建站点步骤 4

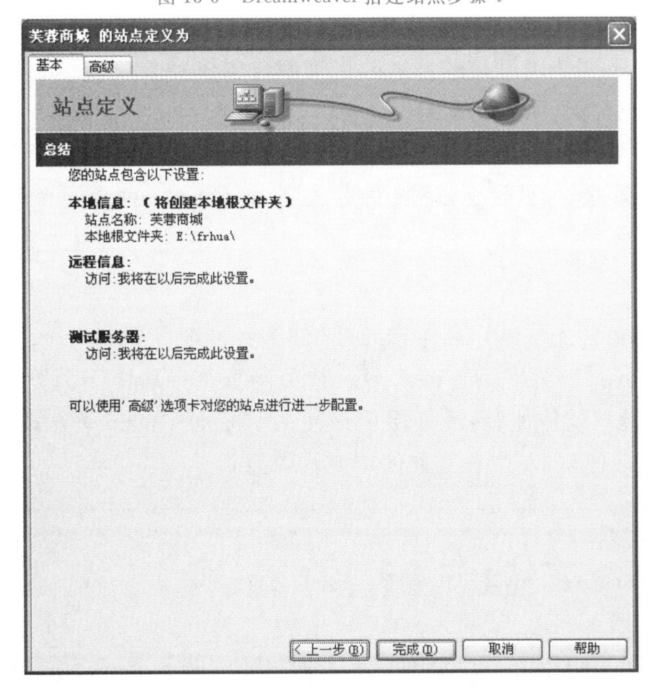

图 13-6　Dreamweaver 搭建站点步骤 5

使用 Dreamweaver 创建站点，要注意通用的文件夹命名，并且文件、文件夹命名要小写、有语义。网站的目录是指建立网站时创建的目录，目录结构的好坏对浏览者来说并没有什么太大的感觉，但是对于站点本身的上传维护，内容未来的扩充和移植有着重要的影响。下面是对于建立大型网站时建立目录结构的一些建议。

(1)不要将所有文件都存放在根目录下。

有时为了方便,将所有文件都放在根目录下。但这样做容易造成文件管理混乱,影响工作效率,另外也影响上传速度。服务器一般都会为根目录建立一个文件索引,当您将所有文件都放在根目录下,那么即使只上传更新一个文件,服务器也需要将所有文件再检索一遍,建立新的索引文件。很明显,文件量越大,等待的时间也将越长,所以建议尽可能减少根目录的文件存放数,能用子文件夹的尽量用子文件夹。

(2)按栏目内容建立子目录。

子目录的建立,首先按主菜单栏目建立。例如,网页教程类站点可以根据技术类别分别建立相应的目录,如Flash、Dhtml、JavaScript等;企业站点可以按公司简介、产品介绍、价格、在线订单、反馈联系等建立相应目录。像友情链接内容较多,需要经常更新的,可以建立独立的子目录。而一些相关性强,不需要经常更新的栏目,如关于本站、关于站长等可以合并放在一个统一目录下,所有需要下载的内容也最好放在一个目录下,便于维护管理。

(3)在每个主目录下建立独立的images目录。

通常一个站点根目录下都有一个images目录,刚开始学习主页制作时,习惯将所有图片都存放在这个目录里。可是后来发现很不方便,当需要将某个主栏目打包,或者将某个栏目删除时,图片的管理相当麻烦。经过实践发现:为每个主栏目建立一个独立的images目录是最方便管理的,而根目录下的images目录只是用来存放首页和一些次要栏目的图片。

(4)目录的层次不要太深,建议不要超过3层。原因很简单,维护管理方便。

其他需要注意的还有:①不要使用中文目录。网络无国界,使用中文目录可能对网址的正确显示造成困难。②不要使用过长的目录。尽管服务器支持长文件名,但是太长的目录名不便于记忆。③尽量使用意义明确的目录。

比如建立芙蓉商城这样的中小型网站,一般会创建如下的结构,可将图片放到images文件夹中,CSS文件归放到css目录下,JS文件存放到JavaScript目录下等。

13.1.2 制作商城网站首页的总体布局

制作商城网站首页首先从制作总体布局开始,然后再细分到每一个块区。本例的页面分为上中下三部分,中间又分为左中右三部分。整个网页水平居中于浏览器,所以加上顶级容器,以便进行统一设置及整体加载,最外层应该使用水平居中的布局方式。用<div>标签分区,上中下三行使用id标识,左中右三列使用class标识。

```
<body>
    <div id="container">
    <div id="header"></div><!--顶部(header)结束-->
    <div id="main">
    <div class="leftcategory">左侧商品分类(category)</div>
    <div class="midcontent">中间内容(content)</div>
    <div class="rightsidebar">右侧(sidebar)内容</div>
    </div><!--主体(main)结束-->
    <div id="footer">底部(footer)</div><!--底部(footer)结束-->
    </div><!--整个容器(container)结束-->
```

首页总体布局

```
</body>
```

在样式表中首先设置全局的属性，使用全局选择器设置内外边距为0，整个网页的超链接为不带下划线；列表默认为不带列表符号，代码如下：

```
/*设置整个网页的通用默认样式*/
*{margin:0px;padding:0px;}
a{ text-decoration:none;}
ul{ list-style:none;}
```

根据美工人员绘制的效果，我们使用图像处理工具量取各部分的宽高，首页需要一个自适应的高度，所以不需要给容器 container 设置高度，container 宽度设置为 980px，水平居中。header、main、footer 的宽度和外层的 container 宽度一致：width:100%，并且左浮动；header 高度由背景图片确定是 150px，添加背景图片，分别量取效果得到 main 和 footer 的高度为 400px 和 100px；其他各块采用背景标识，添加页面后，再取消各块的背景颜色。CSS 文件的样式代码如下：

```
/*设置整个网页的通用默认样式*/
*{margin:0px;padding:0px;}
a{ text-decoration:none;}
ul{ list-style:none;}
/*设置 body 等通用默认样式*/
body{
    font:16px "宋体";}
/*页面层容器 container，整个容器居中*/
#container{
    width:980px;
    margin:0px auto;
}
/*设置头部、主体、脚部的高度以及背景颜色*/
#header{
    width:100%;
    height:150px;/*图片高度 150*/
    background-repeat:no-repeat;
    background-position:－22px 0px;
    /*顶部的图片长 1024px，而网页宽 980px，图片多出 44px，
    若背景图片位置设置成-22，则图片有用的左边正好露出来，
    图片右边，因为 header 是 980px，所以右边正好有 22px 露不出来，
    这时正好将图片有用部分的 180px 显示出来，
    满足了想要显示这些部分的目标*/
}
#main{width:100%;height:400px}
.leftcategory,.midcontent,.rightsidebar{float:left;width:20%;height:100%}/*相同属性集体声明*/
.leftcategory{background:#666;}
.rightsidebar{background:blue;}
.midcontent{width:60%;background:red}/*width:60%将上面 width:20%的样式覆盖掉*/
#footer{width:100%;height:100px;background:#ccc;}
```

首页整体布局效果如图 13-7 所示。

图 13-7 首页整体布局效果

下面说明一下 CSS 样式代码的三种应用方式，之前所学 CSS 样式代码几乎都是在同一个文件的<head>标签中加入 CSS 代码，这种应用方式叫内部样式表，但这并非是唯一方法。在 CSS 中，还有外部样式表和行内样式表的用法。下面简单介绍一下各种应用方式的应用场景及优缺点。

1. 内部样式表

前面项目都采用了内部样式表的方式，这种方式方便在同一个页面中修改样式，但不利于在多页面间共享复用代码及维护，对内容与样式的分离也不够彻底。实际开发时，会在页面开发结束后将这些样式代码剪切至单独的 CSS 文件中，将样式和内容彻底分离开，即下面介绍的外部样式表。

2. 外部样式表

把 CSS 代码单独写在另外一个或多个 CSS 文件中，需要用时在<head>中通过<link/>标签引用或者在<style>标签中通过@import 导入，这种方式就是应用外部样式表文件的方式。它的好处是实现了样式和结构的彻底分离，同时方便网站的其他页面复用该样式，有利于保持网站的统一样式和网站维护。link 标签引用样式表文件的语法格式如下：

```
<head>
……
<link rel="stylesheet" type="text/css" href="CSS 文件地址"/>
……
</head>
```

如上面首页整体布局的示例。

使用@import 关键字导入的语法格式如下：

```
<style type="text/css">
@import url(外部样式表文件的地址)
</style>
```

在@import 关键字后面用 url()函数包含 CSS 的地址。一些较低版本的浏览器对@

import 支持不是很好，所以建议使用＜link/＞标签。因为外部样式表文件方式的优点众多，因此被广泛应用，以后的示例中都将采用此方式。

提示：在 Dreamweaver 中创建外部样式表有两种方法：一种是打开 Dreamweaver，在打开的工具中找到“创建新项目”中的 CSS，如图 13-8 所示，单击后出现新建的 CSS 文件，如图 13-9 所示，就是一个新的 CSS 文件，在这里我们没有写任何 CSS 代码，之后将自己的样式代码写好进行保存，一般将其保存在存放样式表文件的文件夹 css 中，文件类型选择样式表(＊.css)，如图 13-10 所示。

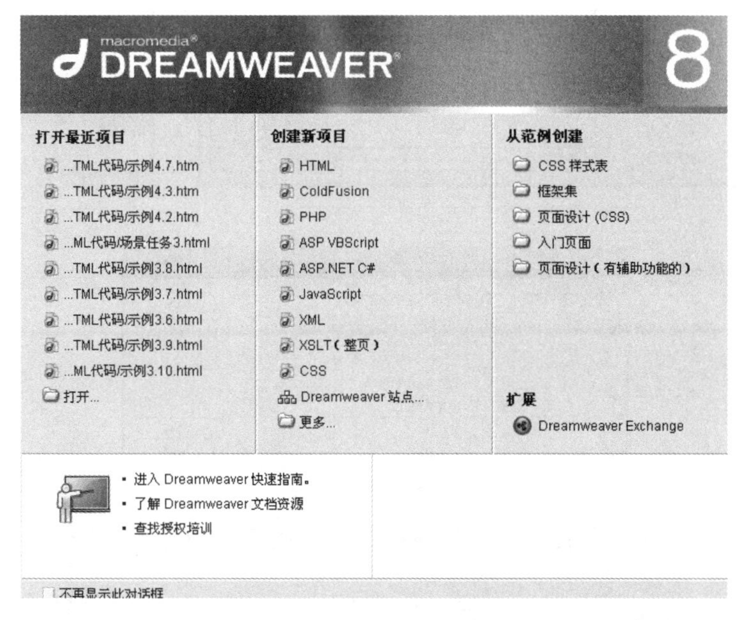

图 13-8　创建新项目 CSS

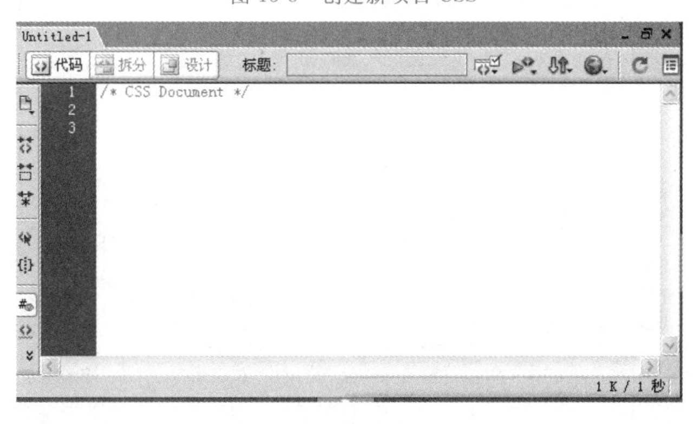

图 13-9　未保存的 CSS 文件

第二种方法可以单击 Dreamweaver 中窗口菜单→“CSS 样式”命令，打开 CSS 样式面板，如图 13-11 所示。单击属性面板的十号就可以打开新建 CSS 规则对话框，如图 13-12 所示，然后根据需要选择 CSS 的选择器类型，如果选择标签，就对标签进行选择，比如 body 标签，之后要把 CSS 定义在“新建样式表文件”，这样才可以将 CSS 代码作为外部样式表文件，之后进行保存，如图 13-13 所示。选择要创建的 CSS 样式的内容。比如要为段落更改样式。在弹出的定义对话框中，选择要更改的各种属性。比如把段落的字体大小改为 16px，字体颜色改为红色。单击确定，发现段落中的文字就出现了相应的效果。

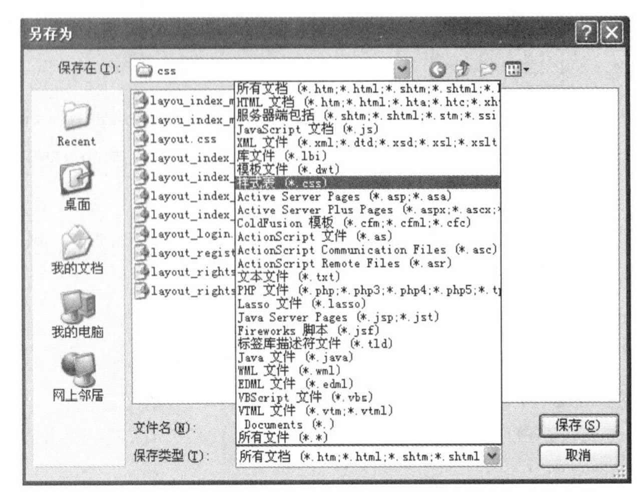

图 13-10 保存 CSS 文件

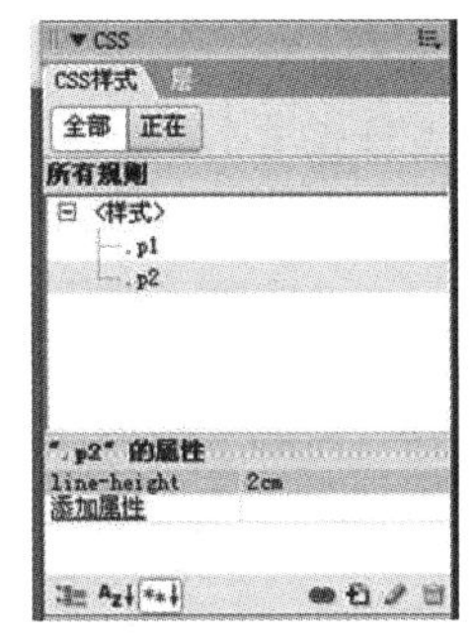

图 13-11 CSS 面板

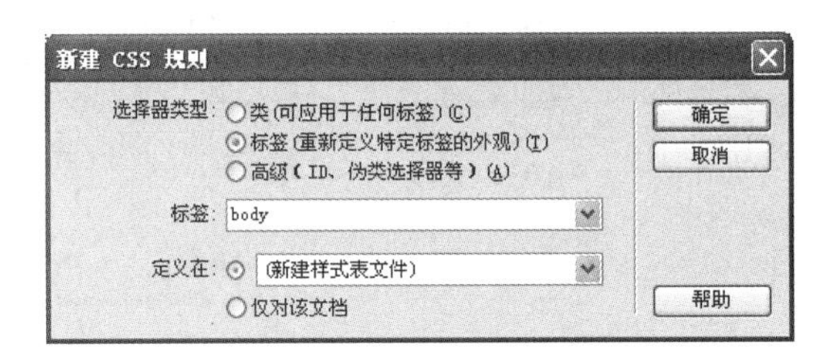

图 13-12 新建 CSS 规则

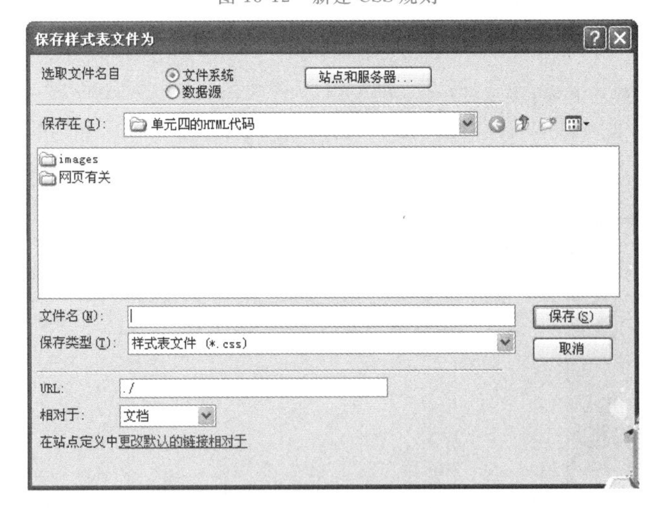

图 13-13 保存样式表文件

3. 行内样式表

在某些情况下，需要对某个特定标签进行单独设置，最直观的方式就是在标签的属性内直接设置。其用法是在所需修饰的标签内加 style 属性，后续为多条样式规则，多条样式规则用分号区分开，我们称这种方法为行内样式表。这种方法虽直观，但尽量少用或不用，因为内容与样式混写在一起，失去了 CSS 的最大优点。

对于样式的优先级也做一个简单的介绍，更多的内容请大家参考其他相关资料。前面曾提及 CSS 的全称为“层叠样式表”，因此，对于页面中的某个元素，它同时应用上述三类样式时，页面元素将同时继承这些样式，但样式之间如有冲突，应继承哪种样式？即存在样式优先级的问题。同理,从选择器角度,当某个元素同时应用标签选择器、ID选择器、类选择器定义的样式时,也存在样式优先级的问题。优先级为:行内样式表>内部样式表>外部样式表,ID选择器>类选择器>标签选择器。

行内样式表>内部样式表>外部样式表,即CSS中规定的优先级规则为“就近原则”。例如我们对“我到底是什么颜色”这个段落同时应用了外部样式表、内部样式表和行内样式表,这三类样式在字体颜色color定义规则有冲突,行内样式定义为红色,内部样式定义为绿色,外部样式定义为蓝色,因为行内样式距离被修饰对象<p>最近,所以最终的样式以行内样式定义的为准,即红色。

```
<!doctype html>
<head>
<title>外部样式表,内部样式表和行内样式表的就近原则</title>
<style type="text/css">
.nav ul li a:link{color:blue;}/*内部样式表*/
</style>
<link rel="stylesheet"href="css/layout.css" type="text/css"/>/*外部样式表*/
</head>
<body>
<p>我到底是什么颜色</p>
</body>
</html>
```

下面再举例说明ID选择器、类选择器、标签选择器的优先级问题,#ID> .class>标签选择器,所以下面应用的是#id3选择器,呈现红色。

```
<!doctype html>
<head>
<title> ID选择器,类选择器,标签选择器的优先级</title>
<style type="text/css">
#id3 { color:#FF0000; }
.class3{ color:#00FF00; }
span{ color:#0000FF;}
</style>
</head>
<body>
<p>我是什么<span id="id3" class="class3">颜色</span></p>
</body>
</html>
```

CSS样式具有三个基本特性:继承性、层叠性和特殊性。下面具体介绍。继承特性可以概括为子元素拥有父元素的所有CSS属性,哪怕子元素另行设置,那也只是另行设置覆盖了从父元素继承来的属性值。层叠特性可概括为各样式间的优先级顺序:行内样式表>内部样式表>外部样式表,ID选择器>类选择器>标签选择器,行内样式>ID样式>类别样式>标记样式。打个比方,当前元素设置了以上四种情况中不同的样式,那么最终显示的结果为行内样式的属性,如此,我们去掉行内样式,依次类推便显示ID、class的样式。

13.1.3 实现顶部布局

顶部 header 分成四部分，在前面的项目中，我们已经做了分析，所以顶部整体布局不再赘述。顶部的组织结构的代码写入<div id="header"></div>中，具体如下：

首页顶部菜单制作

```
<div id="header">
<div class="logo">放置 logo 图片</div>
<div class="up_right_menu">右上部的菜单</div>
<div class="up_right_hello">欢迎光临芙蓉商城</div>
<div class="nav">导航菜单</div>
</div><!--顶部(header)结束-->
```

测量效果，或者查看图片确定各组织结构及宽高，一般情况可以用百分比设置宽度，确保父容器宽度改变时，其中元素按百分比变化。logo 的 width:269px 和 height:118px，设置左浮动；up_right_menu 的宽 width 为 header 的 47%，高 height:30px，内填充中上填充为 10px，设置右浮动；up_right_hello 在后续课程中可以做成跑马灯效果，所以宽度稍大为 70%，高 height:43px，它与菜单有一定间距设置 margin-top:20px，同时右浮动；nav 的宽 100%，高 height:30px，清除两侧的浮动元素 clear:both，效果如图 13-14 所示。

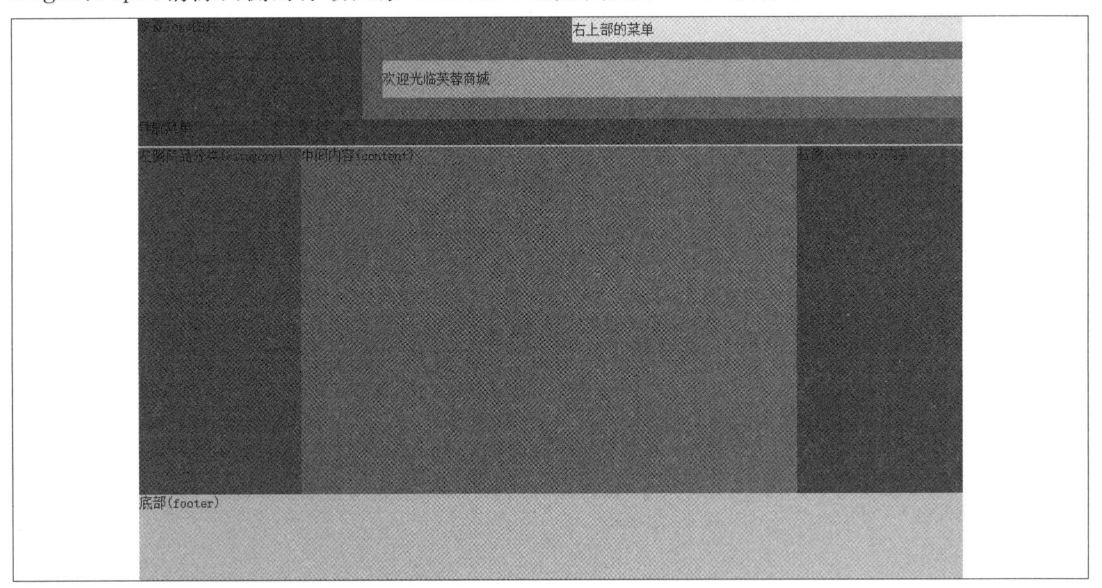

图 13-14 芙蓉商城顶部布局

为了看清楚效果可以为各部分区块增加背景颜色，样式代码如下：

```
#header{
    width:100%;
    height:150px;/* 图片高度 150 */
    background-image:url(../images/header_bg.png);
    background-repeat:no-repeat;
    background-position:-22px 0px;
}
#header a{color:#000000; text-decoration:none;}
#header a:hover{color:#FFFFFF;}
```

```
/ * 设置头部的 logo、右边菜单、右边欢迎词和下边的导航 * /
.logo{
    width:269px; height:118px;
    float:left;
    background-color:#006666;
}
.up_right_menu{
    width:47%;height:30px;
    float:right;
    background-color:#99FF00;
    padding:10px 0pxpx0 0px;
}
.up_right_hello{
    width:70%; height:43px;
    float:right;
    background-color:#FF9999;
    margin-top:20px;}
.nav{
    clear:both;
    width:100%; height:30px;
    background-color:#993300;
}
```

其余部分的超链接设置如下，并且放在样式的总体样式中。

```
a{color:#000000; text-decoration:none;}
a:hover{color:#FF33CC;}
```

下面就具体实现 header 顶部的每一块。首先将组织结构中<div class="logo">放置 logo 图片</div>的文字替换成 logo 图片，样式中背景颜色去掉，也可以用背景图偏移技术把背景图的 logo 部分截取出来，实现以后，取消 logo 块背景颜色对应的代码。

接下来设置右上部的菜单，前面菜单已经做了多次，要利用 div-ul-li，因为虽然看上去为图文结构，但是图文之间不存在语义说明，不存在父子和包含关系，而是并列显示结构，宜采用 div-ul-li 实现。图标作为修饰，所以作为背景使用，而不是内容，图标和文字各占一个<li>，图标的<li>内容为空，这个都要从 header_sort_icon.jpg 图片中截取图标，为了代码复用，把共同特征调整到一个类 pic 中，此外注册和登录菜单项要在自己的区间水平居中。

```
<div class="up_right_menu">
<ul>
<li class="pic pic1"></li><li class="text"><a href="#">首页</a></li>
<li class="pic pic2"></li><li class="text"><a href="#">购物车</a></li>
<li class="pic pic3"></li><li class="text"><a href="#">联系我们</a></li>
<li class="pic btn"><a href="#">注册</a></li>
<li class="pic btn"><a href="#">登录</a></li>
</ul>
</div>
```

样式代码如下：

```
.up_right_menu{
    width:47%;height:30px;
    float:right; /* 右浮动,才可以在右边显示 */
    /* background-color: #99FF00; */
    padding:10px 0px 0px 0px;
}
.up_right_menu ul li{float:left;font:19px/28px 宋体;}
.pic{width:26px;height:26px;
background:url(../images/header_icon.png)   no-repeat;}
.pic1{background-position:0px 0px;}
.pic2{background-position:-26px 0px;}
.pic3{background-position:-52px 0px;}
/* btn 为注册、登录按钮 text 为菜单文本 */
/* 设置按钮(文本)10 像素间距 */
.btn{width:72px; height:27px;
background-position:-79px -1px;text-align:center;}
```

对于超链接部分我们统一设置如下：

```
a{color: #000000; text-decoration:none;}
a:hover{color: #FFFFFF;}
```

芙蓉商城顶部完成 logo 和菜单项效果如图 13-15 所示。

图 13-15　芙蓉商城顶部完成 logo 和菜单项效果

然后设置欢迎词，目前暂且按照效果将欢迎词设置成黑色、隶书、26px、水平居中。

最后设置 nav 导航菜单，导航菜单分成左右两部分，所以在这里把它分成两个块 nav_left 和 nav_right，它的左半部是按照关键字或者关键字和价格来进行搜索，要用到表单，具体组织代码如下：

```
<div class="nav">
<div class="nav_left">
<form action="" method="post">
关键字<input name="name" type="text" size="20" />
价格从<input name="name" type="text" size="5" />到<input name="name" type="text" size="5" />
<input type="submit" name="button" value="搜　索"/>
</form>
</div><!--nav_left 结束-->
<div class="nav_right">
</div><!--nav_right 结束-->
</div><!--nav 结束-->
```

微课

首页顶部搜索和导航的布局

样式代码如下：

```
.nav .nav_left{ padding-left:10px; padding-top:7px;color: #FFFFFF; float:left;}
```

关于导航条右半部分，之前在项目中已经完成，组织结构代码如下：

```
<div class="nav_right">
<ul>
    <li><a href="#">护肤品  </a></li>
    <li><a href="#">饰   品</a></li>
    <li><a href="#">营养健康</a></li>
    <li><a href="#">女   装</a></li>
</ul>
</div><!--nav_right 结束-->
```

样式代码如下：

```
.nav .nav_right li {
    width:121px;
    float:left;
    line-height:30px;
    text-align:center;
    font-weight:bold;
}
```

整个 header 部分完成之后的效果如图 13-16 所示。

图 13-16　芙蓉商城顶部

13.1.4　实现左部商品分类

接下来就是页面左部的“商品分类”，相对于顶部而言，左侧的结构相对简单，leftcategory 重点在于对多行文本的布局能力。前面任务实现最基础的部分，这里主要介绍整体的实现思路。整个商品分类的实现组织结构仍然采用 div-ul-li 结构，由于类目的重要性，使用<h1>标签有利于搜索引擎优化；其次，各类的结构几乎完全一样，用 4 个<ul>来表示即可完成，因此，总体组织结构可以归纳如下，省略部分的代码参考效果的内容自行补充完整。

```
<div class="leftcategory">
<ul class="cat_ul">
<h1>护肤品</h1>
<li class="leftcategory_li"><a href="#">卸妆</a></li>
<li class="leftcategory_li"><a href="#">洁面</a></li>
<li class="leftcategory_li"><a href="#">爽肤水</a></li>
<li class="leftcategory_li"><a href="#">眼部护理</a></li>
<li class="leftcategory_li"><a href="#">精华</a></li>
<li class="leftcategory_li"><a href="#">面霜</a></li>
<li class="leftcategory_li"><a href="#">面膜</a></li>
<li class="leftcategory_li"><a href="#">防晒</a></li>
```

```
<li class="leftcategory_li"><a href="#">唇部护理</a></li>
<li class="leftcategory_li"><a href="#">乳液</a></li>
<li class="leftcategory_li"><a href="#">沐浴露</a></li>
<li class="leftcategory_li"><a href="#">洗发水</a></li>
<li class="leftcategory_li"><a href="#">护发素</a></li>
<li class="leftcategory_li"><a href="#">啫喱水</a></li>
<li class="leftcategory_li"><a href="#">弹力素</a></li>
</ul>
<ul class="cat_ul">
<h1>饰品</h1>
……
</ul>
<ul class="cat_ul">
<h1>营养健康</h1>
……
</ul>
<ul class="cat_ul">
<h1>女装</h1>
……
</ul>
</div><!--leftcategory 结束-->
```

之后进行样式设置，把 main 部分的高度取消，以背景图片本身高度来决定 main 的高度，添加 leftcategory 的背景图片，这个图片本身高 643px、宽 203px，在效果中"分类部分"的文字距离图片上部大概 38px，距离左边 5px，右边 15px，这三个数值可以设置 leftcategory 的 padding 属性实现，因此 leftcategory 的 height 就设置成 605px，width 就设置成 183px。接下来确定标题行 h1 的行高为 27px，每个无序列表所占高度是 120px，共 5 行，所以各行的行高为 24px，每个无序列表所占的宽度是 183px，平均分成 3 列，每一列的宽度是 60px，就是每个 li 的宽度，因此所有的 leftcategory 的样式如下：

```
#main{width:100%;}
.leftcategory,.midcontent,.rightsidebar
{
    float:left;
    height:100%;
}
/*设置主体 main 的左部商品分类*/
.leftcategory
{
    background:url(../images/category.jpg) no-repeat;
    height:605px;
    width:183px;
    padding:38px 5px 0px 15px;
}
```

```
.leftcategory h1
{
    font:bold 14px 宋体;
    color:#ff7300;
    line-height:27px;
}
.leftcategory_li
{
    width:60px;
    float:left;
    font:12px/24px 宋体;
    color:#636362;
}
```

为了其余部分能正常显示，左边分类占据了大概20.7%的宽度，将midcontent的width设置成占据59.3%，大概581px，右边栏占据20%，大概是196px，底部footer的clear:both，整个效果如图13-17所示。

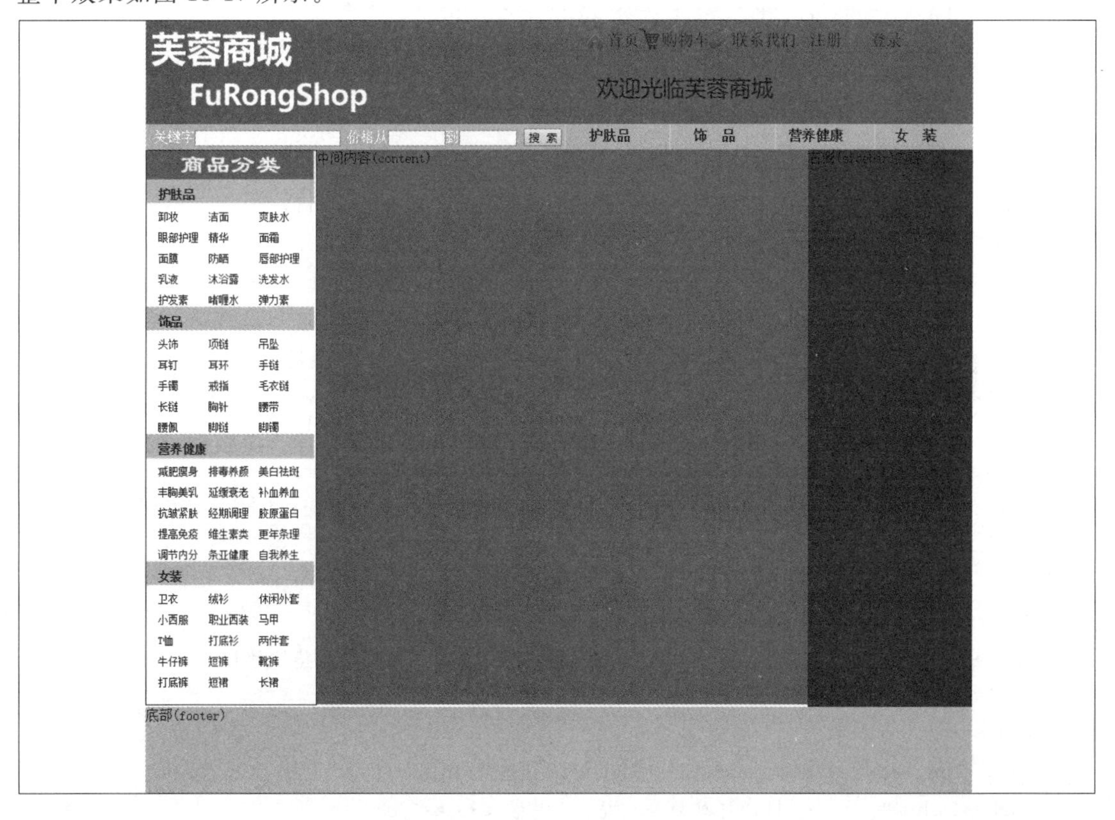

图13-17　芙蓉商城首页左边分类

13.1.5　实现中部主题布局

首页中部布局

中部局部布局分上下两块，分别用midcontent_top和midcontent_list块表示，上部是图片，下部是图文，下部的图文有解释说明的含义，而并非并列关系，所以应该使用dl-dt-dd结构。结构代码如下：

```
<div class="midcontent">
<div class="midcontent_top"><img src="images/ad-04.jpg" alt="新优惠"/></div>
<div class="midcontent_list">
<dl>
<dt><img src="images/jinghua1.jpg" alt="alt" /></dt>
<dd><a href="#">欧莱雅青春密码活颜精华肌底液 30ml</a></dd>
</dl>
<dl>
<dt><img src="images/jinghua2.jpg" alt="alt" /></dt>
<dd><a href="#">兰蔻水分缘舒缓精华液 10ml! </a></dd>
</dl>
<dl>
<dt><img src="images/jinghua3.jpg" alt="alt" /></dt>
<dd><a href="#">兰蔻美颜活肤液 30ml 人手必备小黑瓶! </a></dd>
</dl>
<dl>
<dt><img src="images/jiemian1.jpg" alt="alt" /></dt>
<dd><a href="#">欧珀莱均衡保湿系列-柔润洁面膏 125g! </a></dd>
</dl>
<dl>
<dt><img src="images/jiemian2.jpg" alt="alt" /></dt>
<dd><a href="#">OLAY 玉兰油美白保湿洁面膏 100g! </a></dd>
</dl>
<dl>
<dt><img src="images/jiemian3.jpg" alt="alt" /></dt>
<dd><a href="#">相宜本草四倍蚕丝凝白洁面膏 100g! </a></dd>
</dl>
<dl>
<dt><img src="images/mianmo1.jpg" alt="alt" /></dt>
<dd><a href="#">膜法世家樱桃睡眠免洗面膜 100g 补水去黄保湿美白! </a></dd>
</dl>
<dl>
<dt><img src="images/mianmo2.jpg" alt="alt" /></dt>
<dd><a href="#">膜法世家 1908 珍珠粉泥浆面膜 100g 美白控油防痘紧致! </a></dd>
</dl>
<dl>
<dt><img src="images/mianmo3.jpg" alt="alt" /></dt>
<dd><a href="#">美即海洋冰泉补水面膜 5 片装</a></dd>
</dl>
</div><!--content_list 结束-->
</div><!--midcontent 结束-->
```

下面分析样式，上下方的宽度都为 524px。中部上方实际高度为 195px，其中容器高度为 190px，同时设置下方的内边距为 5px，上部元素总共占据空间为 190+5=195px，作为和“天天疯抢”版块的空白间隙。下方实际高度为 440px，其中设置上方的内边距为 37px，作为背景标题和下方内容的空白间隙，下方容器标签<div>的高度设为 403px。部分样式如下：

```
.midcontent,.midcontent_top,.midcontent_list{width:524px}/*图片的宽*/
.midcontent_top{
    height:190px;/*图片的高*/
    padding-bottom:5px;
}
.midcontent_list{
    background:url(../images/crazy.png) no-repeat;
    height:403px;
    padding:37px 0px 0px 3px;
}
```

然后设置 midcontent_list 的 dl、dt、dd，我们结合图来分析实现思路。从图 13-1 中可看出：共三行，每行包括三个<dl>块，那么每个<dl>块宽 174px(524px/3)，高 134px(403px/3)。在项目 10 中，我们已经实现过图文混排，因此具体分析从略，我们更多地关注具体实现，各<dl>块设置左浮动，并且设置容器<div>的子元素水平居中。各块中一图一文，图片高度不超过 91px，设置 line-height:91px 让图片垂直居中。文字两到三行，设置文字大小为 14px，因此行高不会超过 43px。设置图片有 1px 的灰色边框。

首页中间主体部分页面制作

```
.midcontent,.midcontent_top,.midcontent_list{width:524px}/*图片的宽*/
.midcontent_top{
    height:190px;/*图片的高*/
    padding-bottom:5px;
}
.midcontent_list{
    background:url(../images/crazy.png) no-repeat;
    height:403px;
    padding:37px 0px 0px 3px;
    text-align:center;/*设置容器<div>的子元素水平居中*/
}
.midcontent_list dl{
    float:left;
    width:174px;
    height:134px;
}
.midcontent_list dt{height:91px; line-height:91px;}
.midcontent_list dd{height:45px; font-size:14px;}
.midcontent_list dt img{
    width:106px;
    height:81px;
    vertical-align:middle;
    border:1px solid #ccc;
}
```

芙蓉商城首页中部实现效果如图 13-18 所示。

图 13-18 芙蓉商城首页中部实现效果

13.1.6 实现右部布局

main 部分的右部 rightsidebar 分成上、中、下三部分，分别以 rightsidebar _ top、rightsidebar_center、rightsidebar_foot 块命名。先看各部分的组织结构，上半部分很明显就是 dl-dt-dd 结构，中间部分也是 dl-dt-dd 结构，并且在前面项目中有过类似实现。下部是一张图片，实现更为简单，所以这三部分的组织结构代码如下：

```
<div class="rightsidebar">
<div class="rightsidebar_top">
<dl>
<dt><img src="images/sidebar_top.jpg"/><dt>
<dd><a href="#">大米素肌匀色保湿</a></dd>
<dd><a href="#">内含大米护肤精华和高能 Penetrant 深层护肤</a></dd>
<dd><a href="#">减少油脂粒的产生提高皮肤亮度</a></dd>
<dd><a href="#">售价:¥109 元 ...</a></dd>
</dl>
</div><!--rightsidebar_top 结束-->
<div class="rightsidebar_center">
    <dl>
        <dt><img src="images/show1.jpg" /></dt>
        <dd><a href="#" target="_top"><img src="images/top_icon.jpg" />已售出 988 件</a>
        </dd>
```

```
        </dl>
        <dl>
            <dt><img src="images/show2.jpg" /></dt>
            <dd><a href="#" target="_top"><img src="images/top_icon.jpg" />已售出735件</a>
            </dd>
        </dl>
        <dl>
            <dt><img src="images/show4.jpg" /></dt>
            <dd><a href="#"><img src="images/top_icon.jpg" />已售出700件</a></dd>
        </dl>
        <dl>
            <dt><img src="images/show5.jpg" /></dt>
            <dd><a href="#"><img src="images/top_icon.jpg" />已售出657件</a></dd>
        </dl>
    </div><!--rightsidebar_center 结束-->
    <div class="rightsidebar_foot">
    <img src="images/rightsidebar_foot.jpg"/>
    </div><!--rightsidebar_foot 结束-->
    </div><!--rightsidebar 结束-->
```

接下来分析样式，整个 rightsidebar 和左边的 midcontent 有空白间隙，这个间隙是用 margin 还是 padding？在哪个区块实现比较好？建议的方法是在大区块的右边或下方来实现，所以就在 midcontent 的右边增加右内边距 5px。.midcontent、.midcontent_top、.midcontent_list {width:524px}，增加 padding-right:5px 可实现。另外，在使用内边距实现布局时，切忌在内层标签如<ul>、<li>标签中设置边距来实现。应在外层如 midcontent 类的<div>标签中实现。这样既简洁又高效，而且有利于扩展和修改。rightsidebar 的宽度是 245px，rightsidebar_top 宽度与父容器一样，总高度通过测量是 155px，这一块和中间 rightsidebar_center 有 5px 的间隔，所以遵循在上块中设置内填充的原则，我们设置上块的 padding-bottom 为 5px，这样 rightsidebar_top {height:150px; padding-bottom:5px;}的总高度就是 150+5=155px。对于上部 dt 中的图片设置其宽高和图片一致，加上一个边框。rightsidebar_center 的 padding-top 设置成 55px。样式代码如下：

```
.rightsidebar{ width:245px;}
.rightsidebar_top
{
    width:245px;
    height:150px;
    padding-bottom:5px;
}
.rightsidebar_top img
{
    width:103px;
    height:147px;
    border:#666666 solid 1px;
}
```

```
.rightsidebar_top dt{ float:left;}
.rightsidebar_top dd
{
    line-height:18px;
    padding:3px 0px 0px 0px;
}
.rightsidebar_center
{
    background-image:url(../images/本周排行榜 2.png);
    background-repeat:no-repeat;
    padding-top:55px;
}
.rightsidebar_center dl{ margin-left:15px;}
.rightsidebar_center dl dt{ float:left; margin-right:15px;}
.rightsidebar_center dl dd{ line-height:60px;}
.rightsidebar_center dl dt img{ border:1px solid #9ea0a2;/* 设置图片的外边框 */}
```

右部做好之后效果如图 13-19 所示。

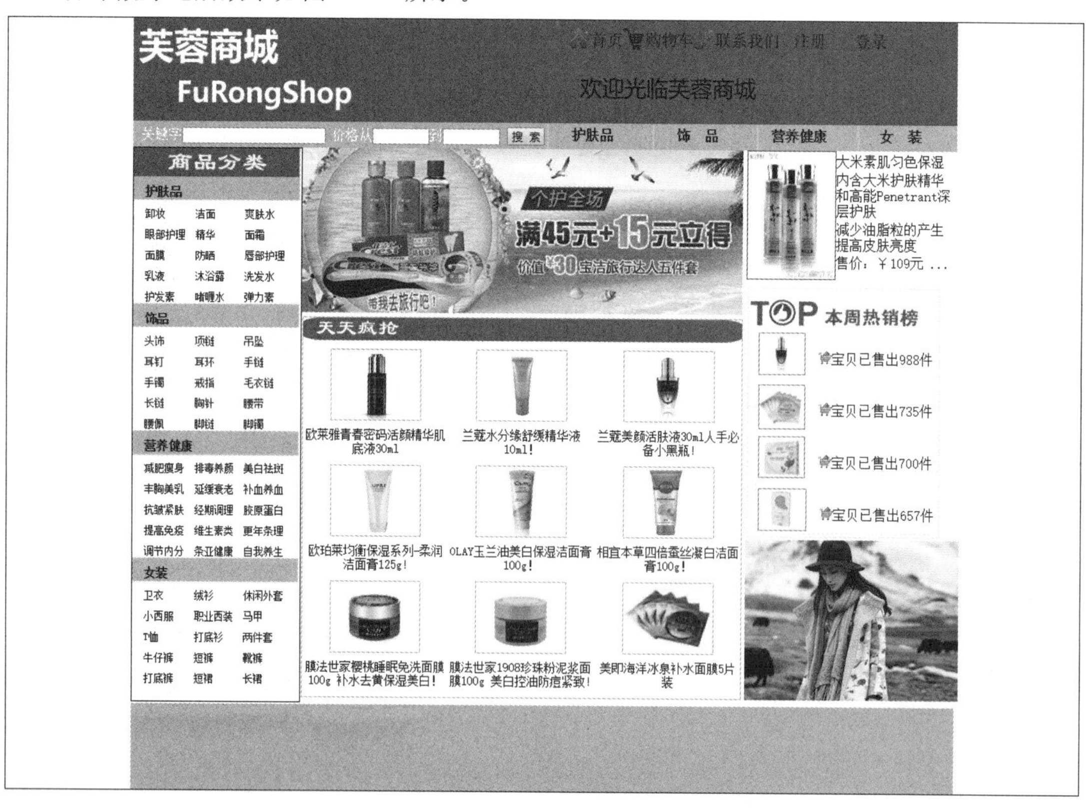

图 13-19 芙蓉商城右部实现后的效果

13.1.7 实现底部信息

顶部结构简单,组织结构如下:

```
<div id="footer">
```

```
<p>友情链接:百度|Google|雅虎|淘宝|拍拍|易趣|京东商城|迅雷|新浪|网易|搜狐|猫扑|开心网|新华网|凤凰网</p>
    <hr/>
    <p>COPYRIGHT &copy; 2012-2013 芙蓉商城一直为女人做商城</p>
    <p>email:35616001@qq.com </p>
    <p><img src="images/img1.gif"/><img src="images/img2.gif"/><img src="images/img3.gif"/><img src="images/img4.gif" />
    </p>
</div><!--底部(footer)结束-->
```

样式代码如下：

```
#footer{
    width:100%;
    padding-top:5px;
    clear:both;/*把 main 的高度去掉,footer 就要设置*clear:both*/
    text-align:center;
}
```

至此商城的首页已经制作完毕,这一项工作完成,其他分支页面相对简单一些。

任务 13.2　制作商城分支页——注册页面

任务需求

前面实现了芙蓉商城的首页,也是工作量最大的一个页面,现在将在前面的基础上,分别实现网站的其他页面,这一节要实现注册页面,效果如图 13-20 所示。下面介绍整个页面的实现思路和方法,以此来掌握典型注册页面的制作。

图 13-20　注册页面

任务实现

首先在站点处右击，选择新建文件，命名为 register.html，效果如图 13-21 所示。

图 13-21 站点新建文件

首页完成之后，其他页面制作时就有章可循，注册页的顶部和底部可以复用首页的顶部和底部，所以其他页面实际工作量会小于首页。使用<iframe>实现首顶部和底部的复用，首先分离首页顶部为单独的页面文件，需要将顶部的相关代码分离出来，形成一个新的页面，保存为 header.html 即可，然后分离底部为单独的页面文件，底部与顶部类似，只是<body>之内的标签换成已经实现的底部代码，然后另存为 footer.html 文件即可。之后就可以使用<iframe>复用顶部和底部了。

分离的 header.html 和 footer.html，各自对应的代码如下：

(1)header.html

```
<body>
<div id="container">
<div id="header">
<div class="logo"><img alt="logo 图片" title="logo 图片" src="images/logo.png"/></div>
<div class="up_right_menu">
<ul>
<li class="pic pic1"></li><li class="text"><a href="#">首页</a></li>
<li class="pic pic2"></li><li class="text"><a href="#">购物车</a></li>
<li class="pic pic3"></li><li class="text"><a href="#">联系我们</a></li>
<li class="pic btn"><a href="#">注册</a></li>
<li class="pic btn"><a href="#">登录</a></li>
</ul>
</div>
<div class="up_right_hello">欢迎光临芙蓉商城</div><!--这个块中不要空着,不然显示不出来-->
<div class="nav">
<div class="nav_left">
<form action="" method="post">
    关键字<input name="name" type="text" size="20" />
    价格从<input name="name" type="text" size="5" />到<input name="name" type="text" size="5" />
    <input type="submit" name="button" value="搜　索"/>
</form>
</div><!--nav_left 结束-->
<div class="nav_right">
<ul>
    <li><a href="#">护肤品  </a></li>
    <li><a href="#">饰   品</a></li>
    <li><a href="#">营养健康</a></li>
```

微课

分离局部网页

```
        <li><a href="#">女  装</a></li>
        </ul>
        </div><!--nav_right 结束-->
        </div><!--nav 结束-->
        </div><!--顶部(header)结束-->
        </div><!--id="container"结束-->
</body>
```

(2)footer. html

```
<body>
        <div id="container">
        <div id="footer">
            <p>友情链接:百度|Google|雅虎|淘宝|拍拍|易趣|京东商城|迅雷|新浪|网易|搜狐|猫扑|
            开心网|新华网|凤凰网</p>
            <hr/>
            <p>COPYRIGHT &copy; 2012-2013 芙蓉商城一直为女人做商城</p>
            <p>email:35616001@qq. com </p>
            <p><img src="images/img1. gif"/><img src="images/img2. gif"/><img src="images/
            img3. gif" /><img src="images/img4. gif" />
            </p>
</div><!--底部(footer)结束-->
        </div><!--整个容器(container)结束-->
</body>
```

微课

网页内引用其他网页

<iframe>内嵌框架的基本语法格式如下:

<iframe src="引用的页面地址" width="" height="" scrolling="是否显示滚动条" frameborder="边框"></iframe>

src:为被嵌入网页的地址;scrolling:是否有滚动条,yes 有,no 无,auto 是根据被显示的 HTML 自动显示或隐藏;width:宽度;height:高度,高度、宽度可以为百分比,可以为具体高宽数值,不需要跟单位。通常需要设置高度、宽度具体数值。

在网站 register. html 页面的顶部、底部位置,引用上述分离的 header. html 和 footer. html 后,效果如图 13-22 所示。

图 13-22 register. html 引用 header. html 和 footer. html

后续网站的其他页面将以此为网站模板,添加其他内容。

最初的 register. html 对应的代码如下:

```
<body>
```

```
<iframe id="header" src="header.html" width="980" height="150" frameborder="0" scrolling="no">
</iframe>
<div id="main"></div><!--main 结束-->
<iframe id="footer" src="footer.html" width="980" height="120" frameborder="0" scrolling="no">
</iframe>
</body>
```

首先分析图 13-23 注册页面的主体部分的页面结构，页面结构较为简单，可以用表格来布局，使用 4 行 3 列的表格，左边提示文字在第一列，第二列是文本框、密码框以及图片按钮，第三列是协议部分，协议跨 4 行，如图 13-23 所示。

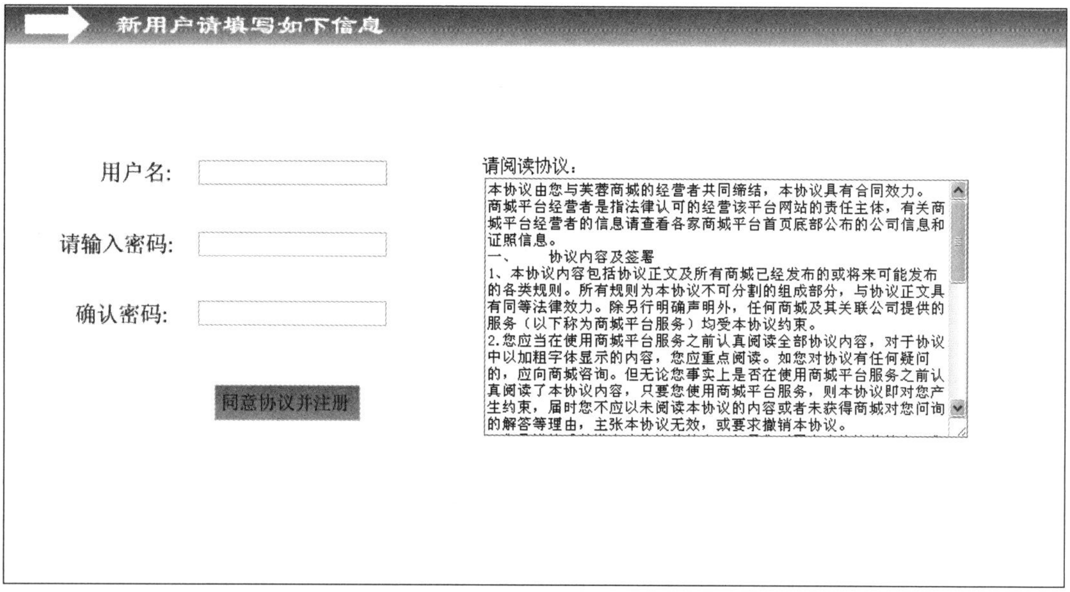

图 13-23　注册部分

对于样式修饰，首先表单背景修饰，显然，整个表单需要设置“注册”背景图，并设置上、右、下、左的内边距作为填充，对应的 CSS 代码如下：

```
#register form{ padding:130px 85px 130px 50px; background:url(../images/注册页面.png) no-repeat;}
```

四行元素总高度是 260px，设置每一行的行高 tr 为 65px，内容所占的总宽度大概是 850px，各列的宽度可以设置成百分比形式，这里采用了具体值形式，第一列宽 120px，第二列宽 270px。然后看表单元素中的各类文本框都使用了细边框，因为它们对应的 HTML 标签都是<input/>标签，所以可以设置注册页面中所有的 input 标签的通用样式为 input{ width:175px; height:22px; border:1px #333 solid;}，比较特殊的就是图片按钮，将它设置成这种样式 b0{border:0px; width:auto; height:auto;}。对于协议部分，设置细边框 #register .reg textarea{ border:1px solid #ccc;}，第一列的文字采用右对齐的方式。所以整个注册页面的 CSS 代码如下：

```
/*下面是注册页的样式*/
#register form{ padding:130px 85px 130px 50px; background:url(../images/注册页面.png) no-repeat;}
#register input{ width:175px; height:22px; border:1px #333 solid;}
```

```
#register .reg tr{ height:65px;}
#register .reg textarea{ border:1px solid #ccc;}
#register .reg .a_r{ text-align:right;}
#register .reg .w120{width:120px;}
#register .reg .w270{ width:270px;}
#register .reg .b0{ border:0px; width:auto; height:auto;}
```

微课

制作注册页面样式

register.html 的代码如下：

```
<body>
<div id="container">
<iframe id="header" src="header.html" width="980" height="150" frameborder="0" scrolling="no">
</iframe>
<div id="register">
<form action="register_success.html" method="post">
<table class="reg" cellpadding="0px" cellspacing="0px">
<tr>
<td class="a_r w120">用户名:</td>
<td class="w270"><input name="username" type="text" size="18" /></td>
<td rowspan="4">请阅读协议:</br>
<textarea name="xieyi" cols="50" rows="15" readonly="readonly">本协议由您与芙蓉商城的经营者共同缔结,本协议具有合同效力。……
</textarea>
</td>
</tr>
<tr>
<td class="a_r w120">请输入密码:</td>
<td class="w270"><input name="pwd" type="password" size="18"/></td>
</tr>
<tr>
<td class="a_r w120">确认密码:</td>
<td class="w270"><input name="rpwd" type="password" size="18"/></td>
</tr>
<tr>
<td></td>
<td class="w270"><input class="b0" type="image" name="submit" src="images/agree1.png"/></td>
</tr>
</table>
</form>
</div><!--register 结束-->
<iframe id="footer" src="footer.html" width="980" height="120" frameborder="0" scrolling="no"></iframe>
</div><!--container 结束-->
</body>
</html>
```

微课

制作注册页面内容

任务 13.3 制作商城分支页——登录页面

任务需求

登录页面和注册页面有很多相似之处，我们利用相关知识进行实现。

任务实现

登录页面和注册页面有很多相似之处，首先分析它的页面结构，4 行 3 列的表格，第一列是一张图片，跨四行，第二列是提示文字，右对齐，第三列是文本框、密码框以及图片按钮，其中图片按钮在第三列居中对齐，如图 13-24 所示。

图 13-24 登录部分

对于样式修饰，首先进行表单背景修饰，显然，整个表单需要设置“登录”背景图，并设置上、右、下、左的内边距作为填充，对应的 CSS 代码如下：

```
#login form
{ padding:75px 100px 40px 65px;
    background:url(../images/login_bg.png) no-repeat;
}
```

四行元素总高度是 300px，设置每一行的行高 tr 为 75px，第二列宽 120px，第三列宽 200px，其中第三列第四行居中对齐。与注册页面类似，使用了细边框，所以可以设置页面中所有的 input 标签的通用样式为 input{ width:175px; height:22px; border:1px #333 solid;}，比较特殊的是图片按钮，将它设置成这种样式 b0{border:0px; width:auto; height:auto;}，因此登录页面的完整代码如下：

```
<body>
<div id="container">
<iframe id="header" src="header.html" width="980" height="150" frameborder="0" scrolling="no">
</iframe>
```

```
<div id="login">
<form action="login_success.html" method="post">
<table class="login" cellpadding="0px" cellspacing="0px">
<tr>
<td rowspan="4"><img src="images/login_left.png" alt="注册左边图片" title="注册左边图片"/>
</td>
<td class="a_r w120">会员登录</td>
<td></td>
</tr>
<tr>
<td class="a_r w120">用户名</td>
<td class="a_r w200"><input name="username" type="text" size="18" /></td>
</tr>
<tr>
<td class="a_r w120">密码</td>
<td class="a_r w200"><input name="rpwd" type="password" size="18"/></td>
</tr>
<tr>
<td></td>
<td class="center"><input class="b0" type="image" name="submit"
src="images/login_button.png"/>
</td>
</tr>
</table>
</form>
</div><!--login 结束-->
<iframe id="footer" src="footer.html" width="980" height="120" frameborder="0" scrolling="no">
</iframe>
</div><!--container 结束-->
</body>
```

下面是登录页的样式代码：

```
#login form{ padding:75px 100px 40px 65px;
background:url(../images/login_bg.png)  no-repeat;}
#login input{ width:175px; height:22px; border:1px #333 solid;}
#login .login tr{ height:75px;}
#login .login .a_r{ text-align:right;}
#login .login .w120{width:120px;}
#login .login .w200{width:200px;}
#login .login .center{ text-align:center;}
#login .login .b0{ border:0px; width:auto; height:auto;}
```

登录页面效果如图 13-25 所示。

图 13-25　登录页面效果

任务 13.4　制作商城分支页——商品具体介绍页面

任务需求

注册页和登录页制作完成之后，下面来制作商品的具体介绍页。

任务实现

根据美工人员提供的效果(图 13-26)，进行如下分析和设计。

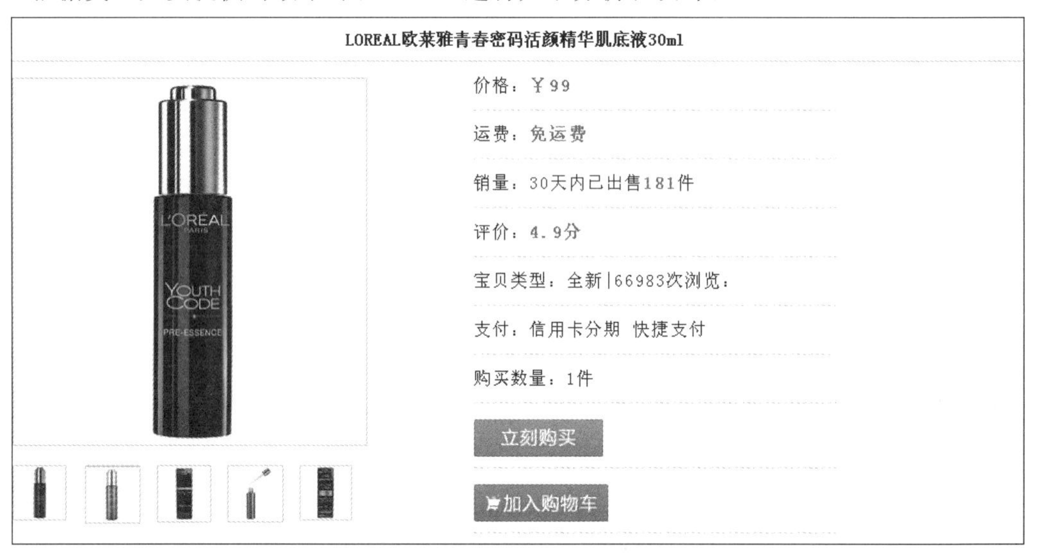

图 13-26　商品具体介绍部分

首先进行页面布局分析，整体采用 div-ul-li 结构，左侧大图和小图都放在 li 中，分成两类，来实现不同类的设置，右侧采用<ul>结构，并且<ul>块的内容均用<li>实现，其组织结构如下：

```
<div id="goodsdetails">
<h1>LOREAL 欧莱雅青春密码活颜精华肌底液 30ml</h1>
<ul class="leftbar">
<li class="bigimg"><img src="images/loreal_big.png" alt="欧莱雅大图"/></li>
<li class="smallimg"><img src="images/loreal_small1.png" alt="欧莱雅小图 1"/></li>
<li class="smallimg"><img src="images/loreal_small1.png" alt="欧莱雅小图 2"/></li>
<li class="smallimg"><img src="images/loreal_small1.png" alt="欧莱雅小图 3"/></li>
<li class="smallimg"><img src="images/loreal_small1.png" alt="欧莱雅小图 4"/></li>
<li class="smallimg"><img src="images/loreal_small1.png" alt="欧莱雅小图 5"/></li>
</ul>
<ul class="rightbar">
    <li>价格：<span>￥99</span></li>
    <li>运费：<span>免运费</span></li>
    <li>销量：30 天内已出售<span>181</span>件</li>
    <li>评价：<span>4.9 分</span></li>
    <li>宝贝类型：全新|66983 次浏览：</li>
    <li>支付：信用卡分期 快捷支付</li>
    <li>购买数量：1 件</li>
<li class="buynow"><img src="images/buynow.png" alt="立刻购买的图片" /></li>
<li class="addtocart"><img src="images/addtocar.png" alt="加入购物车的图片" /></li>
</ul>
</div><!--goodsdetails 结束-->
```

下面来看 CSS 样式的实现，标题部分设置字体大小为 14px，行高 40px，粗体，居中对齐，并有 1px 灰色实线底边框。#goodsdetails h1{ width:100%; height:40px; border-bottom:1px solid #ddd; font:bold 16px/40px "宋体"; text-align:center}；标题下面的左右两侧<ul>均设置左浮动，左列部分.leftbar{float:left; width:350px; padding-right:100px;}，右列部分.rightbar{ float:left; width:350px;letter-spacing:2px;line-height:45px;}；对于左侧大图 li 设置 padding:15px 0px;，大图图片设置 border:1px #ddd solid;，对于左侧小图 li 设置 float:left; width:70px，小图片设置相应边框 border:1px #ddd solid;下面看右列部分，所有的 li 都有 1px 的虚线边框，border-bottom:1px #ddd dashed，除此之外，“立刻购买”和“加入购物车”两个 li 的高度是 60px，并且使其中内容垂直居中 height:60px;line-height:60px，图片按钮垂直居中 padding:5px 0px;vertical-align:middle;之后别忘了设置 span 的样式 color:#FF0000; font-weight:bold，所有的 CSS 代码如下：

```
/*下面是商品细节页面的样式*/
#goodsdetails { width:100%;}
#goodsdetails h1{ width:100%; height:40px; border-bottom:1px solid #ddd; font:bold 16px/40px "
宋体"; text-align:center}
/*左侧大小图样式*/
```

```
.leftbar{float:left; width:350px; padding-right:100px;}
.leftbar .bigimg{padding:15px 0px;}
.leftbar .bigimg img{border:1px #ddd solid;}
.leftbar .smallimg{float:left; width:70px;}
.leftbar .smallimg img{ border:1px #ddd solid;}
/* 右侧文字信息样式 */
.rightbar{ float:left; width:350px;letter-spacing:2px;line-height:45px;}
.rightbar li{border-bottom:1px #ddd dashed;}
.rightbar .buynow, .addtocart{height:60px;line-height:60px;}
.rightbar .buynow img, .addtocart img{padding:5px 0px; vertical-align:middle;}
.rightbar li span{color:#FF0000; font-weight:bold;}
```

商品具体介绍页面效果如图 13-27 所示。

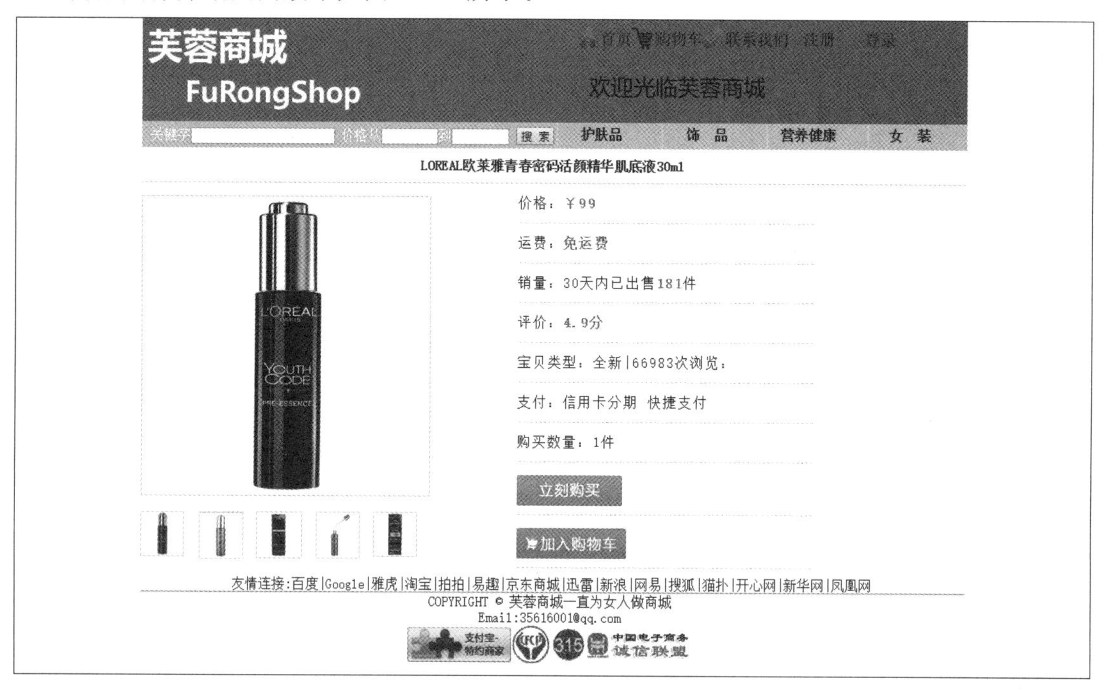

图 13-27 商品具体介绍页面效果

按照"LOREAL 欧莱雅青春密码活颜精华肌底液"商品具体介绍，将其他商品的具体介绍页制作完整。

任务 13.5 建立页面之间的链接和相关测试

任务需求

按照商品的具体介绍，可以制作其他商品的介绍页面，另外其他的页面具体分析和制作方法与前面页面类似，因此不在此处一一赘述，下面将介绍如何建立页面间的链接以及网站的兼容性测试。

任务实现

13.5.1　建立页面间的链接

一个网站包含多个页面，多个页面间需要通过链接实现网站的导航，方便浏览者访问。创建页面间的链接包括两个方面：一是分析页面间的链接关系，二是建立链接并测试链接是否可用，因为浏览者最讨厌无任何内容的“空链接”。

以首页建立页面间链接为例，直观表达这个过程。在首页里中部的商品链接到各自相应的商品具体介绍页 goodsdetails，首页右边栏的本周热销榜，同样也是链接到各自相应的商品具体介绍页 goodsdetails。一个完整的网站要把之前遗漏的超链接部分的 HTML 代码补充完整，并且建立完链接后，要单击每个超链接，进行超链接检测与修正，看有没有无效链接，以及从用户角度考虑，链接名与链接内容是否良好对应，链接关系是否显而易见，方便用户使用。

分析页面间的链接关系，根据任务需求结果，商城网站页面间的链接关系页面 header. html 和页面 footer. html 由于是＜iframe＞的引用页面，所以 target 必须设置为_top 或_blank，即在整个页面窗口或新建窗口中打开。

13.5.2　网页的兼容性测试

为了确保所有用户看到的页面内容和效果相同或者尽量一致，网站制作完后，一般都要求对目前主流的浏览器 Chrome、IE 和 Firefox 进行测试，并根据测试结果修订页面。如果按照 Web 标准来写，兼容问题会少一些，关于兼容性没有具体的规范，遇见问题随时解决。建议大家写代码的时候，打开 Chrome、IE 和 Firefox 浏览器，写一段代码就预览一下，如果发现问题就随时解决，这样可以避免在一个浏览器中显示正常，在另一个浏览器中面目全非。下面详细介绍一下验证是否符合 W3C 标准的几种方法。

1. 通过网站进行验证

如能上网，http://jigsaw. w3. org/css-validator 用于验证 CSS 源代码，能够标注出不好的 CSS 代码设计。http://www. htmlhelp. com/tools/validator 是一个很好的工具，能找出网站语法错误的地方，并标注出来，也可选择对网站上单独的每一页进行单页分析，还可以将网址发送到 W3C 的官方验证网站(http://validator. w3. org)，进行在线验证。根据页面提示进行相应操作即可，这里不再详细介绍。

2. 使用 Dreamweaver 测试是否符合 W3C 标准

(1)单页测试：打开商城网站的某个网页，依次单击“文件”→“检页”→“验证标记”，如果有问题即会在底部验证里出现提示。

(2)检查链接、检查目标浏览器。在验证标记中我们可以看出，“文件”→“检页”菜单还可以检查目标浏览器和链接情况。具体检测情况会显示在验证提示中。

(3)整站测试：在“文件”选项卡选中“站点-芙蓉商城网站”，然后依次单击下方属性窗口中的“验证”标签→绿色三角箭头→“验证整个当前本地站点”，稍后即会在右侧窗口出现提示。

3. 用 Firefox 插件进行兼容性检测

先安装 Firefox，然后从网上下载 Firefox 的两个插件：W3C 验证插件和 Firebug 脚本调试插件，然后选择使用 Firefox 打开进行安装(注意不能采用传统的双击打开进行安装)。安装完后，打开某个 HTML 文件，在页面中右击，选择“查看源代码”，将出现代码不规范的提示，它能帮助我们迅速定位可能出现兼容问题的地方。一般来说，错误标识的问题必须修改，警告标识的问题需要根据具体问题而定，不需要全部修订。

如何解决浏览器的兼容问题？同一个网页，在不同浏览器中的显示不一样。究其原因，是因为不同浏览器对同一网页代码的解释不同，特别是 CSS 样式方面。例如，页面内容和浏览器窗口的空白间距，各浏览器的默认值不一致。再如，对于盒子模型 margin 外边距等属性的设置。Firefox 和 IE 浏览器的解释不一致，相差 2px。因此，为了让各浏览器显示同一效果，解决的办法是针对各浏览器存在的 bug 编写相应的 CSS 样式代码，让浏览器只解释自己能“识别”的样式代码，这些演示代码也称为 CSS hack，即解决浏览器兼容性问题的“小窍门”。相对而言，各主流浏览器中，Chrome、Firefox 对 W3C 相关规范的支持最好，有“标准浏览器”之称，其次是 IE。由于篇幅所限，这里只提示了常见的兼容性问题，在网站的实际开发中还需反复实践，通过查阅网上资料积累更多的解决方法。

项目小结

本项目通过一个实战网站芙蓉商城的制作，较为系统地学习了网页布局的思想、样式的设计，学习了典型页面布局结构 div-ul-li、div-dl-dt-dd、div-table-tr-td，以及如何利用这些典型布局结构设计我们的网页。

习　题

按照如图 13-28 所示的效果完成网页制作。

图 13-28　作业效果

项目 14

JavaScript 脚本编程

项目要点

- JavaScript 语法知识。
- JavaScript 对象概念。

技能目标

- 掌握 JavaScript 的基本语法。
- 掌握 JavaScript 对象的应用。

任务 14.1　初识 JavaScript

任务需求

JavaScript 是一种客户端的直译式脚本程序语言，用于网页中增加网页动态与交互效果，在网页中用到客户端交互就可以使用 JavaScript。JavaScript 内容较多，本教材重点讲解 HTML、CSS，考虑知识体系和结构的完整性只对 JavaScript 做简单介绍。由于篇幅等原因，需要了解这方面知识的读者可以自行查阅相关书籍。

知识储备

在 HTML 中使用 JavaScript 的语法很简单，只要用<script></script>标记嵌入程序代码就可以了，基本结构如下：

```
<script type="text/javascript">
JavaScript 语句;
</script>
```

随着 Web 技术的发展，HTML5 的普及，浏览器性能的提升，嵌入 JavaScript 脚本代码基本格式又有了新的写法，就是省略 type="text/javascript"，这是因为新版本的浏览器一般将嵌入的脚本语言默认为 type="text/javascript"，因此在编写代码时可以省略 type 属性。

如果要在开始显示网页时就运行 JavaScript 程序，那么程序的内容必须写在<head></head>标记中。如果希望按照网页加载顺序显示，就可以将程序写在<body></body>标记中。

JavaScript 代码放在一个以.js 为扩展名的文件中，通过 <script> 标签，将这些 JavaScript 文件链接到 HTML 文档中，基本语法格式如下：

```
<script type="text/javascript" src="脚本文件路径">
</script>
```

在 JavaScript 脚本代码中，输出语句用于直接输出一段代码的执行结果，直观展现 JavaScript 效果，常用的输出语句有 alert()、console.log()、document.write()，关于这些输出语句的相关介绍如下：

alert()用于弹出一个警告框，确保用户可以看到某些提示信息，利用 alert()可以很方便地输出一个结果，因此经常用于测试程序。

console.log()用于在浏览器的控制台中输出内容。在网页浏览器中按 F12 启动开发者工具，打开浏览器调试界面。在最上方的菜单中选择控制台 console，可以打开控制台，看到这个 console.log()语句输出的内容。

document.write()用于在页面中输出内容。如果输出的内容中含有标签，该标签会被浏览器解析。

在 JavaScript 中注释语句可以使用//或/*……*/。其中，//是单行注释，/*……*/是可以多行注释的符号。

任务 14.2 JavaScript 数据类型和数据基本操作

任务需求

任何一种程序语言都离不开对数据的操作处理，JavaScript 也不例外，对数据进行操作之前，必须先确定数据的类型。数据的类型规定了可以对该数据进行的操作和数据的存储方式。

知识储备

14.2.1 数据类型

JavaScript 值类型（基本类型）包括：字符串（String）、数字（Number）、布尔（Boolean）、空值（Null）、未定义（Undefined）、Symbol。Symbol 是 ES6 引入的一种新的原始数据类型，表示独一无二的值。

引用数据类型：对象（Object）、数组（Array）、函数（Function）。

JavaScript 拥有动态类型。这意味着相同的变量可用作不同的类型：

实例：

```
var x;              // x 为 undefined
var x = 5;          //现在 x 为数字
var x = "John";     //现在 x 为字符串
```

1. JavaScript 数字

JavaScript 只有一种数字类型。数字可以带小数点，也可以不带。JavaScript 支持整数和浮点数。整数可以为正数、0 或者负数；浮点数可以包含小数点，也可以包含一个“e”（大小写均可，在科学记数法中表示“10 的幂”），或者同时包含这两项。

实例：

```
var x1=34.00;        //使用小数点来写
var x2=34;           //不使用小数点来写
```

极大或极小的数字可以通过科学(指数)计数法来书写：

实例：

```
var y=123e5;       // 12300000
var z=123e-5;      // 0.00123
```

2. JavaScript 字符串

字符串是存储字符(比如"Bill Gates")的变量。字符串可以是引号中的任意文本。您可以使用单引号或双引号,即 String 字符串类型的字符串是用单引号或双引号来说明的。如:"The cow jumped over the moon."。

实例：

```
var carname="Volvo XC60";
var carname='Volvo XC60';
```

可以在字符串中使用引号,只要不匹配包围字符串的引号即可：

实例：

```
var answer="It's alright";
var answer="He is called 'Johnny'";
var answer='He is called "Johnny"';
```

3. JavaScript 布尔

布尔(逻辑)只能有两个值:true 或 false。布尔常用在条件测试中。这是两个特殊值,不能用作 1 和 0。

```
var x=true;
var y=false;
```

4. Undefined 数据类型

一个为 undefined 的值就是指在变量被创建后,但未给该变量赋值以前所具有的值。例如：

```
var x;              // x 为 undefined
```

5. Null 数据类型

Null 值就是没有任何值,什么也不表示。可以通过将变量的值设置为 null 来清空变量。

实例：

```
cars=null;
person=null;
```

6. JavaScript 数组

下面的代码创建名为 cars 的数组：

```
var cars=new Array();
cars[0]="Saab";
cars[1]="Volvo";
cars[2]="BMW";
```

或者:var cars=new Array("Saab","Volvo","BMW");

或者:var cars=["Saab","Volvo","BMW"];

数组下标是基于零的,所以第一个项目是[0],第二个是[1],以此类推。

7. JavaScript 对象

对象由花括号分隔。在括号内部，对象的属性以名称和值对的形式(name：value)来定义。属性由逗号分隔：

```
var person={firstname:"John", lastname:"Doe", id:5566};
```

上面例子中的对象(person)有三个属性：firstname、lastname 以及 id。

空格和折行无关紧要。声明可横跨多行：

```
var person={
    firstname: "John",
    lastname: "Doe",
    id: 5566
};
```

对象属性有两种寻址方式：

实例：

```
name=person.lastname;
name=person["lastname"];
```

14.2.2 数据基本操作

了解数据类型之后，就可以对数据进行基本的操作了。数据的操作包括算术运算，比较大小，赋值等运算。

变量必须先声明才能使用，使用 var 声明变量。变量的命名规则：第一个字符必须是英文字母，或者是下划线(_)；其后的字符，可以是英文字母、数字、下划线；变量名不能是 JavaScript 的保留字。

算术运算符：+、-、*、/、%、++、--。

赋值运算符：=、+=、-=、*=、/=、%=。

比较运算符：>、<、>=、<=、!=、==、===、!==。

==和===有何区别？==：判断值是否相等，===：判断值相等类型也相同，绝对等于(值和类型均相等)。!==不绝对等于(值和类型有一个不相等，或两个都不相等)。

逻辑运算符：&&、||、!。

字符串运算符：+、+=。

+运算符用于把文本值或字符串变量加起来(连接起来)。如需把两个或多个字符串变量连接起来，请使用+运算符。

实例：

```
txt1="What a very";
txt2="nice day";
txt3=txt1+txt2;
```

任务 14.3 JavaScript 流程控制

任务需求

JavaScript 编程中，我们可以通过一些逻辑改变程序执行的流程。程序流程控制，需要做一些逻辑运算，这就需要使用前面的运算符号。逻辑控制主要是通过条件判断、循环控制以及 continue、break 来完成。

14.3.1　条件语句

顺序结构代码是一行接着一行执行，条件语句是满足条件才执行，主要有以下几类：if、if...else、if...else if...、switch。通常在写代码时，总是需要为不同的决定来执行不同的动作。可以在代码中使用条件语句来完成该任务。

if 语句：只有当指定条件为 true 时，使用该语句来执行代码。

if...else 语句：当条件为 true 时执行代码，当条件为 false 时执行其他代码。

if...else if...else 语句：使用该语句来选择多个代码块之一来执行。

switch 语句：使用该语句来选择多个代码块之一来执行。

简单使用说明如下：

if...else 语句完成了程序流程块中分支功能：如果其中的条件成立，则程序执行紧接着条件的语句或语句块；否则程序执行 else 中的语句或语句块。

语法格式如下：

```
if (条件)
{
    执行语句 1
}else{
    执行语句 2
}
```

实例：

```
if (result == true)
{
    response = “你答对了!”
}else{
    response = “你错了!”
}
```

分支语句 switch 可以根据一个变量的不同取值采取不同的处理方法。

语法格式如下：

```
switch (expression)
    {
    case label1：语句串 1；
    case label2：语句串 2；
    case label3：语句串 3；
    ……
    default：语句串 4；
}
```

如果表达式取的值同程序中提供的任何一条语句都不匹配，将执行 default 中的语句。一般使用情况如下：

```
switch(n)
{
    case 1:
        执行代码块 1
        break;
    case 2:
        执行代码块 2
        break;
    default:
        与 case 1 和 case 2 不同时执行的代码
}
```

工作原理：首先设置表达式 n(通常是一个变量)。随后表达式的值会与结构中的每个 case 的值做比较。如果存在匹配，则与该 case 关联的代码块会被执行。请使用 break 来阻止代码自动地向下一个 case 运行。

实例：

显示今天的星期名称。请注意 Sunday=0，Monday=1，Tuesday=2，等等。

```
var d=new Date().getDay();
switch (d)
{
    case 0:x="今天是星期日";
        break;
    case 1:x="今天是星期一";
        break;
    case 2:x="今天是星期二";
        break;
    case 3:x="今天是星期三";
        break;
    case 4:x="今天是星期四";
        break;
    case 5:x="今天是星期五";
        break;
    case 6:x="今天是星期六";
        break;
}
```

x 的运行结果：今天是星期四。

14.3.2 循环语句

JavaScript 支持不同类型的循环，主要有 for、for...in、while、do...while，其中还会配合使用 break、continue 等语句。

for：循环代码块一定的次数，用于循环次数已知的情况。

for/in：循环遍历对象的属性。

while：当指定的条件为 true 时循环指定的代码块。

do/while：同样当指定的条件为 true 时循环指定的代码块。

1. for 循环语句

基本语法格式如下：

```
for（初始化部分；条件部分；更新部分）
{
    执行部分……
}
```

只要循环的条件成立，循环体就被反复执行。

2. for...in 语句

与 for 语句有一点不同，for...in 语句循环的范围是一个对象所有的属性或是一个数组的所有元素。for...in 语句的语法格式如下：

```
for（变量 in 对象或数组）
{
    语句……
}
```

实例：

```
var person={fname:"John",lname:"Doe",age:25};
for (x in person)   // x 为属性名
{
    txt=txt + person[x];
}
```

3. while 语句

while 语句所控制的循环不断地测试条件，如果条件始终成立，则一直循环，直到条件不再成立。

语法格式如下：

```
while（条件）
{
    执行语句……
}
```

4. do/while 语句

do/while 循环是 while 循环的变体。该循环会在检查条件是否为真之前执行一次代码块，然后如果条件为真的话，就会重复这个循环。

语法格式如下：

```
do
{
    需要执行的代码
}
while（条件）；
```

实例：

```
do
{
    x=x + "The number is " + i + "<br/>";
    i++;
}
while (i<5)
```

下面的例子使用 do/while 循环。该循环至少会执行一次，即使条件为 false，它也会执行一次，因为代码块会在条件被测试前执行。

5. break 语句和 continue 语句

break 语句结束当前的各种循环，并执行循环的下一条语句。continue 语句结束当前的循环，并马上开始下一个循环。

break 语句可用于跳出循环。break 语句跳出循环后，会继续执行该循环之后的代码（如果有的话）：

实例：

```
for (i=0;i<10;i++)
{
    if (i==3) break;
    x=x + "The number is " + i + "<br/>";
}
```

continue 语句中断循环中的迭代，如果出现了指定的条件，然后继续循环中的下一个迭代。该例子跳过了值 3。

实例：

```
for (i=0;i<=10;i++)
{
    if (i==3) continue;
    x=x + "The number is " + i + "<br/>";
}
```

除了上面的流程控制语句，JavaScript 还有对象操作语句，我们简单介绍如下。对象操作语句：with，this，new。

with 语句的语法格式如下：

```
with (对象名称){
    执行语句
}
```

作用如下：如果你想使用某个对象的许多属性或方法时，只要在 with 语句的()中写出这个对象的名称，然后在下面的执行语句中直接写这个对象的属性名或方法名就可以了。

new 语句是一种对象构造器，可以用 new 语句来定义一个新对象。

语法如下：

```
新对象名称= new 真正的对象名;
```

譬如说，我们可以这样定义一个新的日期对象：var curr= new Date()，然后，变量 curr 就具有了 Date 对象的属性。

this 运算符总是指向当前的对象。

任务 14.4　JavaScript 函数

任务需求

JavaScript 和 HTML 的整合是通过事件处理完成的，也就是先对对象设置事件的函数，当事件发生时，指定的函数会被驱动运行，每个对象都拥有属于自己的事件、方法（函数）以及属性。

知识储备

简单地说，函数就是程序设计师所编写的一段程序代码，可以被不同的对象及事件重复调用，使用函数最重要的是必须知道定义函数的方法与输入的参数，以及返回的结果。

函数的操作具有以下两个步骤。先定义函数，后调用函数。

1. 函数定义

使用函数前要先定义，函数定义有三个部分：函数名，参数列表，函数体。定义函数的格式：

```
function 函数名([参数 1,参数 2,……]){
    函数执行部分;
    return 表达式;
}
```

2. 调用语法

```
函数名([实参 1,实参 2,……]);
```

示例 1：关于函数的定义和调用。

```
//函数的定义
function display(){
    alert('hello');
}
//函数的调用
display();
```

3. 调用带参数的函数

在调用函数时，您可以向其传递值，这些值被称为参数。这些参数可以在函数中使用。可以发送任意多的参数，由逗号(,)分隔。function myFunction(name,job)。变量和参数必须以一致的顺序出现。第一个变量就是第一个被传递的参数的给定的值，以此类推。

实例：

```
<p>单击这个按钮，来调用带参数的函数。</p>
<button onclick="myFunction('Harry Potter','Wizard')">单击这里</button>
<script>
function myFunction(name,job){
    alert("Welcome " + name + ", the " + job);
}
</script>
```

上面的函数在按钮被单击时会提示"Welcome Harry Potter, the Wizard"。

4. 带有返回值的函数

有时,我们会希望函数将值返回调用它的地方。通过使用 return 语句就可以实现。在使用 return 语句时,函数会停止执行,并返回指定的值。

```
function myFunction()
{
    var x=5;
    return x;
}
```

上面的函数返回值是 5。

注意:在使用 return 语句时,函数会停止执行,并返回指定的值,整个 JavaScript 并不会停止执行。函数调用将被返回值取代:var myVar=myFunction();,myVar 变量的值是 5,也就是函数 myFunction()所返回的值。

即使不把它保存为变量,也可以使用返回值:

```
document.getElementById("demo").innerHTML=myFunction();
```

demo 元素的 innerHTML 将成为 5,也就是函数 myFunction()所返回的值。

5. 关于匿名函数

```
var i=function(){
    alert('hello');
};
i();
var i=10;  //变量可以保存数据,也可以保存地址
function display(){
}
```

在 Window 对象下添加一个叫 display 的变量,它指向了这个函数的首地址,Window.i=display,让 Window 对象下的 i 指向这个函数的首地址,display() == i();。

例:自调用匿名函数。

```
(function(first){
    Alert(first);
    Alert('hello.js');
})(10)
```

function(){}:相当于返回首地址。

(function(){}):把这部分看作一个整体。

(function(){})():相当于找到这个地址并执行。

以上这种写法:可以避免代码库中的函数有重命问题,并且以上代码只会在运行时执行一次,一般用作初始化工作。

6. 全局变量与局部变量

(1)局部 JavaScript 变量

在 JavaScript 函数内部声明的变量(使用 var)是局部变量,所以只能在函数内部访问它(该变量的作用域是局部的)。可以在不同的函数中使用名称相同的局部变量,因为只有声明过该变量的函数才能识别出该变量。只要函数运行完毕,本地变量就会被删除。

(2)全局 JavaScript 变量

在函数外声明的变量是全局变量,网页上的所有脚本和函数都能访问它。

(3)JavaScript 变量的生存期

JavaScript 变量的生命期从它们被声明的时间开始。局部变量会在函数运行以后被删除。全局变量会在页面关闭后被删除。

(4)向未声明的 JavaScript 变量分配值

如果把值赋给尚未声明的变量,该变量将被自动作为 Window 的一个属性。如"carname="Volvo";",这条语句将声明 Window 的一个属性 carname。

非严格模式下给未声明变量赋值创建的全局变量,是全局对象的可配置属性,可以删除。

```
var var1 = 1; //不可配置全局属性
var2 = 2; //没有使用 var 声明,可配置全局属性
console.log(this.var1); // 1
console.log(window.var1); // 1
delete var1; // false 无法删除
console.log(var1); //1
delete var2;
console.log(delete var2); // true
console.log(var2); //已经删除,报错变量未定义
```

如果函数内的变量没有 var 声明会直接影响全局的。为什么没有 var 是全局的?这是因为,在 JS 中,如果某个变量没有 var 声明,会自动到上一层作用域中去找这个变量的声明语句,如果找到,就使用,如果没有找到,继续向上查找,一直查找到全局作用域为止。如果全局中仍然没有这个变量的声明语句,那么会自动在全局作用域进行声明,这个就是 JS 中的作用域链。

任务 14.5　JavaScript 对象

任务需求

JavaScript 是一个基于对象的脚本语言,除关键字以及运算符之外,其他所有事物都是对象。我们怎么知道网页中有哪些对象是可以操作的?这些对象又有什么属性呢?W3C 发布了一套 HTML 与 XML 文件使用的 API,称之为标准对象模型 DOM(Document Object Model),试图让所有浏览器都能遵守此模型来开发。它定义了网页文件结构,以 Window 为顶层,Window 内还包含许多其他对象,如框架 iframe、文档 document,文档中还可能有图片 image、表单 form、按钮 button 等对象。

知识储备

JavaScript 对象是拥有属性和方法的数据。真实生活中,一辆汽车是一个对象。对象有它的属性,如重量和颜色等,方法有启动、停止等所有汽车都有的这些属性,但是每款车的属性都不尽相同。所有汽车都拥有这些方法,但是它们被执行的时间都不尽相同。在 JavaScript 中,几乎所有的事物都是对象。在 JavaScript 中,对象是非常重要的,当理解了对象,就可以了解 JavaScript。

1. 对象定义

可以使用字符来定义和创建 JavaScript 对象，例如：

```
var person = {firstName:"John", lastName:"Doe", age:50, eyeColor:"blue"};
```

定义 JavaScript 对象可以跨越多行，空格跟换行不是必需的，例如：

```
var person = {
    firstName:"John",
    lastName:"Doe",
    age:50,
    eyeColor:"blue"
};
```

2. 对象属性

可以说 JavaScript 对象是变量的容器。但是，我们通常认为 JavaScript 对象是键值对的容器。键值对通常写法为 name：value（键与值以冒号分割）。键值对在 JavaScript 对象中通常称为对象属性。JavaScript 对象是属性变量的容器。对象键值对的写法类似于 PHP 中的关联数组、Python 中的字典、C 语言中的哈希表、Java 中的哈希映射表。

3. 访问对象属性

可以通过两种方式访问对象属性，例如：

```
person.lastName;
```

或者：

```
person["lastName"];
```

4. 对象方法

对象的方法定义了一个函数，并作为对象的属性存储。对象方法通过添加()调用(作为一个函数)。下面示例访问了 person 对象的 fullName() 方法。

```
name = person.fullName();
```

如果要访问 person 对象的 fullName 属性，它将作为一个定义函数的字符串返回，例如：

```
name = person.fullName;
```

5. 访问对象方法

可以使用以下语法创建对象方法：

```
methodName: function() { code lines }
```

可以使用以下语法访问对象方法：

```
objectName.methodName()
```

通常 fullName() 是作为 person 对象的一个方法，fullName 是作为一个属性。有多种方式可以创建、使用和修改 JavaScript 对象。同样也有多种方式用来创建、使用和修改属性和方法。

任务 14.6 JavaScript 事件

任务需求

用户在网页上的一举一动，JavaScript 都可以检测到，用户的这种举动在 JavaScript 的定义中称为事件，那么什么是事件呢？事件就是用户的操作和系统发出的信号。举例来说，当用户单击鼠标、提交表单，或者当浏览器加载网页时，这些操作就会产生特定的事件，因此就可以用特定的程序来处理。事件处理过程通常与对象相关，不同对象具有不同的事件处理过程。

知识储备

HTML 事件是发生在 HTML 元素上的事情。当在 HTML 页面中使用 JavaScript 时，JavaScript 可以触发这些事件。HTML 事件可以是浏览器行为，也可以是用户行为。以下是 HTML 事件的实例，比如 HTML 页面完成加载、HTML input 字段改变时、HTML 按钮被单击等。通常，当事件发生时，用户可以做些事情。在事件触发时，JavaScript 可以执行一些代码。HTML 元素中可以添加事件属性。

1. 常用事件

JavaScript 的常用事件见表 14-1。

表 14-1 常用事件

事件	说明
onLoad	页面加载完毕后，一般用于 body 元素
onUnload	页面关闭后，一般用于 body 元素
onBlur	失去焦点
onFocus	获得焦点
onClick	单击
onMouseOver	当鼠标经过时
onMouseOut	当鼠标离开时
onMouseDown	当鼠标按下时
onMouseUp	当鼠标抬起时
onMouseMove	当鼠标移动时
onChange	当内容改变时
onSelect	当内容被选中时
onkeypress	当键盘点击时
onkeydown	当键盘按下时
onkeyup	当键盘抬起时. 触发顺序：onkeydown、onkeypress、onkeyup
onSubmit	当表单提交时
onReset	当表单重置时

2. JavaScript 三种绑定事件的方式

(1)直接在 DOM 里绑定事件

```
<div id="btn" onclick="clickone()"></div>
<script>
function clickone(){ alert("hello"); }
</script>
```

(2)脚本里面绑定

```
<div id="btn"></div>
<script>
```

```
document.getElementById("btn").onclick = function(){ alert("hello"); }
</script>
```

(3)通过侦听事件处理相应的函数

```
<div id="btn"></div>
<script>
document.getElementById("btn").addeventlistener("click",clickone,false);
function clickone(){ alert("hello"); }
</script>
```

问题来了,(1)和(2)的方式是我们经常用到的,那么既然已经有这两种绑定事件的方法,为什么还要有第三种呢?答案是这样的,用 addeventlistener 可以绑定多次同一个事件,且都会执行,而在 DOM 结构中,如果绑定两个 onclick 事件,只会执行第一个;在脚本通过匿名函数的方式绑定的只会执行最后一个事件。以下可根据场景灵活选择。

(1)

```
<div id="btn" onclick="clickone()" onclick="clicktwo()"></div>
<script>
    function clickone(){ alert("hello"); } //执行这个
    function clicktwo(){ alert("world!"); }
</script>
```

(2)

```
<div id="btn"></div>
<script>
    document.getElementById("btn").onclick = function(){ alert("hello"); }
    document.getElementById("btn").onclick = function(){ alert("world"); } //执行这个
</script>
```

(3)

```
<div id="btn"></div>
<script>
    document.getElementById("btn").addeventlistener("click",clickone,false);
    function clickone(){ alert("hello"); } //先执行
    document.getElementById("btn").addeventlistener("click",clicktwo,false);
    function clicktwo(){ alert("world"); } //后执行
</script>
```

任务 14.7 JavaScript 完成图片轮番播放

任务需求

对前面芙蓉商城制作中首页的中间部分的图片做成 3 张“图片轮换”效果,要求每隔 3 秒轮换一张。

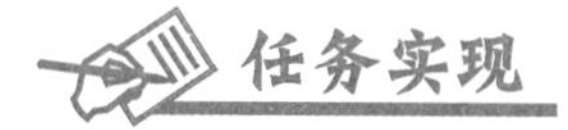

任务实现

在相应位置书写如下代码:

```
<div class="midcontent">
    <div class="midcontent_top"><img src="images/ad-04.jpg" alt="9 月新片"/></div>
    <div class="midcontent_list">……</div>
</div>
```

为了书写代码方便，我们对<img src="images/ad-04.jpg" alt="9 月新片"/>标签中的图片文件重命名为 pic1.jpg，另外再找两张宽高一样的广告图片分别命名为 pic2.jpg、pic3.jpg，加入上述代码。效果如下：

```
<div class="midcontent_top">
    <img src="images/pic1.jpg" alt="9 月新片" />
    <img src="images/pic2.jpg" alt="9 月新片" />
<img src="images/pic3.jpg" alt="9 月新片" />
</top>
```

图 14-1 轮播图片

因为引用了三张图片，所以三张图片都进行了显示，我们可以将三张图片进行隐藏，设置 display 属性为 none，然后按照项目要求每 3 秒显示下一张。设置代码如下：

```
<div class="midcontent_top">
    <img src="images/pic1.jpg" alt="9 月新片" style="display:none"/>
    <img src="images/pic2.jpg" alt="9 月新片" style="display:none"/>
    <img src="images/pic3.jpg" alt="9 月新片" style="display:none"/>
</div>
```

如何每 3 秒显示一张图片呢？这就要使用 JavaScript 编写一个函数，让该函数实现其功能。首先在 head 标签中书写<script type="text/javascript"></script>，或者新建一个 JS 文档，保存在站点文件夹的 JS 文件夹中，在网页中进行引用。当网页加载完成之后就去调用 showpic()函数，因此在 body 标签中增加 onload 事件，代码为<body onLoad="showpic()">。

声明一个全局变量 now，代表当前要显示的 pic 的编号，比如 1，var now=1。在 showpic()

函数中，我们利用循环，将第一张图片显示出来，其他图片进行隐藏，怎样获取第一张图片呢？我们可以通过 document. getElementById()的方法，为每张图片增加一个 id 属性。类似这样 <img src="images/pic1. jpg" alt="9 月新片" style="display:none" id="pic1"/>，代码如下：

```
for(var i=1;i<4;i++){
    if(now==i){
        document. getElementById("pic"+i). style. display="block";
    }else{
        document. getElementById("pic"+i). style. display="none";
    }
}
```

然后 now 自增，变为要显示的第二张图片 pic2，now++；自增之后就是当前要显示的图片，我们调用 setTimeout("showpic()",3000)方法，该方法的作用就是经过 3 秒去调用 showpic()函数，形成了每隔 3 秒播放一张图片。当 now 的值为 4 时，我们从第一张重新开始。if(now==4){now=1;}，代码如下：

```
<script type="text/javascript">
var now =1;
functionshowpic(){
    for(var i=1;i<4;i++){
        if(now==i){
            document. getelementbyid("pic"+i). style. display="block";
        }else{
            document. getelementbyid("pic"+i). style. display="none";
        }
    }
    now++;
    if(now==4){
        now=1;
    }
    settimeout("showpic()",3000);
}
</script>
```

JavaScript 主要是实现动态特效和一些客户端验证的。我们通过这个项目想让读者了解 JavaScript 的一部分功能，这只是 JavaScript 技术的冰山一角，之所以放在此处讲解是想让读者知道学完 HTML、CSS 之后，我们要进行 JavaScript 的学习。所以请大家继续努力，开始 Web 前端的其他课程的学习吧。

项目小结

本项目主要学习了 JavaScript 的基础知识，大家通过这一项目的学习，要了解网页中除了有标签、样式还有交互效果，并且交互效果是由 JavaScript 完成的。本项目给读者以完整的静态网页设计的结构认识，更为详细的知识学习请大家参考相关的 JavaScript 书籍。

习　题

1. 什么是 JavaScript?
2. 为什么要使用 JavaScript?

参考文献

[1] 未来科技. HTML5+CSS3 从入门到精通[M]. 北京:水利水电出版社,2017.
[2] 刘春茂. HTML5+CSS3 网页设计与制作案例课堂[M]. 北京:清华大学出版社,2012.
[3] 陆凌牛. HTML5 与 CSS3 权威指南[M]. 北京:机械工业出版社,2015.
[4] 前端科技. HTML5+CSS3 从入门到精通[M]. 北京:清华大学出版社,2018.
[5] 洪锦魁. HTML5+CSS3 王者归来[M]. 北京:清华大学出版社,2019.
[6] QST 青软实训. Web 前端设计与开发[M]. 北京:清华大学出版社,2019.